一级注册建筑师考试通关攻略

建筑经济、施工与设计业务管理
真题归类与解析

赵　峰　编著

中国建筑工业出版社

图书在版编目（CIP）数据

建筑经济、施工与设计业务管理真题归类与解析 / 赵峰编著 .—北京：中国建筑工业出版社，2019.11（2021.1重印）
（一级注册建筑师考试通关攻略）
ISBN 978-7-112-24461-4

Ⅰ.①建… Ⅱ.①赵… Ⅲ.①建筑经济 – 资格考试 – 题解②建筑施工 – 业务管理 – 资格考试 – 题解③建筑设计 – 业务管理 – 资格考试 – 题解 Ⅳ.① F407.9-44 ② TU2-44

中国版本图书馆CIP数据核字（2019）第247862号

　　本书收录了 2000~2017 年的全国一级注册建筑师考试"建筑经济、施工与设计业务管理"科目的近 1000 道真题，并将这些试题按照"建设项目工程造价、建设项目费用组成、投资估算、设计概算与施工图预算、建设项目经济评价、工程量清单计价、建设工程计量规范及技术经济指标、建筑材料价格比较、建筑面积计算、砌体工程、混凝土结构工程、地下防水工程、屋面防水工程、建筑装饰装修工程、建筑地面工程、建筑工程法规规范、注册建筑师执业、房地产开发、建筑工程监理"的知识框架进行安排，对每道题都进行了详细的解析。

　　本书可供 2020 年参加全国一级注册建筑师考试的人员复习参考。

责任编辑：刘　静　徐　冉
责任校对：党　蕾

一级注册建筑师考试通关攻略
建筑经济、施工与设计业务管理真题归类与解析
赵　峰　编著
*
中国建筑工业出版社出版、发行（北京海淀三里河路9号）
各地新华书店、建筑书店经销
北京雅盈中佳图文设计公司制版
北京圣夫亚美印刷有限公司印刷
*
开本：787×1092 毫米　1/16　印张：16½　字数：346 千字
2020 年 1 月第一版　2021 年 1 月第二次印刷
定价：53.00 元
ISBN 978-7-112-24461-4
（36860）

前　言

　　自 1995 年 11 月首次在全国进行注册建筑师考试以来，至今已经进行 20 次（因考试时间调整、大纲修订、题库更新等原因，1996 年、2002 年、2015 年、2016 年各停考一次）。注册建筑师考试不仅考试门次多、强度高，还以其极低的通过率而著称。

　　全国一级注册建筑师执业资格考试大纲对"建筑经济、施工与设计业务管理"部分的要求如下所述：

　　建筑经济、施工与设计业务管理

　　6.1　了解基本建设费用的组成；了解工程项目概、预算内容及编制方法；了解一般建筑工程的技术经济指标和土建工程分部分项单价；了解建筑材料的价格信息，能估算一般建筑工程的单方造价；了解一般建设项目的主要经济指标及经济评价方法；熟悉建筑面积的计算规则。

　　6.2　了解砌体工程、混凝土结构工程、防水工程、建筑装饰装修工程、建筑地面工程的施工质量验收规范基本知识。

　　6.3　了解与工程勘察设计有关的法律、行政法规和部门规章的基本精神；熟悉注册建筑师考试、注册、执业、继续教育及注册建筑师权利与义务等方面的规定；了解设计业务招标投标、承包发包及签订设计合同等市场行为方面的规定；熟悉设计文件编制的原则、依据、程序、质量和深度要求；熟悉修改设计文件等方面的规定；熟悉执行工程建设标准，特别是强制性标准管理方面的规定；了解城市规划管理、房地产开发程序和建设工程监理的有关规定；了解对工程建设中各种违法、违纪行为的处罚规定。

　　"建筑经济、施工与设计业务管理"考试共有 85 道题目，其构成分析如下：

　　（1）1~16 题为工程造价方面题目，大多数为建筑工程造价的知识题，考核各种工程费用的构成，内容出自《建设工程工程量清单计价规范》（GB 50500—2013）。

　　（2）17~21 题为计算面积方面的题目，题目考核内容出自《建筑工程建筑面积计算规范》（GB/T 50353—2013），规范内容不多，题目不少，此部分为"易得分点"，应注意面积规范与往年的变化部分，此部分往往是出题的重点。

　　（3）22~24 题为建设项目投资分析和建筑材料价格比较两部分内容，一是考核各种项目财务评价指标，二是一些常见建筑材料及建筑结构形式的价格比较。

　　（4）25~62 题为施工验收方面的题目，题目数量多，为出题的重点，尤其是强性规范的条文必须记。一共涉及 6 本工程验收规范的内容，详列如下：

　　《砌体结构工程施工质量验收规范》（GB 50203—2011）、《混凝土结构工程施工质量验收规范》（GB 50204—2015）、《地下防水工程质量验收规范》（GB 50208—2011）、《建筑地面工程施工质量验收规范》（GB 50209—2010）、《屋面工程质量验收规范》（GB 50207—2012）、《建筑装饰装修工程质量验收规范》（GB 50210—2018）。

（5）63~85题为设计相关知识方面题目，涉及内容为：注册建筑师业务知识、房地产知识等。相关法规、规范、条例有《中华人民共和国合同法》《建设工程勘察设计合同条例》《建筑工程方案设计招标投标管理办法》《建设工程勘察设计管理条例》《中华人民共和国建筑法》《工程建设项目勘察设计招标投标办法》《中华人民共和国城乡规划法》。

此部分内容不多，相关法律条文不少，复习时应加以注意。

需要说明的是，《建筑工程面积计算规范》（GB/T 50353—2013）自 2014 年 7 月 1 日起实施，原《建筑工程面积计算规范》（GB/T 50353—2005）同时废止，所以，本书第八章原有试题全部按新规范解答，为了便于读者查阅和记忆，特将《建筑工程面积计算规范》GB/T 50353—2013 中的面积计算规则变化部分以简表的形式摘录如下：

面积计算规则简表

	全面积（结构层高）	1/2 面积（结构层高）
通用建筑面积计算规则（有围护按围护，无围护按投影）	≥ 2.2	＜ 2.2m
建筑物内设有局部楼层	有围护全计，无围护	无围护结构层高＜ 2.2m
建筑空间的坡屋顶	结构净高＞ 2.1m	1.2 ≤结构净高＜ 2.1
场馆看台下的建筑空间	结构净高＞ 2.1m	1.2 ≤结构净高＜ 2.1；有围护按照水平投影面积
地下室、半地下室应按其结构外围水平面积计算	≥ 2.2	＜ 2.2m
出入口外墙外侧坡道有顶盖的部位		有顶盖
建筑物架空层及坡地建筑物吊脚架空层	按投影面积≥ 2.2	＜ 2.2m
建筑物的门厅、大厅应按一层计算建筑面积	≥ 2.2	＜ 2.2m；有走廊按走廊底板投影面积
对于建筑物间的架空走廊	有围护	无围护结构，有围护设施的，按底板投影面积
对于立体书库、立体仓库，立体车库	无围护结构、有围护设施；有结构层≥ 2.2	有结构层＜ 2.2m
有围护结构的舞台灯光控制室	有围护≥ 2.2	＜ 2.2m
附属在建筑物外墙的落地橱窗	有围护≥ 2.2	＜ 2.2m

建筑材料及产品价格信息来自中国建材在线网站（http：//zgjczxw.yilianapp.com/），鉴于建筑材料、产品浩如烟海，就不一一赘述了。

本书收集了 2000~2017 年"建筑经济、施工与设计业务管理"科目的全部考试真题，将考题依据教材中各章节分门别类，并已将真题中考点重复的题目进行合并，答案和说明紧随题目列出，每道题的后面注明该题的年份及题号，表示方法 :（年份，题号），并注明题目的出处，以便于查找相关知识点。合并整理后累计近 1000 道题。由于本书真题全面，按教材章节梳理后，根据教材和现行标准给出了参考答案和详细的解析，故特别适于考生在考试前突击复习、强行记忆，也可用作教学时的参考资料。

目　　录

第一部分　建筑经济

第一章　建设项目工程造价

1-1. 下列不属于工程造价计价特征的是：（2006，7）

A. 单件性　　　　　　B. 一次性　　　　　　C. 组合性　　　　　　D. 依据的复杂性

【答案】B

【说明】工程计价的特征包括：计价的单件性、计价的多次性、计价的组合性、计价方法的多样性、计价依据的复杂性。

1-2. 编制概、预算的过程和顺序是：（2006，8）

A. 单项工程造价—单位工程造价—分部分项工程造价—建设项目总造价

B. 单位工程造价—单项工程造价—分部分项工程造价—建设项目总造价

C. 分部分项工程造价—单位工程造价—单项工程造价—建设项目总造价

D. 单位工程造价—分项工程造价—单项工程造价—建设项目总造价

【答案】C

【说明】编制工程建设项目概、预算，其组合顺序为分部分项工程造价、单位工程造价、单项工程造价、工程总造价。

1-3. 建设项目的实际造价是：（2009，3）

A. 中标价　　　　　　B. 承包合同价　　　　　　C. 竣工决算价　　　　　　D. 竣工结算价

【答案】C

【说明】实际造价是指竣工决算阶段,通过为建设项目编制竣工决算而最终确定的实际工程造价。

1-4. 工程建设投资的最高限额是：（2009，4）

A. 经批准的设计总概算的投资额　　　　　　B. 施工图预算的投资额

C. 投资估算的投资额　　　　　　D. 竣工结算的投资额

【答案】A

【说明】经批准的建设项目设计总概算的投资额，是该工程建设投资的最高限额。

1-5. 单位工程建筑工程预算按其工程性质分为：（2009，5）

Ⅰ. 一般土建工程预算　　　　　　Ⅱ. 采暖通风工程预算

Ⅲ. 电气照明工程预算　　　　　　Ⅳ. 给排水工程预算

Ⅴ. 设备安装工程预算

A. Ⅰ、Ⅲ　　　　　　B. Ⅰ、Ⅲ、Ⅴ　　　　　　C. Ⅰ、Ⅲ、Ⅳ、Ⅴ　　　　　　D. Ⅰ、Ⅱ、Ⅲ、Ⅳ

【答案】D

【说明】单位工程预算包括建筑工程预算和设备安装工程预算。对一般工业与民用建筑工程而言，建筑工程预算按其工程性质分为一般土建工程预算、卫生工程预算（包括室内外给排水工程）、采暖通风工程、煤气工程、电气照明工程预算、特殊构筑物如炉窑、烟囱、水塔等工程预算和工业管道工程预算等。设备安装工程预算可分为机械设备安装工程预算、电气设备安装工程预算和化工设备、热力设备安装工程预算等。

1-6. 下列工程造价由总体到局部的组成划分中，正确的是：（2010，7）

A. 建设项目总造价—单项工程造价—单位工程造价—分部工程费用—分项工程费用

B. 建设项目总造价—单项工程造价—单项工程造价—分项工程费用—分部工程费用

C. 建设项目总造价—单位工程造价—单项工程造价—分项工程费用—分部工程费用

D. 建设项目总造价—单位工程造价—单项工程造价—分部工程费用—分项工程费用

【答案】A

【说明】工程造价有多个层次：建设项目总造价—单项工程造价—单位工程造价—分部工程造价—分项工程造价，从造价的计算和工程管理的角度看，工程造价的层次性是非常突出的。

1-7. 下列费用中，不属于工程造价因素的是：（2012，1）

A. 土地费用　　　　　　　　　　　B. 建设单位的管理费

C. 流动资金　　　　　　　　　　　D. 勘察设计费

【答案】C

【说明】

```
                    ┌ 土地的价格
          物质消耗支出(C) ├ 设备、工器具的价格
          │              ├ 建筑材料、构件的价格
          │              └ 施工机械等固定资产的折旧、维修、转移费用等
          │
          │              ┌ 勘察设计、监理人员的工资、奖金和费用
工程造价 ┤ 劳动报酬(V) ├ 施工企业职工的工资、奖金和转移费用等
          │              └ 建设单位职工的工资、奖金和费用等
          │
          │              ┌ 勘察设计、监理单位的利润和税金
          └ 盈利(m)     ├ 施工企业的利润和税金
                         └ 建设单位（工程承包公司等）的利润和税金等
```

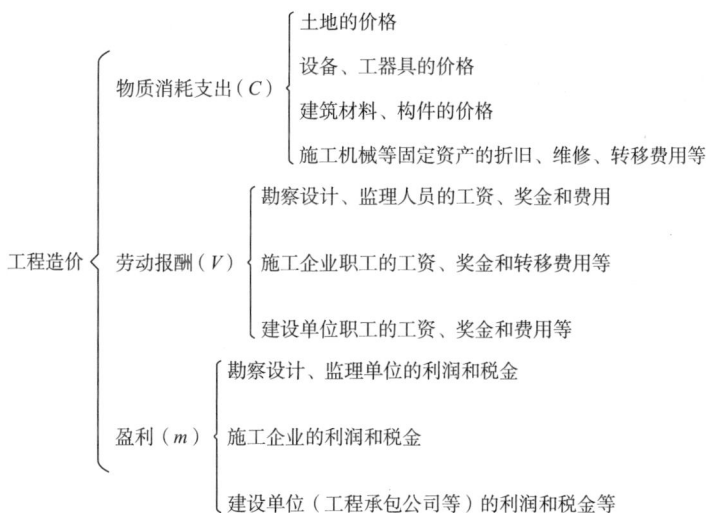

1-8. 现浇混凝土楼板综合单价中包含的费用是：（2013，10）

A. 钢筋制作费　　　B. 混凝土制作费　　　C. 模板制作费　　　D. 钢筋绑扎费

【答案】C

【说明】现浇混凝土楼板综合单价中包含的费用是模板制作费。

1-9. 某大学新小区建设项目中属于分部工程费用的是：（2013，11）

A. 土方开挖、运输与回填的费用   B. 屋面防水工程费用

C. 教学楼土建工程费   D. 教学楼基础工程

【答案】D

【说明】分部工程是单位工程的组成部分，是单位工程中分解出来的结构更小的工程。如一般的土建工程，按其工程结构可分为基础、墙体、梁柱、楼板、地面、门窗、屋面、装饰等几个部分。由于每部分都是由不同工种的工人利用不同的工具和材料来完成的，因此，在编制预算时，为了计算工料方便，就按照所用工种和材料结构的不同，把土建工程综合划分为基础工程、墙体工程、梁柱工程、门窗木装修工程、楼地面工程、屋面工程、耐酸防腐工程、构筑物工程等。

第二章　建设项目费用组成

2-1. 年度基本建设实际完成工作量，以货币形式表现称为以下哪一项？（2000，74）

A. 年度建安工程投资　　　　　　　　B. 年度财务拨款

C. 年度基本建设投资额　　　　　　　D. 年度交付使用财产

【答案】C

【说明】基本建设投资是以货币表现的基本建设完成的工作量，是指利用国家预算内拨款、自筹资金、国内外基本建设贷款以及其他专项资金进行的，以扩大生产能力（或新增工程效益）为主要目的的新建、扩建工程及有关的工作量。它是反映一定时期内基本建设规模和建设进度的综合性指标。

2-2. 总概算除包括工程建设其他费用、预备费外，还应包括下列哪一项费用？（2004，6）

A. 工程监理费　　　　　　　　　　　B. 单项工程综合概算

C. 工程设计费　　　　　　　　　　　D. 联合试运转费

【答案】B

【说明】建设项目总概算：确定整个建设项目从筹建到竣工验收所需全部费用的文件，它是由各单项工程综合概算、工程建设其他费用概算、预备费、建设期贷款利息和固定资产投资方向调节税概算汇总编制而成的。

2-3. 当建设项目资金来源有银行贷款时，总概算应计列：（2007，4）

A. 全部贷款利息　　　B. 建设期贷款利息　　　C. 经营期款利息　　　D. 流动资金贷款利息

【答案】B

【说明】建设期贷款利息，系指建设项目中分年度使用国内贷款或国外贷款部分，在建设期内应归还的贷款利息。

2-4. 总概算按费用划分为六部分，其中有工程费用、其他费用、建设期贷款利息等，以下哪一项也包括在内？（2008，1）

A. 培训费　　　　　B. 建设单位管理费　　　C. 预备费　　　D. 安装工程费

【答案】C

【说明】总概算按费用划分为购置费、建筑安装工程费用、工程建设其他费用、预备费、建设期贷款利息和固定资产投资方向调节税六部分。

2-5. 概算费用包括：（2013，7）

A. 从筹建到装修完成的费用　　　　　B. 从开工到竣工验收的费用

C. 从筹建到竣工交付使用的费用　　　D. 从立项到施工保修期满的费用

【答案】C

【说明】概算费用是指建设项目从筹建到竣工验收交付使用或正式生产所需的全部费用，包括建设项目建筑安装工程费、设备购置费、工程建设其他费用、预备费等专项费用项目。

建设项目投资费用组成

2-6. 联合试运转费应计入下列哪项费用中？（2003，3）

A. 设备安装费　　　　　　　　　　　B. 建筑安装工程费

C. 生产准备费　　　　　　　　　　　D. 与未来生产经营有关的其他费用

【答案】D

【说明】联合试运转费属于与未来企业生产经营有关的其他费用，应计入工程建设其他费用。

2-7. 土地使用费属于下列费用中哪一项？（2005，2）

A. 建设单位管理费　　B. 研究试验费　　C. 建筑工程费　　D. 工程建设其他费用

【答案】D

【说明】工程建设其他费用是指从工程筹建到工程竣工验收交付使用止的整个建设期间，除建筑安装工程费用和设备、工器具购置费以外的，为保证工程建设顺利完成和交付使用后能够正常发挥效用而发生的一些费用。

工程建设其他费用，按其内容大体可分为三类。

第一类为土地使用费，包括农用土地征用费和取得国有土地使用费。农用土地征用费由土地补偿费、安置补助费、土地投资补偿费、土地管理费、耕地占用税等组成，并按被征用土地的原用途给予补偿。取得国有土地使用费由土地使用权出让金、城市建设配套费、拆迁补偿与临时安置补助费等组成。

第二类是与项目建设有关的费用，包括建设单位管理费、勘察设计费、研究试验费、临时设施费、工程监理费、工程保险费、供电贴费、施工机构迁移费、引进技术和进口设备其他费。

第三类是与未来企业生产和经营活动有关的费用，包括联合试运转费、生产准备费、办公和生活家具购置费。

2-8. 可行性研究报告的编制费应属于总概算中的哪一项费用？（2008，4）

A. 工程费用　　　　　　　　　　　　B. 建设期贷款利息

C. 铺底流动资金　　　　　　　　　　D. 其他费用

【答案】D

【说明】勘察设计费是建筑安装工程预算中其他费用的组成部分。

勘察设计费是指委托有关咨询单位进行可行性研究、项目评估决策及设计文件等工作按规定支付的前期工作费用，或委托勘察、设计单位进行勘察、设计工作按规定支付的勘察设计费用，或在规定的范围内由建设单位自行完成有关的可行性研究或勘察设计工作所需的有关费用。

2-9. 建设项目投资费用主要包括：（2013，26）

A. 建筑工程费、工程建设其他费用和基本预备费

B. 工程费、工程建设其他费用和预备费

C. 建筑工程费、设备及工器具购置费、安装工程费

D. 建筑工程费、设备及工器具购置费、工程建设其他费

【答案】A

【说明】建设工程项目总投资组成见表2-1。

建设工程项目总投资组成表　　　　　　　　　　　　表 2-1

		费用项目名称	
建设工程项目总投资	建设投资	第一部分 工程费用	建筑安装工程费
			设备及工器具购置费
		第二部分 工程建设其他费用	土地使用费
			建设管理费
			可行性研究费
			研究试验费
			勘察设计费
			环境影响评价费
			劳动安全卫生评价费
			场地准备及临时设施费
			引进技术和进口设备其他费
			工程保险费
			特殊设备安全监督检验费
			市政公用设施建设及绿化补偿费
			联合试运转费
			生产准备费
			办公和生活家具购置费
		第三部分 预备费	基本预备费
			涨价预备费
		建设期利息	
	流动资产投资——铺底流动资金		

2-10. 我国现行建设项目工程造价的构成中，下列哪项费用属于工程建设其他费用？（2006，3）

A. 基本预备费

B. 税金

C. 建设期贷款利息

D. 建设单位临时设施费

【答案】D

【说明】

```
                     ┌ 土地使用费 ┬ 1. 农用土地征用费
                     │            │
                     │            └ 2. 取得国有土地使用费
                     │
                     │            ┌ 1. 建设管理费
                     │            │ 2. 可行性研究费
                     │            │ 3. 研究试验费
                     │            │ 4. 勘察设计费
                     │            │ 5. 环境影响评价费
                     │  与项目建设有 │ 6. 劳动安全卫生评价费
工程建设其他费用 ┼  关的其他费用 ┤ 7. 场地准备及临时设施费
                     │            │ 8. 引进技术和进口设备其他费
                     │            │ 9. 工程保险费
                     │            │ 10. 特殊设备安全监督检验费
                     │            └ 11. 市政公用设施建设及绿化补偿费
                     │
                     │  与未来企业 ┌ 1. 联合试运转费
                     │  生产经营有 │
                     └  关的其他费 ┤ 2. 生产准备费
                                  │
                                  └ 3. 办公和生活家具购置费
```

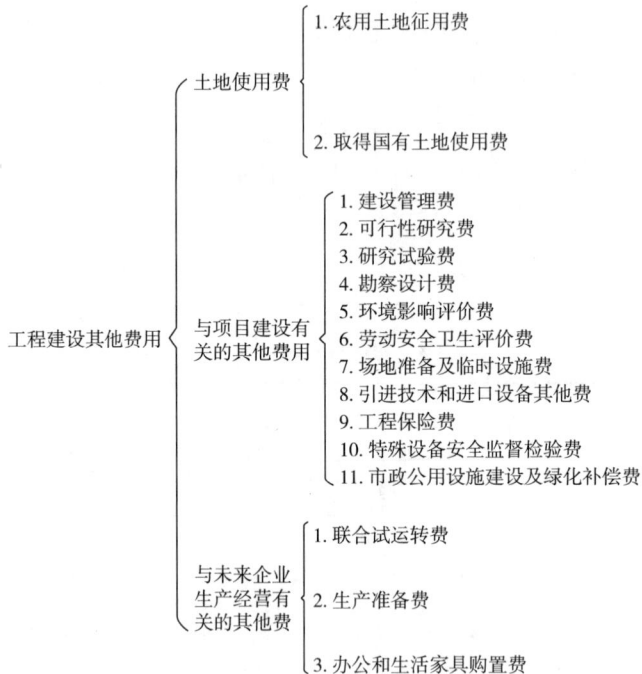

2-11. 勘察设计费应属于总概算中六部分之一的哪一项费用？（2008，2）

A. 其他费用   B. 土建工程费   C. 前期工作费   D. 安装工程费

【答案】A

【说明】参见第2-10题。

2-12. 可行性研究报告的编制费应属于总概算中的哪一项费用？（2008，4）

A. 工程费用   B. 建设期贷款利息   C. 铺底流动资金   D. 其他费用

【答案】D

【说明】可行性研究报告的编制费应属于总概算中的其他费用。参见第2-10题。

2-13. 我国现行建设项目工程造价的构成中，工程建设其他费用包括：（2009，1）

A. 基本预备费

B. 税金

C. 建设期贷款利息

D. 与未来生产经营有关的其他费用

【答案】D

【说明】参见第2-10题。

2-14. 根据《建筑安装工程费用项目组成》(建标〔2013〕44号)文件的规定，勘察设计费属于：(2009，2)

A. 工程建设其他费用　　B. 建设单位管理费　　C. 开办费　　D. 间接费

【答案】A

【说明】参见第2-10题。

2-15. 工程建设其他费用构成中，属于与未来生产经营有关的其他费用是：(2011，3)

A. 建设管理费　　　　B. 勘察设计费　　　　C. 工程保险费　　D. 联合试运转费

【答案】D

【说明】参见第2-10题。

2-16. 下列各项费用中，不属于工程建设其他费用的是：(2012，41)

A. 勘察设计费　　　　B. 可行性研究费　　　C. 环境影响评价费　　D. 二次搬运费

【答案】D

【说明】参见第2-10题。

2-17. 属于工程建设其他费用的是：(2013，1)

A. 环境影响评价费　　　　　　　　　B. 设备及工器具购置费

C. 措施费　　　　　　　　　　　　　D. 安装工程费

【答案】A

【说明】参见第2-10题。

2-18. 为验证结构的安全性，业主委托某科研单位对模拟结构进行破坏性试验，由此发生的费用属于：(2013，5)

A. 建设单位管理费　　　　　　　　　B. 建筑安装工程费

C. 工程建设其他费用中的研究试验费　D. 工程建设其他费中的咨询费

【答案】C

【说明】研究试验费是指为建设项目提供和验证设计参数、数据、资料等所进行的必要的试验费用以及设计规定在施工中必须进行试验、验证所需费用，包括自行或委托其他部门研究试验所需人工费、材料费、试验设备及仪器使用费等。这项费用按照设计单位根据本工程项目的需要提出的研究试验内容和要求计算。

建筑安装工程费用项目组成

2-19. 施工中所必需的生产、生活用临时设施费应计入下列哪项费用中？(2003，2)

A. 建设单位管理费　　B. 计划利润　　　C. 企业管理费　　D. 现场经费

【答案】D

【说明】现场经费是指为施工准备、组织施工生产和管理所需的费用。现场经费内容包括临时设施费和现场管理费两大项。

（1）临时设施费：临时设施费系指施工企业为进行建筑安装工程施工所必需的生活和生产用的临时建筑物、构筑物和其他临时设施的费用等，但不包括概、预算定额中临时工程。

（2）现场管理费：现场管理费是指企业在现场为组织和管理工程施工所需的费用，包括基本管理费用和其他单项费用。

2-20. 下列费用中哪一项应计入设备购置费？（2004，2）

A. 采购及运输费　　　　B. 调试费　　　　C. 安装费　　　　D. 设备安装、保险费

【答案】A

【说明】设备购置费是指为工程建设项目购置或自制的达到固定资产标准的设备、工具、器具的费用。设备购置费包括设备原价和设备运杂费，即：

（1）设备购置费＝设备原价或进口设备抵岸价＋设备运杂费。

（2）设备原价系指国产标准设备、非标准设备的原价。

（3）设备运杂费系指设备原价中未包括的包装和包装材料费、运输费、装卸费、采购费及仓库保管费、供销部门手续费等。

2-21. 根据设计要求，在施工过程中需对某新型钢筋混凝土屋架进行一次破坏性试验，以验证设计的正确性，此项试验费应计入下列哪一项？（2005，3）

A. 设计费　　　　　　　　　　　　B. 建设单位的研究试验费

C. 施工单位的直接费　　　　　　　D. 施工单位的其他直接费

【答案】B

【说明】此项试验费应计入与建设项目有关的其他费用中的研究试验费。

2-22. 在编制初步设计总概算时，对于难以预料的工程和费用应列入下列哪一项？（2005，4）

A. 涨价预备费　　　　　　　　　　B. 基本预备费

C. 工程建设其他费用　　　　　　　D. 建设期贷款利息

【答案】B

【说明】基本预备费主要为解决在施工过程中，经上级批准的设计变更和国家政策性调整所增加的投资以及为解决意外事故而采取措施所增加的工程项目和费用，又称工程建设不可预见费。主要指设计变更及施工过程中可能增加工程量的费用。主要包括以下几个方面的费用：

（1）在进行设计和施工过程中，在批准的初步设计范围内，必须增加的工程和按规定需要增加的费用（含相应增加的价差及税金）。本项费用不含Ⅰ类变更设计增加的费用。

（2）在建设过程中，工程遭受一般自然灾害所造成的损失和为预防自然灾害所采取的措施费用。

（3）在上级主管部门组织施工验收时，验收委员会（或小组）为鉴定工程质量，必须开挖和修复隐蔽工程的费用。

（4）由于设计变更所引起的废弃工程，但不包括施工质量不符合设计要求而造成的返工

费用和废弃工程。

（5）征地、拆迁的价差。

2-23. 为工程项目贷款所支付的利息，属于下列哪一项？（2006，1）

A. 工程建设其他费用　　B. 成本费用　　　　　C. 财务费用　　　　　D. 工程直接费

【答案】C

【说明】财务费用是指企业为筹集生产经营所需资金等而发生的费用。具体项目有：利息净支出（利息支出减利息收入后的差额）、汇兑净损失（汇兑损失减汇兑收益的差额）、金融机构手续费以及筹集生产经营资金发生的其他费用等。

2-24. 土地出让金是向土地管理部门支付的取得土地哪项权利的费用？（2006，2）

A. 使用权的费用　　　　B. 所有权的费用　　　C. 收益权的费用　　　D. 处置权的费用

【答案】A

【说明】土地使用费，是指为获得建设用地而支付的费用。它是指通过划拨方式取得土地使用权而支付的土地征用及迁移补偿费，或者通过土地使用权出让方式取得土地位用权而支付的土地使用权出让金。

2-25. 下列哪些费用属于建筑安装工程企业管理费？（2007，1）

A. 环境保护费、文明施工费、安全施工费、夜间施工费

B. 财产保险费、财务费、差旅交通费、管理人员费

C. 养老保险费、住房公积金、临时设施费、工程定额测算费

D. 夜间施工费、已完工程及设备保险金、脚手架费

【答案】B

【说明】企业管理费用是指企业行政管理部门为管理组织经营活动而发生的各项费用，包括公司经费、工会经费、职工教育经费、劳动保险费、待业保险费、董事会费、咨询费、审计费、诉讼费、排污费、绿化费、房产税、车船使用税、土地使用税、印花税、土地使用费、土地损失补偿费、技术转让费、技术开发费、无形资产摊销、开办费摊销、业务招待费、坏账损失、存货盘亏、毁损和报废（减盘盈）损失，以及其他管理费用。

2-26. 下列哪些费用属于建筑安装工程措施费？（2007，2）

A. 工程排污费、工程定额测定费、社会保障费

B. 办公费、养老保险费、工具用具使用费、税金

C. 夜间施工费、二次搬运费、大型机械设备进出场及安拆费、脚手架费

D. 工具用具使用费、劳动保险费、危险作业意外伤害保险费、财务费

【答案】C

【说明】根据《建筑安装工程费用项目组成》（建标〔2013〕44号文件），建筑安装工程费用项目按费用构成要素组成划分为人工费、材料费、施工机具使用费、企业管理费、利润、规费和税金（详见附件一）。按工程造价形成顺序划分为分部分项工程费、措施项目费、其他项

目费、规费和税金（详见附件二）。

附件一　建筑安装工程费用项目组成（按费用构成要素划分）

建筑安装工程费按照费用构成要素划分：由人工费、材料（包含工程设备，下同）费、施工机具使用费、企业管理费、利润、规费和税金组成。其中人工费、材料费、施工机具使用费、企业管理费和利润包含在分部分项工程费、措施项目费、其他项目费中。

（一）人工费：是指按工资总额构成规定，支付给从事建筑安装工程施工的生产工人和附属生产单位工人的各项费用。内容包括：

1. 计时工资或计件工资：是指按计时工资标准和工作时间或对已做工作按计件单价支付给个人的劳动报酬。

2. 奖金：是指对超额劳动和增收节约支付给个人的劳动报酬。如节约奖、劳动竞赛奖等。

3. 津贴补贴：是指为了补偿职工特殊或额外的劳动消耗和因其他特殊原因支付给个人的津贴，以及为了保证职工工资水平不受物价影响支付给个人的物价补贴。如流动施工津贴、特殊地区施工津贴、高温（寒）作业临时津贴、高空津贴等。

4. 加班加点工资：是指按规定支付的在法定节假日工作的加班工资和在法定日工作时间外延时工作的加点工资。

5. 特殊情况下支付的工资：是指根据国家法律、法规和政策规定，因病、工伤、产假、计划生育假、婚丧假、事假、探亲假、定期休假、停工学习、执行国家或社会义务等原因按计时工资标准或计时工资标准的一定比例支付的工资。

（二）材料费：是指施工过程中耗费的原材料、辅助材料、构配件、零件、半成品或成品、工程设备的费用。内容包括：

1. 材料原价：是指材料、工程设备的出厂价格或商家供应价格。

2. 运杂费：是指材料、工程设备自来源地运至工地仓库或指定堆放地点所发生的全部费用。

3. 运输损耗费：是指材料在运输装卸过程中不可避免的损耗。

4. 采购及保管费：是指为组织采购、供应和保管材料、工程设备的过程中所需要的各项费用。包括采购费、仓储费、工地保管费、仓储损耗。

工程设备是指构成或计划构成永久工程一部分的机电设备、金属结构设备、仪器装置及其他类似的设备和装置。

（三）施工机具使用费：是指施工作业所发生的施工机械、仪器仪表使用费或其租赁费。

1. 施工机械使用费：以施工机械台班耗用量乘以施工机械台班单价表示，施工机械台班单价应由下列七项费用组成：

（1）折旧费：指施工机械在规定的使用年限内，陆续收回其原值的费用。

（2）大修理费：指施工机械按规定的大修理间隔台班进行必要的大修理，以恢复其正常功能所需的费用。

（3）经常修理费：指施工机械除大修理以外的各级保养和临时故障排除所需的费用。包括为保障机械正常运转所需替换设备与随机配备工具附具的摊销和维护费用，机械运转中日常保养所需润滑与擦拭的材料费用及机械停滞期间的维护和保养费用等。

（4）安拆费及场外运费：安拆费指施工机械（大型机械除外）在现场进行安装与拆卸所需的人工、材料、机械和试运转费用以及机械辅助设施的折旧、搭设、拆除等费用；场外运费指施工机械整体或分体自停放地点运至施工现场或由一施工地点运至另一施工地点的运输、装卸、辅助材料及架线等费用。

（5）人工费：指机上司机（司炉）和其他操作人员的人工费。

（6）燃料动力费：指施工机械在运转作业中所消耗的各种燃料及水、电等。

（7）税费：指施工机械按照国家规定应缴纳的车船使用税、保险费及年检费等。

2. 仪器仪表使用费：是指工程施工所需使用的仪器仪表的摊销及维修费用。

（四）企业管理费：是指建筑安装企业组织施工生产和经营管理所需的费用。内容包括：

1. 管理人员工资：是指按规定支付给管理人员的计时工资、奖金、津贴补贴、加班加点工资及特殊情况下支付的工资等。

2. 办公费：是指企业管理办公用的文具、纸张、账表、印刷、邮电、书报、办公软件、现场监控、会议、水电、烧水和集体取暖降温（包括现场临时宿舍取暖降温）等费用。

3. 差旅交通费：是指职工因公出差、调动工作的差旅费、住勤补助费，市内交通费和误餐补助费，职工探亲路费，劳动力招募费，职工退休、退职一次性路费，工伤人员就医路费，工地转移费以及管理部门使用的交通工具的油料、燃料等费用。

4. 固定资产使用费：是指管理和试验部门及附属生产单位使用的属于固定资产的房屋、设备、仪器等的折旧、大修、维修或租赁费。

5. 工具用具使用费：是指企业施工生产和管理使用的不属于固定资产的工具、器具、家具、交通工具和检验、试验、测绘、消防用具等的购置、维修和摊销费。

6. 劳动保险和职工福利费：是指由企业支付的职工退职金、按规定支付给离休干部的经费、集体福利费、夏季防暑降温、冬季取暖补贴、上下班交通补贴等。

7. 劳动保护费：是企业按规定发放的劳动保护用品的支出。如工作服、手套、防暑降温饮料以及在有碍身体健康的环境中施工的保健费用等。

8. 检验试验费：是指施工企业按照有关标准规定，对建筑以及材料、构件和建筑安装物进行一般鉴定、检查所发生的费用，包括自设试验室进行试验所耗用的材料等费用。不包括新结构、新材料的试验费，对构件做破坏性试验及其他特殊要求检验试验的费用和建设单位委托检测机构进行检测的费用，对此类检测发生的费用，由建设单位在工程建设其他费用中列支。但对施工企业提供的具有合格证明的材料进行检测不合格的，该检测费用由施工企业支付。

9. 工会经费：是指企业按《工会法》规定的全部职工工资总额比例计提的工会经费。

10. 职工教育经费：是指按职工工资总额的规定比例计提，企业为职工进行专业技术和职业技能培训、专业技术人员继续教育、职工职业技能鉴定、职业资格认定以及根据需要对职工进行各类文化教育所发生的费用。

11. 财产保险费：是指施工管理用财产、车辆等的保险费用。

12. 财务费：是指企业为施工生产筹集资金或提供预付款担保、履约担保、职工工资支付担保等所发生的各种费用。

13. 税金：是指企业按规定缴纳的房产税、车船使用税、土地使用税、印花税等。

14. 其他：包括技术转让费、技术开发费、投标费、业务招待费、绿化费、广告费、公证费、法律顾问费、审计费、咨询费、保险费等。

（五）利润：是指施工企业完成所承包工程获得的盈利。

（六）规费：是指按国家法律、法规规定，由省级政府和省级有关权力部门规定必须缴纳或计取的费用。包括：

1. 社会保险费

（1）养老保险费：是指企业按照规定标准为职工缴纳的基本养老保险费。

（2）失业保险费：是指企业按照规定标准为职工缴纳的失业保险费。

（3）医疗保险费：是指企业按照规定标准为职工缴纳的基本医疗保险费。

（4）生育保险费：是指企业按照规定标准为职工缴纳的生育保险费。

（5）工伤保险费：是指企业按照规定标准为职工缴纳的工伤保险费。

2. 住房公积金：是指企业按规定标准为职工缴纳的住房公积金。

3. 工程排污费：是指按规定缴纳的施工现场工程排污费。

其他应列而未列入的规费，按实际发生计取。

（七）税金：是指国家税法规定的应计入建筑安装工程造价内的营业税、城市维护建设税、教育费附加以及地方教育附加。

附件二　建筑安装工程费用项目组成（按造价形成划分）

建筑安装工程费按照工程造价形成由分部分项工程费、措施项目费、其他项目费、规费、税金组成，分部分项工程费、措施项目费、其他项目费包含人工费、材料费、施工机具使用费、企业管理费和利润。

（一）分部分项工程费：是指各专业工程的分部分项工程应予列支的各项费用。

1. 专业工程：是指按现行国家计量规范划分的房屋建筑与装饰工程、仿古建筑工程、通用安装工程、市政工程、园林绿化工程、矿山工程、构筑物工程、城市轨道交通工程、爆破工程等各类工程。

2. 分部分项工程：指按现行国家计量规范对各专业工程划分的项目。如房屋建筑与装饰工程划分的土石方工程、地基处理与桩基工程、砌筑工程、钢筋及钢筋混凝土工程等。

各类专业工程的分部分项工程划分见现行国家或行业计量规范。

（二）措施项目费：是指为完成建设工程施工，发生于该工程施工前和施工过程中的技术、生活、安全、环境保护等方面的费用。内容包括：

1. 安全文明施工费

①环境保护费：是指施工现场为达到环保部门要求所需要的各项费用。

②文明施工费：是指施工现场文明施工所需要的各项费用。

③安全施工费：是指施工现场安全施工所需要的各项费用。

④临时设施费：是指施工企业为进行建设工程施工所必须搭设的生活和生产用的临时建筑物、构筑物和其他临时设施费用。包括临时设施的搭设、维修、拆除、清理费或摊销费等。

2. 夜间施工增加费：是指因夜间施工所发生的夜班补助费、夜间施工降效、夜间施工照明设备摊销及照明用电等费用。

3. 二次搬运费：是指因施工场地条件限制而发生的材料、构配件、半成品等一次运输不能到达堆放地点，必须进行二次或多次搬运所发生的费用。

4. 冬雨季施工增加费：是指在冬季或雨季施工需增加的临时设施、防滑、排除雨雪、人工及施工机械效率降低等费用。

5. 已完工程及设备保护费：是指竣工验收前，对已完工程及设备采取的必要保护措施所发生的费用。

6. 工程定位复测费：是指工程施工过程中进行全部施工测量放线和复测工作的费用。

7. 特殊地区施工增加费：是指工程在沙漠或其边缘地区、高海拔、高寒、原始森林等特殊地区施工增加的费用。

8. 大型机械设备进出场及安拆费：是指机械整体或分体自停放场地运至施工现场或由一个施工地点运至另一个施工地点，所发生的机械进出场运输与转移费用以及机械在施工现场进行安装、拆卸所需的人工费、材料费、机械费、试运转费和安装所需的辅助设施的费用。

9. 脚手架工程费：是指施工需要的各种脚手架搭、拆、运输费用以及脚手架购置费的摊销（或租赁）费用。

措施项目及其包含的内容详见各类专业工程的现行国家或行业计量规范。

（三）其他项目费

1. 暂列金额：是指建设单位在工程量清单中暂定并包括在工程合同价款中的一笔款项。用于施工合同签订时尚未确定或者不可预见的所需材料、工程设备、服务的采购，施工中可能发生的工程变更、合同约定调整因素出现时的工程价款调整以及发生的索赔、现场签证确认等的费用。

2. 计日工：是指在施工过程中，施工企业完成建设单位提出的施工图纸以外的零星项目或工作所需的费用。

3. 总承包服务费：是指总承包人为配合、协调建设单位进行的专业工程发包，对建设单位自行采购的材料、工程设备等进行保管以及施工现场管理、竣工资料汇总整理等服务所需的费用。

4. 暂估价。

（四）规费：定义同附件一。

（五）税金：定义同附件一。

2-27. 某工程购置电梯两部，购置费用 130 万元，运杂费率 8%，则该电梯的原价为:(2007, 7)

A. 119.6 万元　　　　　B. 120.37 万元　　　　　C. 140.4 万元　　　　　D. 150 万元

【答案】B

【说明】设备购置费＝设备原价或进口设备抵岸价＋设备运杂费＝设备原价＋设备原价×运杂费率，设备原价 =130/（1+8%）=120.37 万元。

2-28. 某项目工程费用 6400 万元，其他费用 720 万元，无贷款，不考虑投资方向调节税、流动资金，总概算 7476 万元，则预备费费率为：（2008，8）

A. 5.6%　　　　　　B. 5%　　　　　　C. 4.76%　　　　　　D. 4%

【答案】B

【说明】基本预备费＝（建筑工程费＋工程建设其他费）×基本预备费率，基本预备费率＝基本预备费/（建筑工程费＋工程建设其他费）=（7476-6400-720）/（6400+720）×100%=5%。

2-29. 某工程购置空调机组 3 台，单台出厂价 2.2 万元，运杂费率 7%，则该工程空调机组的购置费为：（2008，12）

A. 2.35 万元　　　　B. 4.71 万元　　　　C. 6.6 万元　　　　D. 7.06 万元

【答案】D

【说明】设备购置费＝设备原价或进口设备抵岸价＋设备运杂费＝（2.2+2.2×7%）×3=7.06 万元。

2-30. 某办公楼的建筑安装工程费用为 800 万元，设备及工器具购置费用为 200 万元，工程建设其他费用为 100 万元，建设期贷款利息为 100 万元，项目基本预备费串为 5%，则该项目的基本预备费为：（2009，9）

A. 40 万元　　　　　B. 50 万元　　　　　C. 55 万元　　　　　D. 60 万元

【答案】C

【说明】参见第 2-27 题。基本预备费＝（建筑工程费＋工程建设其他费）×基本预备费率＝（800+200+100）×5%=55 万元。

2-31. 企业按规定缴纳的房产税、车船使用税、土地使用税、印花税等属于：（2010，4）

A. 措施费　　　　B. 规费　　　　C. 企业管理费　　　　D. 营业税

【答案】C

【说明】参见第 2-23 题。

2-32. 对于设备运杂费的阐述，正确的是：（2011，1）

A. 设备运杂费属于工程建设其他费用

B. 设备运杂费通常由运费和装卸费、包装费、设备供销部门的手续费、采购与仓库保管费构成

C. 设备运杂费的取费基础是运费

D. 工程造价构成中不含设备运杂费

【答案】B

【说明】设备运杂费通常由下列内容构成：

（1）运费和装卸费。国产设备由设备制造厂交货地点起至工地仓库（或施工组织设计指定的需要安装设备的堆放地点）止所发生的运费和装卸费；进口设备则由我国到岸港口或边境车站起至工地仓库（或施工组织设计指定的需要安装设备的堆放地点）止所发生的运费和装卸费。

（2）包装费。在设备原价中没有包含的，为运输包装支出的各种费用。

（3）设备供销部门的手续费。按有关部门规定的统一费率计算。

（4）采购与仓库保管费。指采购、验收、保管和收发设备所发生的各种费用，包括设备采购人员、保管人员和管理人员的工资、工资附加费、办公费、差旅交通费，设备供应部门办公和仓库所占固定资产使用费，工具用具使用费，劳动保护费，检验试验费等。这些费用可按主管部门规定的采购与保管费率计算。

2-33.根据我国现行建筑安装工程费用项目组成的规定，工地现场材料采购人员的工资应计入：（2011，4）

A.人工费　　　　　　B.材料费　　　　　　C.现场经费　　　　　　D.企业管理费

【答案】B

【说明】构成材料费的基本要素是材料消耗量、材料基价和检验试验费，其中材料基价包括材料原价、材料运杂费、运输损耗费、采购及保管费，而工地现场材料采购人员的工资属于材料采购及保管费的一部分。

2-34.下列费用中，不属于施工措施费的是：（2012，7）

A.安全、文明施工费　　　　　　　　　B.已完工程及设备保护费

C.二次搬运费　　　　　　　　　　　　D.工程排污费

【答案】D

【说明】施工措施通用项目一览表（见表2-2）。

施工措施通用项目一览表　　　　　　　　　　表2-2

序号	项目名称	序号	项目名称
1	文明施工（包括环境、安全施工）	7	脚手架
2	临时设施	8	已完工程及设备保护
3	夜间施工	9	施工排水、降水
4	二次搬运	10	总承包服务
5	大型机械设备进出场及安拆	11	竣工验收存档资料编制
6	混凝土、钢筋混凝土模板及支架		

2-35.不属于建设工程固定资产投资的是：（2013，2）

A.设备及工器具购置费　　　　　　　　B.建筑安装工程费

C.建设期贷款利息　　　　　　　　　　D.铺底流动资金

【答案】D

【说明】建设项目总投资包括固定资产投资（又称工程造价）和流动资产投资（又称流动资金）。

固定资产投资包括：设备工器具购置费（设备购置费、工器具及生产家具购置费）、建筑安装工程费（直接费、间接费、利润、税金）、工程建设其他费（土地使用费、与项目建设有关的费用、与未来企业生产经营有关的费用）、预备费（基本预备费、涨价预备费）、建设期贷款利息、固定资产投资方向调节税。

基本预备费

2-36. 基本预备费的计算应以下列哪一项为基数？（2012，3）

A. 工程费用 + 工程建设其他费用

B. 土建工程费 + 安装工程费

C. 工程费用 + 价差预备费

D. 工程直接费 + 设备购置费

【答案】A

【说明】基本预备费 =（工程费用 + 工程建设其他费用）× 基本预备费率。

2-37. 基本预备费不包括：（2012，5）

A. 技术设计、施工图设计及施工过程中增加的费用

B. 设计变更费用

C. 利率、汇率调整等增加的费用

D. 对隐蔽工程进行必要挖掘和修复产生的费用

【答案】C

【说明】基本预备费主要为解决在施工过程中，经上级批准的设计变更和国家政策性调整做增加的投资以及为解决意外事故而采取措施所增加的工程项目和费用，又称工程建设不可预见费。主要指设计变更及施工过程中可能增加工程量的费用。主要包括以下几个方面的费用：

（1）在进行设计和施工过程中，在批准的初步设计范围内，必须增加的工程和按规定需要增加的费用（含相应增加的价差及税金）。本项费用不含Ⅰ类变更设计增加的费用。

（2）在建设过程中，工程遭受一般自然灾害所造成的损失和为预防自然灾害所采取的措施费用。

（3）在上级主管部门组织施工验收时，验收委员会（或小组）为鉴定工程质量，必须开挖和修复隐蔽工程的费用。

（4）由于设计变更所引起的废弃工程，但不包括施工质量不符合设计要求而造成的返工费用和废弃工程。

（5）征地、拆迁的价差。

第三章　投资估算、设计概算与施工图预算

投资估算

3-1. 投资估算一般是在什么阶段编制的？（2000, 7）

A. 方案设计　　　　　B. 技术设计　　　　　C. 施工图设计　　　　　D. 初步设计

【答案】A

【说明】投资估算是可行性研究报告和方案设计的重要组成部分，是项目经济评价的基础和项目决策的重要依据，它直接影响着项目决策者的决策，对控制项目投资有着不可替代的作用。

3-2. 设计单位在编制各阶段设计文件时，应当做好相应的经济分析工作，以下哪项为错误答案？（2000, 77）

A. 施工图设计阶段编制施工图预算　　　　　B. 可行性研究阶段编制投资估算

C. 技术设计阶段编制修正投资估算　　　　　D. 初步设计阶段编制总概算

【答案】C

【说明】设计单位在编制各阶段设计文件时，应当做好的经济分析工作是：可行性研究和方案设计阶段编制投资估算；初步设计阶段编制总概算；技术设计阶段编制修正总概算；施工图设计阶段编制施工图预算。

3-3. 初步可行性研究阶段投资估算误差率为：（2009, 41）

A. 10%　　　　　B. 15%　　　　　C. 20%　　　　　D. 25%

【答案】C

【说明】投资估算工作可分为三个阶段：

（1）投资机会研究及项目建议书阶段的投资估算，本阶段估算的误差率在 ±30% 左右；

（2）初步可行性研究阶段投资估算，其投资估算误差率一般在 ±20% 左右；

（3）详细可行性研究阶段的投资估算，其投资估算误差率在 ±10% 左右。

3-4. 建筑工程预算编制的主要依据是：（2010, 5）

A. 初步设计图纸及说明　　　　　B. 方案招标文件

C. 项目建议书　　　　　D. 施工图

【答案】D

【说明】在设计阶段内一般分为三个或四个设计的阶段，作为控制建设工程造价来说：

（1）在项目建议书、预可行性研究、可行性研究阶段应编制投资估算。

（2）方案阶段一般应编制概算。

（3）初步设计阶段，应根据初步设计图纸（含有作业图纸）和说明书及概算定额（扩大预算定额或综合预算定额）编制初步设计总概算。概算一经批准，即为控制拟建项目工程造价的最高限额。

（4）技术设计阶段（扩大初步设计阶段），应根据技术设计的图纸和说明书及概算定额（扩大预算定额或综合预算定额）编制初步设计修正总概算。这一阶段往往是针对技术比较复杂，工程比较大的项目而设立的。

（5）施工图设计阶段，应根据施工图纸和说明书及定额编制施工图预算，用以核实施工图阶段造价是否走过批准的初步设计概算。

3-5. 下列关于设计文件编制阶段的说法中哪一种是正确的？（2012，6）

A. 在可行性研究阶段需编制投资估算　　　B. 在方案设计阶段需编制预算

C. 在初步设计阶段需编制工程量清单　　　D. 在施工图设计阶段需编制设计概算

【答案】A

【说明】参见第3-4题。

3-6. 建设项目投资估算的作用之一是：（2012，8）

A. 作为向银行借款的依据　　　　　　　　B. 作为招投标的依据

C. 作为编制施工图预算的依据　　　　　　D. 作为工程结算的依据

【答案】A

【说明】投资估算具有以下几个方面的作用：

（1）是筹措基本建设资金和金融部门批准贷款的依据；

（2）是确定设计任务书的投资额和控制初步设计概算的依据；

（3）是可行性研究和在项目评估中进行技术经济分析的依据。

投资概算

3-7. 土建工程概预算的编制方法一般是：（2001，6）

A. 计算人工、材料用量，配上工料单价，计算各项费用

B. 套用技术经济指标

C. 套用投资估算指标

D. 计算工程量、套用定额单价、计算各项费用

【答案】D

【说明】土建工程概预算的编制方法一般是计算工程量法、套用定额单价法和计算各项费用法。

3-8. 方案设计阶段一般应编制：（2001，7）

A. 预算　　　　　　　B. 概算　　　　　　　C. 结算　　　　　　　D. 投资估算

【答案】B

【说明】参见第3-4题。

3-9. 初步设计深度不够的小型工程（无平、立、剖面图，只有设计说明），编制概算不宜采用的方法是：（2001，8）

A. 采用概算指标　　　　　B. 套用技术经济指标

C. 采用类似工程预算　　　D. 计算主要工程量，套用定额单价，计算各项费用

【答案】D

【说明】初步设计深度不够的小型工程，由于没有平、立、剖面图，不宜采用计算主要工程量、套用定额单位和计算各项费用的方法来编制概算，而只能采用类似工程预算、概算指标和套用技术经济指标的方法编制概算。

3-10. 下列方法中，哪一项适用于概算编制？（2003，6）（2004，5）

A. 生产能力指数法　　　　　　　　B. 单位指标估算法

C. 类比法　　　　　　　　　　　　D. 概算指标法

【答案】D

【说明】工程概算编制方法有：概算定额法（扩大单价法）、概算指标法、类似工程预算法。

3-11. 初步设计概算编制的主要依据是：（2003，7）（2005，7）

A. 初步设计图纸及说明　　　　　　B. 方案招标文件

C. 项目建议书　　　　　　　　　　D. 施工图

【答案】A

【说明】初步设计图纸及说明是初步设计概算编制的主要依据。

3-12. 下列方法中，哪一项适用于概算编制？（2004，05）

A. 生产能力指数法　　B. 0.6指数法　　C. 类似工程预算法　　D. 单位指标估算法

【答案】C

【说明】工程概算编制方法有：概算定额法（扩大单价法）、概算指标法、类似工程预算法。

3-13. 工程项目设计概算是由设计单位在哪一个阶段编制的？（2006，6）

A. 可行性研究阶段　　　　　　　　B. 初步设计阶段

C. 技术设计阶段　　　　　　　　　D. 施工图设计阶段

【答案】B

【说明】设计概算是在初步设计阶段，根据设计要求对工程造价进行的概略计算；编制设计概算必须在初步设计阶段完成。

3-14. 安装工程的单位工程概算书应包括哪些内容？（2007，5）

A. 安装工程直接费计算表，安装工程人工、材料、机械台班价差表，安装工程费用构成表

B. 编制说明、总概算表、单项工程综合概算书

C.工程概况、编制方法、编制依据

D.编制说明、编制依据、其他需要说明的内容

【答案】A

【说明】单位工程概算书是计算一个独立建筑物或构筑物（即单项工程）中每个专业工程所需工程费用的文件，分为以下两类：①建筑工程概算书；②设备及安装工程概算书。单位工程概算文件应包括：建筑（安装）工程直接费计算表，建筑（安装）工程人工、材料、机械台班价差表，建筑（安装）工程费用构成表。

3-15. 编制概算时，室外工程总图专业应提交下列哪些资料？（2007，6）

A.平、立、剖面及断面尺寸

B.主要材料表和设备清单

C.建筑场地地形图，场地标高及道路、排水沟、挡土墙、围墙等的断面尺寸

D.项目清单及材料做法

【答案】C

【说明】参见《建筑工程设计文件编制深度规定》：

室外工程有关各专业提交平面布置图，总图专业提交建设场地的地形图和场地设计标高及道路、排水沟、挡土墙、围墙等构筑物的断面尺寸。

3-16. 总概算文件包括总概算表、各单项工程综合概算书（表）、编制说明、主要建筑安装材料汇总表及下列哪项？（2007，8）

A.设计费计算表   B.建设单位管理费计算表

C.工程建设其他费用概算表   D.单位估价表

【答案】C

【说明】设计概算文件（总概算书）一般应包括：封面及目录、编制说明、总概算表、工程建设其他费用概算表、单项工程综合概算表、单位工程概算表、工程量计算表、分年度投资汇总表与分年度资金流量汇总表以及主要材料汇总表与工日数量表等。

3-17. 总概算文件应有五项，除包括总概算表、各单项工程综合概算书等外，还包括下列哪些项？（2008，3）

A.编制说明   B.设备表   C.主要材料表   D.项目清单表

【答案】AC

【说明】概算设计文件应包括：编制说明（工程概况、编制依据、建设规模、建设范围、不包括的工程项目和费用、其他必须说明的问题等）、总概算表、单项工程综合概算书、单位工程概算书、其他工程费用概算书和钢材、木材和水泥等主要材料表。

3-18. 当初步设计达到一定深度，建筑结构比较明确，并能够较准确地计算出概算工程量时，编制概算可采用：（2009，6）

A.概算定额法   B.概算指标法

C. 类似工程预算法   D. 预算定额法

【答案】A

【说明】概算定额法又叫扩大单价法或扩大结构定额法，是采用概算定额编制建筑工程概算的方法。根据初步设计图纸资料和概算定额的项目划分计算出工程量，然后套用概算定额单价（基价），计算汇总后，再计取有关费用，便可得出单位工程概算造价。概算定额法要求初步设计达到一定深度，建筑结构比较明确，能够照初步设计的平面、立面、剖面图纸计算出楼地面、墙身、门窗和屋面等分部工程项目的工程量时，才可采用。

3-19. 设计三级概算是指：（2010，6）（2011，5）

A. 项目建议书概算、初步可行性研究概算、详细可行性研究概算

B. 投资概算、设计概算、施工图概算

C. 总概算、单项工程综合概算、单位工程概算

D. 建设工程概算、安装工程概算、装饰装修工程概算

【答案】C

【说明】设计概算可分为三级概算，即单位工程概算、单项工程综合概算和建设项目总概算。

3-20. 当初步设计深度不够，不能准确地计算工程量，但工程设计采用的技术比较成熟而又有类似工程概算指标可以利用时，编制工程概算可以采用：（2011，7）

A. 单位工程指标法   B. 概算指标法

C. 概算定额法   D. 类似工程概算法

【答案】B

【说明】建筑工程概算的编制方法有概算定额法、概算指标法和类似工程预算法。概算定额法要求初步设计达到一定深度，建筑结构比较明确，能按照初步设计的平面图、立面图、剖面图纸计算出楼地面、墙身、门窗和屋面等分部工程项目的工程量时，才可采用；概算指标法的适用范围是当初步设计深度不够，不能准确地计算出工程量，但工程设计时采用技术比较成熟，并且又有类似工程概算指标可以利用时采用；类似工程概算法适用于拟建工程初步设计与已完工程或在建工程的设计相类似又没有可用的概算指标时采用。

投资预算

3-21. 编制土建分部分项工程预算时，需用下列哪种定额或指标？（2004，4）

A. 概算定额   B. 概算指标   C. 估算指标   D. 预算定额

【答案】D

【说明】建设工程的预算定额，是用来确定建设工程产品中每一分部分项工程的每一计量单位所消耗的物化劳动数量的标准。换言之，它是确定每一计量单位的分部分项工程内容所消耗的人工和材料数量以及所需要的机械台班数量的标准。

3-22. 编制工程施工图预算的主要方法一种为单价法，另一种为下列哪一种方法？（2006，5）

A. 实物法   B. 扩大综合定额法

C. 类似工程预算法   D. 概算指标法

【答案】A

【说明】编制施工图预算主要有单价法和实物法两种方法。

3-23. 单位工程预算书的编制除了以当地预算定额及相关规定为依据外，还应以下列哪一项为依据？（2008，5）

A. 初步设计预算   B. 施工图设计的图纸和文字说明

C. 施工组织方案   D. 初步设计

【答案】B

【说明】单位工程预算书的编制应以施工图设计的目录图纸和文字说明为依据。

3-24. 单位工程建筑工程预算按其工程性质分为：（2009，5）

Ⅰ.一般土建工程预算；Ⅱ.采暖通风工程预算；Ⅲ.电气照明工程预算；Ⅳ.给排水工程预算；Ⅴ.设备安装工程预算

A. Ⅰ、Ⅲ   B. Ⅰ、Ⅲ、Ⅴ

C. Ⅰ、Ⅲ、Ⅳ、Ⅴ   D. Ⅰ、Ⅱ、Ⅲ、Ⅳ

【答案】D

【说明】单位工程预算包括建筑工程预算和设备安装工程预算。对一般工业与民用建筑工程而言，建筑工程预算按其工程性质分为一般土建工程预算，卫生工程预算（包括室内外给排水工程），采暖通风工程、煤气工程、电气照明工程预算，特殊构筑物（如炉窑、烟囱、水塔等）工程预算和工业管道工程预算等。设备安装工程预算可分为机械设备安装工程预算、电气设备安装工程预算和化工设备、热力设备安装工程预算等。

3-25. 采用单价法编制施工图预算是以分部分项工程量乘以单价后的合计作为：（2011，10）

A. 措施费   B. 直接工程费   C. 间接费   D. 建筑安装工程费

【答案】B

【说明】单价法编制施工图预算，就是根据事先编制好的地区统一单位估价表中的各分项工程综合单价，乘以相应的各分项工程的工程量，并汇总相加，得到单位工程的人工费、材料费和机械使用费用之和；再加上其他直接费、现场经费、间接费、计划利润和税金，即可得到单位工程的施工图预算。

用单价法编制施工图主要计算公式为：

单位工程施工图预算直接费 =[∑（工程量 × 预算综合单价）]×（1+ 其他直接费率 + 现场经费率

3-26. 下列与建设项目各阶段相对应的投资预算，哪项正确？（2013，6）

A. 在可行性研究阶段编制投资估算   B. 在项目建议书阶段编制设计概算

C. 在施工图设计阶段编制竣工决算　　　　　　　D. 在方案深化阶段编制工程量清单

【答案】A

【说明】（1）在项目建议书、预可行性研究、可行性研究、方案设计阶段（包括概念方案设计和报批方案设计）应编制投资估算。

（2）在初步设计阶段，依据初步设计图纸，编制建设工程概算，并与估算比较。

（3）在施工图设计阶段，编制工程量清单，编制施工图预算（或招标标底）。

3-27. 关于施工图预算的说法，正确的是：(2013, 8)

A. 施工图预算是报审项目投资额的依据

B. 施工图预算必须由设计单位编制

C. 施工图预算是控制施工阶段造价的依据

D. 施工图预算加现场签证等于结算价

【答案】C

【说明】施工图预算的作用：

（1）施工图预算是设计阶段控制工程造价的重要环节，是控制施工图设计不突破设计概算的重要措施。

（2）施工图预算是编制或调整固定资产投资计划的依据。

（3）对于实行施工招标的工程，施工图预算是编制标底的依据，也是承包企业投标报价的基础。

（4）对于不宜实行招标而采用施工图预算加调整价结算的工程，施工图预算可作为确定合同价款的基础或作为审查施工企业提出的施工图预算的依据。

第四章　建设项目经济评价

敏感性分析图

4-1. 建设项目可行性研究经济评价中，图 4-1 为敏感性分析图，斜线（1）应为下列哪种线？
（2003，24）

A. 生产能力线　　　　B. 经营成本线　　　　C. 建设投资线　　　　D. 回收期线

【答案】A

【说明】纵坐标表示项目投内部收益率（或回收期等）；横坐标表示几种不确定变量因素的变化率（%）。图 4-2 按敏感性分析计算结果画出各种变量因素的变化曲线，选其中与横坐标相交的角度大的曲线为敏感性因素变化曲线，同时，在图 4-2 还应标出财务基准收益率。从某种因素对全部投资内部收益率的影响曲线与基准收益率线的交点（临界点），可以得知该变量因素允许变化的最大幅度，即变量盈亏界限的极限变化值。变化幅度超过这个极限值，项目评价指标就不可行。如果发生这种极限变化的可能性很大，则表明项目承担的风险很大。

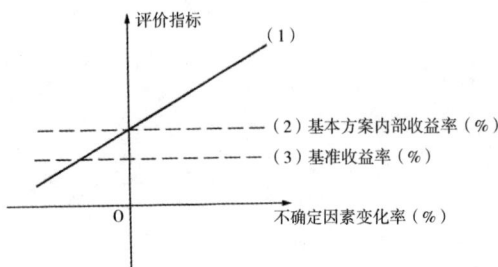

图 4-1

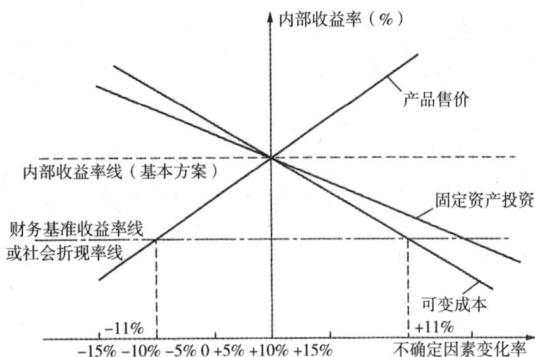

图 4-2

4-2. 对建设项目动态投资回收期的描述，下列哪一种是正确的？（2006，23）

A. 项目以经营收入抵偿全部投资所需的时间

B. 项目以全部现金流入抵偿全部现金流出所需的时间

C. 项目以净收益抵偿全部投资所需的时间

D. 项目以净收益现值抵偿全部投资所需的时间

【答案】D

【说明】动态回收期是考虑资金的时间价值时收回初始投资所需的时间，应满足下式：

P't=（累计净现金流量现值出现正值的年数 −1）＋上一年累计净现金流量现值的绝对值 /
出现正值年份净现金流量的现值

（1）P't ≤ Pc（基准投资回收期）时，说明项目（或方案）能在要求的时间内收回投资，
是可行的；

（2）P't ＞ Pc 时，则项目（或方案）不可行，应予拒绝。

财务评价指标

4-3. 下列指标哪一个反映项目盈利水平？（2003，23）

A. 折旧率 　　　　B. 财务内部收益率 　　C. 税金 　　　　D. 摊销费年限

【答案】B

【说明】项目盈利能力分析的主要指标包括项目投资财务内部收益率和财务净现值、项目资本
金财务内部收益率、投资回收期、总投资收益率、项目资本金净利润单等。

4-4. 下列财务评价报表，哪一个反映资金活动全貌？（2004，22）

A. 销售收入预测表 　　　　　　　　　B. 成本预测表

C. 贷款偿还期计算表 　　　　　　　　D. 资金来源与运用表

【答案】D

【说明】资金来源与运用表，是反映项目计算期内各年的投资、融资及生产经营活动的资金流
入与流出的活动全貌。用以考察项目各年的资金平衡、盈余或短缺情况。

4-5. 下列指标中，哪一个是项目财务评价结论中的重要指标？（2004，24）

A. 贷款利率 　　　　B. 所得税率 　　　C. 投资利润率 　　　D. 固定资产折旧率

【答案】C

【说明】投资利润率，是项目财务评价结论中的重要指标。

4-6. 对项目进行财务评价，可分为动态分析和静态分析两种，下列哪个指标属于动态分析指
标？（2005，23）（2006，24）

A. 投资利润率 　　　　B. 投资利税率 　　　C. 财务内部收益率 　　D. 资本金利润率

【答案】C

【说明】项目财务评价指标根据是否考虑资金时间价值，可分为静态评价指标和动态评价指标，
其中静态评价指标包括：投资回收期、借款偿还期、投资利润率、投资利税率、资本金利润率、
利息备付率、偿债备付率；动态评价指标包括：投资回收期、财务净现值、财务内部收益率。

4-7. 财务评价指标的高低是经营类项目取舍的重要条件，以下指标哪一个不属于财务评价指
标？（2007，22）

A. 还款期 　　　　B. 折旧率 　　　C. 投资回收期 　　　D. 内部收益率

【答案】B

【说明】财务评价的主要指标有财务内部收益率、投资回收期、贷款偿还期等。

4-8. 对建设项目进行偿债能力评价的指标是：（2007，23）

A. 财务净现值   B. 内部收益率   C. 投资利润率   D. 资产负债率

【答案】D

【说明】偿债能力主要指标包括利息备付率、偿债备付率和资产负债率等。

4-9. 财务评价指标是可行性研究的重要内容，以下指标哪一个不属于财务评价指标？（2008，22）

A. 固定资产折旧率   B. 盈亏平衡点   C. 投资利润率   D. 投资利税率

【答案】A

【说明】参见第4-7题。

4-10. 判断建设项目盈利能力的参数不包括：（2010，24）

A. 资产负债率   B. 财务内部收益率

C. 总投资收益率   D. 项目资本金净利润率

【答案】A

【说明】项目盈利能力主要指标包括财务内部收益率、财务净现值和项目投资回收期，根据委托方要求还可测算项目的总投资收益率、项目资本金净利润率等辅助性指标。

4-11. 可行性研究阶段进行敏感性分析，所使用的分析指标之一是：（2011，24）

A. 总投资额   B. 借款偿还期   C. 内部收益率   D. 净年值

【答案】C

【说明】在初步可行性研究和可行性研究阶段，经济分析指标需选用动态的评价指标：常用净现值、内部收益率，通常还辅之以投资回收期。

4-12. 在项目财务评价指标中，属于反映项目盈利能力的动态评价指标是：（2012，24）

A. 借款偿还期   B. 财务净现值   C. 总投资收益率   D. 资本金利润率

【答案】B

【说明】动态盈利能力指标是指考虑了资金的时间价值，将项目不同时点的现金流量统一到计算期初计算评估的指标。

    财务净现值（FNPV）是指用设定的折现率将项目计算期内各年的净现金流量折现到建设期初（零年）的现值之和。财务净现值是反映项目在计算期内盈利能力的动态评价指标。

4-13. 用于评价项目财务盈利能力的指标是：（2013，24）

A. 借款偿还期   B. 流动比率   C. 基准收益率   D. 财务净现值

【答案】D

【说明】财务净现值是反映技术方案在计算期内盈利能力的动态评价指标，是评价项目盈利能力的绝对指标。当 FNPV ≥ 0 时，说明技术方案财务上可行；当 FNPV<0 时，说明技术方案财务上不可行。

4-14. 在项目财务评价指标中，反映项目盈利能力的静态评价指标是：（2013.25）

　A. 投资收益率　　　　B. 借款偿还期　　　　C. 财务净现值　　　　D. 财务内部收益率

【答案】A

【说明】参见第 4-7 题。

财务评价

4-15. 从财务评价角度看，下列四个方案哪一个最差？（2003，22）

　A. 投资回收期 6.1 年，内部收益率 15.5%　　　　B. 投资回收期 5.5 年，内部收益率 16.7%

　C. 投资回收期 5.9 年，内部收益率 16%　　　　D. 投资回收期 8.7 年，内部收益率 12.3%

【答案】D

【说明】内部收益率，是指项目投资实际可望达到的报酬率，即能使投资项目的净现值等于零时的折现率。内部收益率是一个折现的相对量正指标，即在进行长期投资决策分析时，应当选择内部收益率大的项目。

4-16. 一家私营企业拟在市中心投资建造一个商品房项目。对于该项目，业主应进行下列哪一种评价？（2005，2）（2009，24）

　A. 企业财务评价　　　　B. 国家财务评价　　　　C. 国民经济评价　　　　D. 社会评价

【答案】A

【说明】房地产开发项目经济评价分为财务评价和综合评价。

　　财务评价是根据现行财税制度和价格体系，计算房地产开发项目的财务收入和财务支出，分析项目的财务盈利能力、清偿能力以及资金平衡状况，判断项目的财务可行性。

　　房地产项目综合评价是从区域社会经济发展的角度，考察房地产项目的效益和费用，评价房地产项目的合理性。

　　对于一般的房地产开发项目只需进行财务评价；对于重大的、对区域社会经济发展有较大影响的房地产项目，如经济开发区项目、成片开发项目，在做出决策前应进行综合评价。

4-17. 在对项目进行财务评价时，下列哪种情况的项目被评价为不可接受？（2005，24）

　A. 财务净现值 > 0　　　　　　　　　B. 项目投资回收期 > 行业基准回收期

　C. 项目投资利润率 > 行业平均投资利润率　　　D. 项目投资利税率 > 行业平均投资利税率

【答案】B

【说明】净现值为正值，投资方案是可以接受的；净现值是负值，投资方案就是不可接受的。净现值越大，投资方案越好。

　　项目的投资回收期与行业或部门的基准投资回收期进行比较，若小于（或等于）行业或部门的基准投资回收期，则认为项目是可以考虑接受的，否则不可行。

项目的投资利润率与行业的利润率或行业的平均投资利润率进行比较，若大于（或等于）标准投资利润率或平均投资利润率，则认为项目是可以考虑接受的，否则不可行。

项目的投资利税率与行业的平均投资利税率进行比较，若大于（或等于）行业的平均投资利税率，则认为项目是可以考虑接受的，否则不可行。

4-18. 建设项目的经济评价一种是财务评价，另一种是下列哪种评价？（2006，22）

A. 静态评价   B. 国民经济评价   C. 动态评价   D. 经济效益评价

【答案】B

【说明】建设项目的经济评价一种是财务评价，另一种是国民经济评价。财务评价和国民经济评价是从两个不同角度对项目的投资效益进行分析和评价。多数项目应先进行财务评价，在此基础上对效益、费用、价格等进行调整后，进行国民经济评价。有些项目可先进行国民经济评价，然后再进行财务评价。这两种评价各有其任务和作用，一般应以国民经济评价的结论作为项目或方案取舍的主要依据。

4-19. 进行建设项目财务评价时，项目可行的依据是：（2007，24）

A. 财务净现值 < 0，投资回收期 > 基准投资回收期

B. 财务净现值 < 0，投资回收期 < 基准投资回收期

C. 财务净现值 > 0，投资回收期 > 基准投资回收期

D. 财务净现值 > 0，投资回收期 < 基准投资回收期

【答案】D

【说明】参见第4-18题。

4-20. 财务评价是从企业财务的角度，分析项目发生的收益和费用，考察项目的盈利能力、偿债能力和抵抗风险的能力，评价项目的财务可行性。因此，在计算财务评价指标时应根据下列哪项进行？（2008，23）

A. 预算价格   B. 国家现行的影子价格

C. 国家现行的财税制度   D. 国家现行的财税制度和市场价格

【答案】A

【说明】国民经济评价采用的是影子价格；财务评价中使用的价格是预算价格。

4-21. 在项目财务评价中，能全面反映项目资金活动全貌的财务报表是：（2009，22）

A. 全部投资现金流量表   B. 损益表

C. 资金来源与运用表   D. 资产负债表

【答案】C

【说明】资金来源表包括利润、折旧、摊销、长期借款、短期借款、自有资金、其他资金、回收固定资产余值、回收流动资金等；资金运用表包括固定资产投资、建设期贷款利息、流

动资金投资、所得税、应付利润、长期借款还本、短期借款还本、其他短期借款还本等。

4-22. 在财务评价中使用的价格应是下列哪种？（2008，24）（2009，7）（2011，23）

A.影子价格　　　　B.基准价格　　　　C.预算价格　　　　D.市场价格

【答案】C

【说明】参见第 4-21 题。

4-23. 建设项目经济评价分为：（2010，22）

Ⅰ.财务评价　　Ⅱ.国民经济评价　　Ⅲ.市场评价　　Ⅳ.潜力评价

A.Ⅰ，Ⅱ　　　　　　　　　　　　　B.Ⅱ，Ⅲ

C.Ⅲ，Ⅳ　　　　　　　　　　　　　D.Ⅰ，Ⅳ

【答案】A

【说明】建设项目经济评价分为财务评价和国民经济评价。

4-24. 某新建项目建设期为 1 年，向银行贷款 500 万元，年利率为 10%，建设期内贷款分季度均衡发放，只计息不还款，则建设期贷款利息为：（2011，66）

A.0 万元　　　　　B.25 万元　　　　　C.50 万元　　　　　D.100 万元

【答案】C

【说明】年利息 =（季贷款额 × 季利率）×4= 年贷款额 × 年利率 =500×10%=50（万元）。

4-25. 在投资方案财务评价中，获利能力较好的方案是：（2012，23）

A.内部收益率小于基准收益率，净现值大于零

B.内部收益率小于基准收益率，净现值小于零

C.内部收益率大于基准收益率，净现值大于零

D.内部收益率大于基准收益率，净现值小于零

【答案】C

【说明】（1）若投资方案的内部收益率大于或等于基准收益率或设定的收益率时，该方案可以接受；若投资方案的内部收益率小于基准收益率或设定的收益率时，该方案不可以接受。

（2）只要投资方案的内部收益率大于或等于基准收益率或设定的收益率，则该方案的净现值（净年值、净将来值）就肯定大于或等于零；只要投资方案的内部收益率小于基准收益率或设定的收益率，则该方案的净现值（净年值、经将来值）就肯定小于零。

4-26. 属于动态投资部分的是：（2013，3）

A.建筑安装工程费　　　　　　　　　B.基本预备费

C.建设期贷款利息　　　　　　　　　D.设备及工器具购置费

【答案】C

【说明】静态投资包括：设备及工器具购置费、建筑安装工程费、工程建设其他费、基本预备费；动态投资包括：涨价预备费、建设期贷款利息、固定资产投资方向调节税。

4-27. 在投资方案财务评价中，获利能力较差的是：（2013，23）

A. 内部收率小于基准收益率，净现值小于零

B. 内部收率小于基准收益率，净现值大于零

C. 内部收率大于基准收益率，净现值小于零

D. 内部收率大于基准收益率，净现值大于零

【答案】A

【说明】参见第 4-26 题。

第五章 工程量清单计价

5-1. 工程量清单计价中，分部分项工程的综合单价主要费用除人工费、材料费、机械费外，还有哪两项？（2009, 8）

A. 规费、税金　　　　B. 税金、措施费　　　　C. 利润、管理费　　　　D. 规费、措施费

【答案】C

【说明】综合单价应包括完成单位分部分项工程量清单项目所必需的完整费用单价。在完整费用的单价中，除人工费、材料费和机械费外，还应包括工程量清单项目综合费中所含的内容。这些内容有其他直接费、现场管理费、企业管理费、财务费、劳动保险费、利润、风险费、定额管理费、税金等。

5-2. 目前，我国施工阶段公开招标主要采用的计价模式是：（2009, 11）

A. 工程量清单计价　　　　B. 定额计价　　　　C. 综合单价计价　　　　D. 工料单价计价

【答案】A

【说明】清单计价是指招标人公开提供工程量清单，投标人自主报价或招标人编制标底及双方签订合同价款，工程竣工结算等活动，是由投标人完成由招标人提供的工程量清单所需的全部费用，包括分部分项工程费、措施项目费、其他项目费、规费和税金。

在我国目前的情况下，工程量清单计价作为一种市场定价模式，主要在工程项目的招标投标过程中使用。

5-3. 按照综合单价法，工程发承包价是：（2010, 10）

A. 由人工、材料、机械的消耗量确定的价格

B. 由直接工程费汇总后另加间接费、利润、税金生成的价格

C. 由各分项工程量乘以综合单价的合价汇总后生成的价格

D. 由人工费、材料费、施工机械使用费、企业管理费与利润以及一定范围内的风险费用综合而成的价格

【答案】C

【说明】综合单价是与工程量清单应运而生的概念，综合单价是指完成一个规定计量单位的分部分项工程量清单项目或措施清单项目所需的人工费、材料费、施工机械使用费和企业管理费与利润，以及一定范围内的风险费用。

综合单价法是根据建筑安装工程施工图和《建筑工程工程量清单计价规范》，按分部分项工程的顺序，先计算出各分项工程量，再乘以对应的综合单价，求出各分项工程的综合费用。

综合费用汇总后（即分部分项工程费）另加措施费、其他项目费、规费利税金生成工程建筑安装工程造价。

综合单价法是分部分项工程单价为全费用单价，全费用单价经综合计算后生成，其内容包括直接工程费、间接费、利润和概金（措施费也可按此方法生成全费用价格，但大多数情况下措施费须单独报价，而不包括在综合单价中）。

各分项工程量乘以综合单价的合价汇总后，生成工程发承包价。

5-4. 分部分项工程量清单应包括项目编码、项目名称、项目特征、计量单位和：(2010，11)

A. 单价 　　　　　B. 工程量 　　　　　C. 税金 　　　　　D. 费率

【答案】B

【说明】分部分项工程项目清单必须载明项目编码、项目名称、项目特征、计量单位和工程量。

5-5. 采用工程量清单计价，建设工程造价由下列何者组成？(2010，12)

Ⅰ. 分部分项工程费　Ⅱ. 措施项目费　Ⅲ. 其他项目费　Ⅳ. 规费　Ⅴ. 税金　Ⅵ. 利润

A. Ⅰ、Ⅱ、Ⅲ、Ⅳ、Ⅴ　　　　　　　　B. Ⅰ、Ⅱ、Ⅲ、Ⅳ、Ⅵ

C. Ⅰ、Ⅲ、Ⅳ、Ⅵ　　　　　　　　　　D. Ⅰ、Ⅱ、Ⅲ、Ⅴ、Ⅵ

【答案】A

【说明】根据《建设工程工程量清单计价规范》(GB 50500—2013) 第4.1.4条可知，招标工程量清单应以单位（项）工程为单位编制，应由分部分项工程项目清单、措施项目清单、其他项目清单、规费和税金项目清单组成。

5-6. 采用工程量清单计价，可作为竞争性费用的是：(2011，9)

A. 分部分项工程费　　　　　　　　　　B. 税金

C. 规费　　　　　　　　　　　　　　　D. 安全文明施工费

【答案】A

【说明】根据《建设工程工程量清单计价规范》(GB 50500—2013) 第4.1.5和第4.1.8条可知，措施项目清单中的安全文明施工费应按照国家或省级、行业建设主管部门规定计价，不得作为竞争性费用；规费和税金应按国家或省级、行业建筑主管部门的规定计算，不得作为竞争性费用。

5-7. 下列有关工程量清单的叙述中，正确的是：(2011，11)

A. 工程量清单中含有工程数量和综合单价

B. 工程量清单是招标文件的组成部分

C. 在招标人同意的情况下，工程量清单可以由投标人自行编制

D. 工程量清单编制准确性和完整性的责任单位是投标单位

【答案】B

【说明】根据《建设工程工程量清单计价规范》(GB 50500—2013) 第4.1.2和第4.1.3条可知，招标工程量清单必须作为招标文件的组成部分，其准确性和完整性应由招标人负责；招标工

程量清单是工程量清单计价的基础，应作为编制招标控制价、投标报价、计算或调整工量、索赔等的依据之一。

5-8. 根据《建设工程工程量清单计价规范》(GB 50500)规定，投标单位各实体工程的风险费用应计入：(2011，12)

A.其他项目清单计价表   B.材料清单计价表

C.分部分项工程清单计价表   D.措施费表

【答案】C

【说明】分部分项工程费由各分部分项工程量乘以相应分部分项工程单价，其中分部分项工程单价由人工费、材料费、机械费、管理费、利润等组成，并考虑了风险费用。只有分部分项工程是核算实体项目的，虽然在其他项目清单计价表和零星工作费表中都可能会有风险费用，但都不属于实体项目。

5-9. 工程量清单的编制阶段是在：(2012，10)

A.设计方案确定后   B.初步设计完成后

C.施工图完成后   D.施工招标后

【答案】C

【说明】工程量清单是工程量清单计价的基础，贯穿于建设工程的招投标阶段和施工阶段，是编制招标控制价、投标报价、计算工程量、支付工程款、调整合同价款、办理竣工结算以及工程索赔等的依据。

5-10. 投标人在工程量清单报价投标中，风险费用应在下列哪项中考虑？(2012，12)

A.其他项目清单计价表   B.分部分项工程量清单计价表

C.零星工作费用表   D.措施项目清单计价表

【答案】B

【说明】根据《建设工程工程量清单计价规范》(GB 50500—2013)可知，分部分项工程费由各分部分项工程量乘以相应分部分项工程单价，其中分部分项工程单价由人工费、材料费、机械费、管理费、利润等组成，并考虑了风险费用。

5-11. 工程量清单的作用是：(2013，9)

A.编制投资估算的依据   B.编制设计概算的依据

C.编制施工图预算的依据   D.招标时为投标人提供统一的工程量

【答案】D

【说明】工程量清单招标是建设工程招标投标活动中按照国家有关部门统一的工程量清单计价规定，由招标人提供工程量清单，投标人根据市场行情和本企业工实际情况自主报价，经评审低价中标的工程造价计价模式。

5-12. 不属于工程量清单编制依据的是：(2013，12)

A. 设计图纸及相关资料   B. 施工招标范围

C. 地质勘查报告   D. 施工占地范围

【答案】D

【说明】《建设工程工程量清单计价规范》（GB 50500—2013）中规定，工程量清单编制应依据：

    （1）本规范和相关工程的国家计量规范；

    （2）国家或省级、行业建设主管部门颁发的计价定额和办法；

    （3）建设工程设计文件及相关资料；

    （4）与建设工程有关的标准、规范、技术资料；

    （5）拟定的招标文件；

    （6）施工现场情况、地勘水文资料、工程特点及常规施工方案；

    （7）其他相关资料。

5-13. 关于施工承包招标控制价说法正确的是：（2013，13）

A. 必须保密   B. 开标前应予以公布

C. 开标前由招标方确定是否上调或下浮   D. 不可作为评标的依据

【答案】B

【说明】招标控制价是招标人根据国家或省级、行业建设主管部门颁发的有关计价依据和办法，按设计施工图纸计算的，对招标工程限定的最高工程造价，也可称其为拦标价、预算控制价或最高报价等。

    招标控制价在应用中应注意的主要问题有：

    （1）国有资金投资的工程建设项目应实行工程量清单招标，并应编制招标控制价；

    （2）招标控制价超过批准的概算时，招标人应将其报原概算审批部门审核；

    （3）投标人的投标报价高于招标控制价的，其投标应予以拒绝；

    （4）招标控制价应由具有编制能力的招标人或受其委托，具有相应资质的工程造价咨询人编制；

    （5）招标控制价应在招标文件中公布，不应上调或下浮，招标人应将招标控制价及有关资料报送工程所在地工程造价管理机构备查；

    （6）投标人经复核认为招标人公布的招标控制价未按照《建设工程工程量清单计价规范》的规定进行编制的，应在开标前5日向招投标监督机构或（和）工程造价管理机构投诉。

第六章 建设工程计量规范及技术经济指标

设计评价指标

6-1. 居住区的技术经济指标中，人口毛密度是指：（2010，15）（2013，17）

A. 居住总户数 / 住宅建筑基底面积

B. 居住总人数 / 住宅建筑基底面积

C. 居住总人数 / 居住区用地面积

D. 居住总户数 / 住宅用地面积

【答案】C

【说明】人口毛密度是指单位居住用地上居住的人口数量：

人口毛密度＝规划总人口 / 居住用地面积（其中居住用地面积为建设项目的总占地面积，计算结果单位为人 /hm²）

6-2. 在设计阶段实施价值工程进行设计方案优选的步骤一般为：（2011，16）

A. 功能评价—功能分析—方案创新一方案评价

B. 功能评价—功能分析—方案评价—方案创新

C. 功能分析—功能评价—方案创新一方案评价

D. 功能分析—功能评价—方案评价一方案创新

【答案】C

【说明】运用价值工程优化设计方案见表6-1。

运用价值工程优化设计方案 表 6-1

运用步骤 （程序）	新建项目设计 方案的优选	设计阶段工程 造价的控制	备注
对象选择		√	选择对控制造价影响较大的项目作为价值工程研究的对象。成本 比重大，数量少的成本是实施价值工程的重点
功能分析	√	√	明确项目的各类功能，确定主要功能并对功能进行定义和整理
功能评价	√	√	比较各项功能的重要程度，计算功能评价系数
分配目标成本		√	在确定研究对象目标成本和功能评价系数的基础上，将目标成本 分摊到各项功能上，通过成本与功能的对比确定重点改进对象
方案创新	√	√	根据功能分析结果，提出实现功能的方案
方案评价	√	√	计算方案创新中提出的各方案的价值系数，对各方案进行评价

6-3. 在住宅小区规划设计中节约用地的主要措施有：（2011，17）

A. 增加建筑的间距

B. 缩短房屋进深

C. 提高住宅层数或高低层搭配

D. 压缩公共建筑的层数

【答案】C

【说明】住宅建筑经济和用地经济比较密切相关的几个主要因素如下。

（1）住宅层数。就住宅建筑本身而言，低层住宅一般比多层造价经济，而多层又比高层经济，但低层占地大。对于多层住宅，提高层数能降低住宅建筑的造价。

（2）进深。住宅进深加大，外墙相应缩短，对于采暖地区外墙需要加厚的情况下经济效果更好。至于与节约用地的关系，一般认为住宅进深在1m以下时每增加1m，每公顷可增加建筑面积1000m^{2}左右；在1m以上时，效果相应减少。

（3）层高。住宅层高的合理确定不仅影响建筑造价，也直接和节约用地有关。据计算，层高每降低100mm，能降低造价1%，节约用地2%。

（4）建设高层低密度住房以及恰当的高低楼层搭配可以提高集约利用程度。

6-4. 反映公共建筑使用期内经济性的指标是：（2011，18）

A. 单位造价　　　　　B. 能源耗用量　　　　　C. 面积使用系数　　　　　D. 建筑用钢量

【答案】B

【说明】经济性指标包括以下内容。

（1）反映建设期经济性的指标主要有：工程工期、工程造价、单位造价、主要工程材料耗用量、劳动消耗量等。

（2）反映使用期内经济性的指标主要有：土地占用量、年度经常使用费、能源耗用量等。

（3）经济效果指标：对于生产性项目可采用内部投资收益率、投资回收期等指标；对于非生产性项目可采用效益费用比的指标。

6-5. 下列有关工业项目总平面设计评价指标的说法，正确的是：（2011，19）

A. 建筑系数反映了总平面设计的功能分区的合理性

B. 土地利用系数反映出总平面布置的经济合理性和土地利用效率

C. 绿化系数应该属于工程量指标的范畴

D. 经济指标是指工业项目的总运输费用、经营费用

【答案】B

【说明】工业项目总平面设计的评价指标包括以下各项。

（1）有关面积的指标。

（2）比率指标。包括反映土地利用率和绿化率的指标。

①建筑系数（建筑密度），是指厂区内（一般指厂区围墙内）建筑物、构筑物和各种露天仓库及堆场、操作场地等的占地面积与整个厂区建设用地面积之比。它是反映总平面设计用地是否经济合理的指标，建筑系数大，表明布置紧凑，节约用地，又可缩短管线距离，降低工程造价。建筑系数可用下式计算：

建筑系数 = 建筑占地面积 / 厂区占地面积

②土地利用系数，是指厂区内建筑物、构筑物、露天仓库及堆积场、操作场地道路、广场、

排水设施及地上地下管线等所占面积与整个厂区建设用地面积之比，反映出总平面布置的经济合理性和土地利用效率。土地利用系数可用下式计算：

土地利用系数 =（建筑占地面积 + 厂区道路占地面积 + 工程管网占地面积）/ 厂区占地面积

③绿化系数，是指厂区内绿化面积与厂区占地面积之比。它综合反映了厂区的环境质量水平。

（3）工程量指标。包括场地平整土石方量、地上及地下管线工程量、防洪设施工程量等。这些指标综合反映了总平面设计中功能分区的合理性及设计方案对地势地形的适应性。

（4）功能指标。包括生产流程短捷、流畅、连续程度，场内运输便捷程度，安全生产满足程度等。

（5）经济指标。包括每吨货物运输费用、经营费用等。

6-6. 技术改造项目可依据设计复杂程度增加设计收费的调整系数，其范围为：（2011，72）

A. 1.1~1.3　　　　B. 1.1~1.4　　　　C. 1.2~1.4　　　　D. 1.1~1.5

【答案】B

【说明】根据《工程勘察设计收费标准》（2018 版）第 1.0.12 条可知，改扩建和技术改造建设项目，附加调整系数为 1.1~1.4。根据工程设计复杂程度确定适当的附加调整系数，计算工程设计收费。

6-7. 下列技术经济指标中，属于公共建筑设计方案节地经济指标的是：（2012，15）

A. 体型系数　　　　B. 建筑使用系数　　　　C. 容积率　　　　D. 结构面积系数

【答案】C

【说明】容积率是每公顷建设用地上的总建筑面积与居住区用地的比值，反映土地利用效率，属于公共建筑设计方案节地经济指标。

建设工程设计文件

6-8. 初步设计总说明书一般应当包括以下几个方面，其中错误答案为下面哪项？（2000，78）

A. 工程设计的规模和设计范围　　　　B. 设计指导思想和设计特点

C. 工程设计的主要依据　　　　D. 施工组织规划

【答案】D

【说明】初步设计总说明书一般包括：

（1）工程设计的主要依据；

（2）工程设计的规模和设计范围；

（3）设计指导思想和设计特点；

（4）在设计审批时需提请解决或确定的主要问题。

6-9. 施工图设计给排水管道总平面图绘制要求如下，其中错误答案为：（2000，80）

A. 注明给水干管节点结构、闸门井尺寸、编号及引用详图

B. 绘出各建筑物名称、位置、标高、指北针

C. 标出给排水干管的管径、流水坡向

D. 注明检查井、化粪池型号及引用详图

【答案】C

【说明】给水排水总平面图绘制要求：

（1）绘出各建筑物的外形、名称、位置、标高、指北针（或风玫瑰图）。

（2）绘出全部给水排水管网及构筑物的位置（或坐标）、距离、检查井、化粪池型号及详图索引号。

（3）对较复杂工程，应将给水、排水（雨水、污废水）总平面图分开绘制，以便于施工（简单工程可以绘在一张图上）。

（4）给水管注明管径、埋设深度或敷设的标高，宜标注管道长度，并绘制阀门组合节点图，注明节点结构、阀门井尺寸、编号及引用标准图号（一般工程给水管线可不绘节点图）。

（5）排水管标注检查井编号和水流坡向，标注管道接口处市政管网的位置、标高、管径、水流坡向。

6-10. 初步设计的总平面设计图纸应当包括下列内容，其中哪项为错误的？（2001，76）

A. 竖向布置图　　　　B. 区域位置图　　　　C. 平面图　　　　D. 基础详图

【答案】D

【说明】总平面设计图纸包括：总平面布置图、竖向设计图、土方工程图、管道综合图、绿化布置图、详图等。基础详图属于结构施工图设计图纸部分。

6-11. 抗震设防烈度为几度及以上地区的建筑，必须进行抗震设计？（2009，76）

A. 5 度　　　　B. 6 度　　　　C. 7 度　　　　D. 8 度

【答案】B

【说明】参见《建筑抗震设计规范》（GB 50011—2010）第 1.0.2 条，抗震设防烈度为 6 度及以上地区的建筑，必须进行抗震设计。

6-12. 可满足设备材料采购需要的建设工程设计文件是：（2011，75）

A. 可行性研究报告　　　　　　　　B. 方案设计文件

C. 初步设计文件　　　　　　　　　D. 施工图设计文件

【答案】D

【说明】《建筑工程设计文件编制深度规定》第 1.0.5 条说明，各阶段设计文件编制深度应按一下原则进行（具体应执行第 2~4 章条款）：

（1）方案设计文件，应满足编制初步设计文件的需要（注：对于投标方案，设计文件深度应满足标书要求；若标书无明确要求，设计文件深度可参照本规定的有关条款）。

（2）初步设计文件，应满足编制施工图设计文件的需要。

（3）施工图设计文件，应满足设备材料采购、非标准设备制作和施工的需要。对于将项目分别发包给几个设计单位或实施设计分包的情况，设计文件相互关联处的深度应当满足各承包或分包单位设计的需要。

土建与安装工程造价比例

6-13. 在高级宾馆的造价中，土建工程与安装工程（含水、暖、空调、电气、电梯等）的比例约为：（2000，16）

A.（85%~95%）:（5%~15%）

B.（30%~40%）:（60%~70%）

C.（70%~80%）:（20%~30%）

D. 50% : 50%

【答案】C

6-14. 在一般民用建筑造价中，土建工程与安装工程（含水、暖、电等）的比例约为：（2001，17）

A. 无一定规律

B.（65%~80%）:（20%~35%）

C. 50% : 50%

D.（85%~95%）:（5%~15%）

【答案】C

6-15. 一般学校建筑，其土建工程与设备安装工程的造价比例大致是：（2005，15）

A.（41%~42%）:（59%~58%）

B.（51%~52%）:（49%~48%）

C.（65%~66%）:（35%~34%）

D.（80%~81.6%）:（20%~18.4%）

【答案】C

6-16. 框架结构的民用建筑土建工程（一般标准），建筑与结构的造价比例大致是：（2006，12）

A. 3 : 7　　　　B. 4 : 6　　　　C. 7 : 3　　　　D. 6 : 4

【答案】B

6-17. 一般钢筋混凝土框架结构不含室内精装修的民用建筑的造价，其建筑与结构造价的比例下列哪一种比较接近？（2007，14）

A. 0.4 : 0.6　　　　B. 0.5 : 0.5　　　　C. 0.6 : 0.4　　　　D. 0.7 : 0.3

【答案】C

6-18. 高层内浇外砌大模板结构住宅中，一般情况下，建安工程单价（元 /m²）中土建工程造价的比例，下列哪一种比较接近？（2007，15）

A. 50% 以下　　　　B. 50%~60%　　　　C. 61%~89%　　　　D. 90% 以上

【答案】B

6-19. 某北方地区单层钢结构轻型厂房建安工程单方造价为 1000 元 /m²，造价由以下三项工程组成：

（1）土建工程（包括结构、建筑、装饰装修工程）

（2）电气工程（包括强电、弱电工程）

（3）设备工程（包括水、暖、通风、管道等工程）

问下列哪一组单方造价的组成比例较合理？（2008，15）

A.（1）80%；（2）3%；（3）17%　　　B.（1）60%；（2）20%；（3）20%

C.（1）80%；（2）10%；（3）10%　　　D.（1）60%；（2）10%；（3）30%

【答案】B

【说明】北方地区单层钢结构轻型厂房建安工程单方造价的组成：①土建工程（包括结构、建筑、装饰装修工程）；②电气工程（包括强电、弱电工程）；③设备工程（包括水、暖、通风空调、管道等工程）。三项比例一般为60%：20%：20%。

6-20. 某北方地区框剪结构病房楼，地上 **19** 层，地下 **2** 层，一般装修，其建安工程单方造价为 **3500** 元 /m²，造价由以下三项工程组成：

（1）土建工程（包括结构、建筑、装饰装修工程）

（2）电气工程（包括强电、弱电、电梯工程）

（3）设备工程（包括水、暖、通风空调、管道等工程）

问下列哪一组单方造价的组成较合理？（2008，16）

A.（1）2500 元 /m²；（2）700 元 /m²；（3）300 元 /m²

B.（1）2100 元 /m²；（2）550 元 /m²；（3）850 元 /m²

C.（1）1600 元 /m²；（2）950 元 /m²；（3）950 元 /m²

D.（1）2050 元 /m²；（2）200 元 /m²；（3）1250 元 /m²

【答案】B

【说明】北方地区框剪结构病房楼建安工程单方造价的组成：①土建工程（包括结构、建筑、装饰装修工程）；②电气工程（包括强电、弱电、电梯工程）；③设备工程（包括水、暖、通风空调、管道等工程）。三项比例一般为：60%：15%：25%。

影响工程造价的因素

6-21. 建造 **3** 层的商铺，若层高由 **3.6m** 增至 **4.2m**，则土建造价约增加：（2009，16）

A. 不可预测　　　B. 3%　　　C. 8%　　　D. 15%

【答案】C

6-22. 建筑设计阶段影响工程造价的因素是：（2009，17）

Ⅰ. 平面形状　　Ⅱ. 层高　　Ⅲ. 混凝土强度等级　　Ⅳ. 文明施工　　Ⅴ. 结构类型

A. Ⅰ、Ⅱ、Ⅲ　　　B. Ⅰ、Ⅱ、Ⅳ　　　C. Ⅱ、Ⅲ、Ⅳ　　　D. Ⅰ、Ⅱ、Ⅴ

【答案】C

【说明】设计阶段影响工程造价的因素：

（1）总平面设计：①占地面积；②功能分区；③交通方式的选择。

（2）工艺设计。

（3）建筑设计：①平面形状；②流通空间；③层高；④建筑物层数；⑤柱网布置；⑥建筑物的体积与面积；⑦建筑结构类型。

6-23. 某住宅小区建造大型地下车库，在符合规范的前提下，控制造价的重点在：（2012，13）

A. 混凝土的用量

B. 保温材料的厚度

C. 钢筋的用量

D. 木材的用量

【答案】C

土建单方造价

6-24. 每立方米 C20 混凝土的水泥用量约需：（2001，11）

A. 200kg   B. 300kg   C. 400kg   D. 500kg

【答案】B

6-25. 编制土建工程预算时，场地平整与土方工程是以下列哪一项挖填厚度为分界线？（2003,4）

A. 30cm   B. 40cm   C. 45cm   D. 50cm

【答案】A

【说明】平整场地是指工程动土开工前，对施工现场 ±30cm 以内高低不平的部位进行就地挖、运、填和找平。

6-26. 下列哪一种最接近北方地区单层钢筋混凝土普通厂房的单方造价？（2003，9）

A. 500~800 元 /m²

B. 800~1000 元 /m²

C. 1200~2000 元 /m²

D. 2500~3000 元 /m²

【答案】B

6-27. 下列框架结构多层办公楼（一般装修）的单方造价哪一种最接近？（2004，7）

A. 400~600 元 /m²

B. 600~800 元 /m²

C. 800~1000 元 /m²

D. 1000~1800 元 /m²

【答案】D

6-28. 某工程购置电梯两部，购置费用 130 万元，运杂费率 8%，则该电梯的原价为:（2007，7）

A. 119.6 万元   B. 120.37 万元   C. 140.4 万元   D. 150 万元

【答案】B

【说明】设备购置费是指为建设项目购置或自制的达到固定资产标准的设备，它由设备原价和设备运杂费构成。设备购置费 = 设备原价 + 设备运杂费，设备运杂费 = 设备原价 × 设备运杂费率，可求得设备原价为 120.37 万元。

6-29. 相同结构形式的多层建筑（6层以下），层数越多，下列土建单价哪一种说法是正确的？（2004，16）

A. 越高   B. 不变   C. 越低   D. 没关系

【答案】C

【说明】相同结构形式的多层建筑（6层以下），层数越多，土建单价呈降低的变化趋势。

6-30. 钢筋混凝土多层住宅，随着层数的增加，其每平方米建筑面积木材的消耗量：（2005，16）

A. 随之增加   B. 基本维持不变   C. 随之减少   D. 随之大幅减少量

【答案】C

6-31. 一般情况下，砖混结构形式的多层建筑随层数的增加，土建单方造价（元 /m²）会呈何变化？（2006，16）

A. 降低   B. 不变   C. 增加   D. 二者无关系

【答案】A

6-32. 多层建筑随着层高的降低，土建单价的变化下列哪一种说法是正确的？（2007，13）

A. 没关系   B. 减少   C. 增加   D. 相同

【答案】B

6-33. 计算外墙工程量时，外墙的长度应以何者为准？（2000，8）

A. 外包长度   B. 外墙中心线   C. 内净长度   D. 外墙轴线

【答案】B

6-34. 编制基础砌筑工程分项预算时，下列哪一种工程量的计算单位是正确的？（2003，5）（2010，11）

A. 立方米   B. 平方米   C. 长度米   D. 高度米

【答案】A

6-35. 编制预算时，钢筋混凝土梁的工程量计量单位是：（2005，5）

A. 长度：米   B. 截面：平方米   C. 体积：立方米   D. 梁高：米

【答案】C

6-36. 编制土方工程预算时，1m³ 夯实土体积换算成天然密度体积的系数是：（2005，6）

A. 1.50   B. 1.15   C. 1.00   D. 0.85

【答案】B

6-37. 在 **8** 度地震设防要求下，钢筋混凝土框架结构的办公楼，层数为 **26~30** 层，一般情况下每平方米建筑面积钢材的消耗量是：（2005，17）

A. 90kg 以上　　　　B. 75~89kg　　　　C. 66~74kg　　　　D. 55~65kg

【答案】A

【说明】在 8 度地震设防要求下，钢筋混凝土框架结构的办公楼，层数为 26~30 层，一般情况下每平方米建筑面积钢材的消耗量约为 90kg 以上。

6-38. 现浇混凝土基础工程量的计量单位是：（2010，16）

A. 长度：m　　　　B. 截面：m^2　　　　C. 体积：m^3　　　　D. 梁高：m

【答案】C

建筑面积占比

6-39. 有一幢五层建筑物，其平屋面约占建筑面积的百分数为：（2000，10）

A. 20%　　　　B. 30%　　　　C. 35%　　　　D. 25%

【答案】A

6-40. 北京地区多层砖混结构办公楼的楼地面净面积（不含楼梯面积）约占建筑面积的：（2000，12）

A. 80% 左右　　　　B. 70% 左右　　　　C. 90% 左右　　　　D. 60% 左右

【答案】B

第七章　建筑材料价格比较

产品价格比较

7-1. 下列产品的单价（元/m³）哪一种最贵？（2003，10）

A. 普通混凝土 C40

C. 高强混凝土 C65

B. 抗渗混凝土 C40

D. 陶粒混凝土 C30

【答案】C

7-2. 下列产品的单价（元/m³）哪一种最贵？（2003，12）（2004，8）

A. 加气块 600×250×50

C. 加气保温块 600×250×50

B. 加气保温块 600×250×300

D. 加气保温块 600×250×100

【答案】C

7-3. 下列产品的单价（元/m³），哪一种最贵？（2003，13）

A. 冷却塔 DB

C. 冷却塔 DBNL3-40

B. 冷却塔 DBNL3-20

D. 冷却塔 DBNL3-60

【答案】D

7-4. 下列相同等级的混凝土单价（元/m³）哪一种最贵？（2004，10）（2007，11）

A. 普通混凝土

C. 豆石混凝土

B. 抗渗混凝土

D. 免振捣自密实混凝土

【答案】D

7-5. 下列保护层的单价（元/m²）中哪一种最贵？（2004，11）

A. 水泥砂浆　　　B. 水泥聚苯板　　　C. 聚乙烯泡沫塑料　　　D. 豆石混凝土

【答案】D

7-6. 同地区同结构形式的住宅，下列哪种方案结构工程单价（元/m²）最高？（2007，16）

A. 多层

C. 15~20 层高层

B. 14 层以下小高层

D. 21~30 层高层

【答案】D

7-7. 以下单层房屋层高相同的非黏土墙（240mm 厚）哪一个单价（元/m²）最高？（2008，10）

A. 框架的内墙

C. 框架间外墙

B. 普通外墙

D. 普通内墙

【答案】A

7-8. 下列同口径管材单价最高的是：（2009，7）

A. PP 管   B. 无缝钢管   C. PVC 管   D. 铸铁管

【答案】B

7-9. 在外墙外保温改造中，每平方米综合单价最高的是：（2010，13）

A. 25mm 厚聚苯颗粒保温砂浆，块料饰面   B. 25mm 厚聚苯颗粒保温砂浆，涂料饰面

C. 25mm 厚挤塑泡沫板，块料饰面   D. 25mm 厚挤塑泡沫板，涂料饰面

【答案】C

7-10. 下列保温材料，单位体积价格最高的是：（2013，14）

A. 挤塑聚苯板   B. 泡沫玻璃板   C. 岩棉保温板   D. 酚醛树脂板

【答案】D

玻璃单价

7-11. 下列产品的单价（元 /m³）哪一种最便宜？（2003，14）（2004，12）

A. 中空玻璃（双白）6mm 隔片（聚硫胶）   B. 中空玻璃（双白）9mm 隔片（聚硫胶）

C. 中空玻璃（双白）6mm 隔片（不干胶条）   D. 中空玻璃（双白）9mm 隔片（不干胶条）

【答案】D

7-12. 下列产品的单价（元 /m³）哪一种最便宜？（2004，13）

A. 玻璃钢水箱 1~5m³   B. 玻璃钢水箱 6~14m³

C. 玻璃钢水箱 15~50m³   D. 玻璃钢水箱 51~100m³

【答案】A

石材单价

7-13. 下列地面面层单价何者最贵？（2001，14）（2009，13）

A. 白锦砖   B. 预制白水泥水磨石

C. 水泥花砖   D. 抛光通体砖

【答案】D

7-14. 下列产品的单价（元 /m²）哪一种最便宜？（2004，14）

A. 水磨石隔断（青水泥）   B. 水磨石窗台板（青水泥）

C. 水磨石踏步（青水泥）   D. 水磨石扶曲（青水泥）

【答案】C

7-15. 下述台阶做法哪种单价（元/m²）最贵？（2007，9）

A. 花岗石面   B. 地砖面

C. 剁斧石面   D. 水泥面

【答案】A

7-16. 下列哪一种做法的磨光花岗石面层单价（元/m²）最高？（2008，11）

A. 挂贴   B. 干挂勾缝

C. 粉状胶粘剂粘贴   D. 砂浆粘贴

【答案】B

7-17. 下列各种块料楼地面的面层单价（元/m²）哪一种最高？（2008，12）

A. 陶瓷锦砖面层   B. 石塑防滑地砖面层

C. 钛合金不锈钢覆面地砖面层   D. 碎拼大理石面层

【答案】C

7-18. 下列地坪材料价格最高的是：（2012，14）

A. 环氧树脂地坪   B. 地砖地坪

C. 花岗石地坪   D. 普通水磨石地坪

【答案】C

内墙面装饰材料单价

7-19. 下列内墙面做法何者最贵（包括底层和面层）？（2000，13）

A. 预制白水泥水磨石   B. 水泥砂浆打底乳胶漆三遍

C. 白瓷砖   D. 人造大理石

【答案】D

7-20. 下列隔断墙每平方米综合单价最高的是：（2005，11）

A. 硬木装饰隔断   B. 硬木半玻璃隔断

C. 铝合金半玻璃隔断   D. 轻钢龙骨单排石膏板隔断

【答案】C

7-21. 下列内墙面装饰材料每平方米综合单价最低的是：（2005，12）

A. 装饰壁布   B. 弹性丙烯酸涂料

C. 绒面软包   D. 防霉涂料

【答案】D

7-22. 下列外墙面单价何者最高？（2001，13）

A. 剁假石   B. 贴玻璃锦砖

C. 白水泥水刷石   D. 贴面砖

【答案】D

7-23. 下列饰面材料的单价（元/m³）哪一种最便宜？（2005，8）

A. 湿挂大理石板   B. 干挂大理石板

C. 湿挂花岗岩板   D. 干挂花岗岩板

【答案】A

7-24. 一般情况下，下列装饰工程的外墙块料综合单价最低的是：（2005，14）

A. 挂贴人造大理石   B. 挂贴天然磨光花岗石

C. 干挂人造大理石   D. 干挂天然磨光花岗石

【答案】A

7-25. 一般情况下，下列装饰工程的外墙块料综合单价最低的是：（2009，15）

A. 湿贴人造大理石   B. 湿贴天然磨光花岗石

C. 干挂人造大理石   D. 干挂天然磨光花岗石

【答案】A

7-26. 下列外墙面层材料每平方米单价最低的是：（2011，14）

A. 花岗石   B. 大理石   C. 金属板   D. 水泥砂浆

【答案】D

吊顶面层材料单价

7-27. 下列吊顶材料每平方米综合单价最高的是：（2005，10）

A. 轻钢龙骨轴线内包面积小于或等于 30m²

B. 轻钢龙骨轴线内包面积大于 30m²

C. 铝合金龙骨轴线内包面积小于或等于 30m²

D. 铝合金龙骨轴线内包面积大于 30m²

【答案】D

7-28. 下列吊顶面层的综合单价（元/m²）最高的是：（2006，13）

A. 纤维板   B. 铝合金方板   C. 胶合板   D. 珍珠岩石膏板

【答案】D

7-29. 请选择下列单层外窗中最便宜的一种：（2000，15）（2001，15）

A. 空腹钢窗　　　　　　　　　　　　B. 铝合金平开窗

C. 实腹钢窗　　　　　　　　　　　　D. 铝合金推拉窗

【答案】A

7-30. 下列产品的单价（元 /m³），哪一种最贵？（2003，11）

A. 塑钢固定窗　　　　　　　　　　　B. 塑钢平开窗

C. 塑钢推拉门　　　　　　　　　　　D. 塑钢平开门

【答案】D

7-31. 一般情况下，下列窗中单价最低的是：（2006，11）

A. 塑钢中空玻璃窗　　　　　　　　　B. 塑钢双层玻璃窗

C. 喷塑铝合金中空玻璃窗　　　　　　D. 喷塑铝合金双层玻璃窗

【答案】B

7-32. 门窗工程中，下列铝合金门的综合单价（元 /m²）最贵的是：（2006，17）

A. 推拉门　　　　　　　　　　　　　B. 平开门

C. 自由门（带地弹簧）　　　　　　　D. 推拉栅栏

【答案】C

7-33. 下列同等材质的铝合金窗中单价（元 /m²）最贵的是：（2007，10）

A. 双层玻璃推拉窗　　　　　　　　　B. 单层玻璃推拉窗

C. 中空玻璃平开窗　　　　　　　　　D. 单层玻璃平开窗

【答案】C

7-34. 下列各种同材质单玻木窗的单价哪一种最低？（2008，13）

A. 单层矩形普通木窗　　　　　　　　B. 矩形木百叶窗

C. 圆形木窗　　　　　　　　　　　　D. 多角形木窗

【答案】A

7-35. 下列各种木门的单价，哪一种最低？（2008，14）

A. 纤维板门　　　　　　　　　　　　B. 硬木镶板门

C. 半截玻璃木门　　　　　　　　　　D. 多玻璃木门

【答案】A

7-36. 下列框排架结构基础的单价（元/m³），哪一种最便宜？（2003，8）

A. 砖带形基础

B. 钢筋混凝土带形基础（无梁式）

C. 钢筋混凝土独立基础

D. 钢筋混凝土杯形基础

【答案】A

7-37. 基础按材料划分，下列哪一种造价最高？（2003，16）（2007，12）

A. 砖基础

B. 砖石基础

C. 混凝土基础

D. 钢筋混凝土基础

【答案】D

7-38. 下列框排架结构基础的单价（元/m³）哪一种最贵？（2004，9）

A. 砖带形基础

B. 钢筋混凝土带形基础（无梁式）

C. 钢筋混凝土独立基础

D. 钢筋混凝土杯形基础

【答案】D

7-39. 下列各类车库建筑中，土建工程单方造价最低的是：（2006，10）

A. 石材砌体结构车库

B. 钢筋混凝土框架结构车库

C. 钢筋混凝土框架结构地下车库

D. 砖混结构车库

【答案】A

7-40. 下列带形基础每立方米综合单价最低的是：（2005，9）（2009，10）

A. 有梁式钢筋混凝土 C15

B. 无梁式钢筋混凝土 C15

C. 普通混凝土 C15

D. 无圈梁砖基础

【答案】D

7-41. 下列各类楼板的做法中单价最高的是：（2006，9）

A. C30 钢筋混凝土平板 100mm 厚

B. C30 钢筋混凝土有梁板 100mm 厚

C. C25 钢筋混凝土平板 100mm 厚

D. C25 钢筋混凝土有梁板 100mm 厚

【答案】B

7-42. 以下（大于10m³的）设备基础哪一种单价（元/立方米）最低？（2008，9）

A. 毛石混凝土基础

B. 毛石预拌混凝土基础

C. 现浇钢筋混凝土基础

D. 预拌钢筋混凝土基础

【答案】A

7-43. 下列各类建筑的土建工程单方造价最贵？（2010，14）

A. 砖混结构车库

B. 砖混结构锅炉房

C. 框架结构车库   D. 钢筋混凝土结构地下车库

【答案】 D

7-44. 下列各类建筑中，土建工程单方造价最高的是：（2012，11）

A. 砖混结构车库   B. 砖混结构锅炉房

C. 框架结构停车棚   D. 钢筋混凝土结构地下车库

【答案】 D

7-45. 下列各类建筑中，土建工程单方造价最高的是：（2012，13）

A. 砖混结构车库   B. 砖混结构住宅

C. 框架结构住宅   D. 钢筋混凝土结构地下车库

【答案】 D

7-46. 钢筋混凝土楼板每平方米造价最高的是：（2012，16）

A.100mm 厚现浇楼板   B.120mm 厚短向预应力板

C.100mm 厚预制槽形板   D. 压型钢板上浇 100mm 混凝土

【答案】 D

7-47. 某住宅地下 2 层车库，地上 18 层，下列选项中单位体积钢筋混凝土价格最高的是：（2013，15）

A. 地上结构钢筋混凝土内墙   B. 地下室钢筋混凝土内墙

C. 地下室钢筋混凝土底板   D. 地上结构钢筋混凝土楼板

【答案】 C

单方造价比较

7-48. 同一地区，在结构形式及装修标准基本相同的情况下，单方造价最低的是：（2005，13）

A. 多层住宅   B. 多层宿舍

C. 多层医院门诊部（三级甲等）   D. 多层商店

【答案】 B

7-49. 下列烟囱中哪一种造价（元 / 座）最低？（2006，14）

A. 砖混结构 30m 高   B. 砖混结构 50m 高

C. 钢筋混凝土结构 30m 高   D. 钢筋混凝土结构 50m 高

【答案】 A

7-50. 相同结构形式的单层与三层建筑，就其土建造价作比较，下列哪一种是正确的？（2003，15）

A. 单层比三层的要低   B. 单层比三层的要高

C. 两者相同   D. 单层比三层的要低得多

【答案】 B

7-51. 一般情况下，砖混结构形式的多层建筑随层数的增加，土建单方造价（元 /m²）会呈何变化？（2011，15）

A. 降低　　　　　　B. 不变　　　　　　C. 增加　　　　　　D. 二者无关系

【答案】A

7-52. 一般情况下，多层砖混结构房屋建筑随层数的增加，土建单方造价（元 /m²）出现的变化是：（2013，16）

A. 增加　　　　　　B. 不变　　　　　　C. 减少　　　　　　D. 二者无关系

【答案】C

第八章　建筑面积计算

8-1. 建筑物外有围护结构的门斗，层高超过 **22m**，其建筑面积计算的规则是：（2006，21）

A. 按该层外围水平面积计算　　　　　　B. 按该层内包线的水平面积计算

C. 按该层外围水平面积的 1/2 计算　　　D. 不计算建筑面积

【答案】A

【说明】参见《建筑工程建筑面积计算规范》（GB/T 50353—2013）第 3.0.15 条，门斗应按其围护结构外围水平面积计算建筑面积，且结构层高在 2.20m 及以上的，应计算全面积；结构层高在 2.20m 以下的，应计算 1/2 面积。

8-2. 单层建筑物内设有局部楼层者，局部楼层层高在多少米时，其建筑面积应计算全面积？（2007，18）

A. 层高在 2.00m 及以上者　　　　　　B. 层高在 2.10m 及以上者

C. 层高在 2.20m 及以上者　　　　　　D. 层高在 2.40m 及以上者

【答案】C

【说明】参见《建筑工程建筑面积计算规范》（GB/T 50353—2013）第 3.0.2 条，建筑物内设有局部楼层时，对于局部楼层的二层及以上楼层，有围护结构的应按其围护结构外围水平面积计算，无围护结构的应按其结构底板水平面积计算，且结构层高在 2.20m 及以上的，应计算全面积，结构层高在 2.20m 以下的，应计算 1/2 面积。

8-3. 建筑物外墙外侧有保温隔热层的，如何计算建筑面积？（2007，19）

A. 按建筑物外墙结构面外边线计算

B. 按建筑物外墙结构的中线计算

C. 按建筑物保温隔热层外边线计算

D. 按建筑物外墙装饰面外边线计算

【答案】C

【说明】参见《建筑工程建筑面积计算规范》（GB/T 50353—2013）第 3.0.24 条，建筑物的外墙外保温层，应按其保温材料的水平截面积计算，并计入自然层建筑面积。

8-4. 以幕墙作为维护结构的建筑物，应按以下哪项计算建筑面积？（2009，12）

A. 按幕墙外边线计算

B. 按幕墙中心线计算

C. 层高在 2.20m 及以上者应计算全面积；层高不足 2.20m 者应计算 1/2 面积

D. 不计算

【答案】A

【说明】参见《建筑工程建筑面积计算规范》（GB/T 50353—2013）第 3.0.23 条，以幕墙作为围护结构的建筑物，应按幕墙外边线计算建筑面积。

按自然层计算面积

8-5. 下列哪一种情况按建筑物自然层计算建筑面积？（2003，17）

A. 建筑物内的上料平台　　　　　　　　　B. 坡地建筑物吊脚架空层

C. 挑阳台　　　　　　　　　　　　　　　D. 管道井

【答案】D

【说明】参见《建筑工程建筑面积计算规范》（GB/T 50353—2013）：

3.0.27　下列项目不应计算建筑面积：

建筑物内的操作平台、上料平台、安装箱和罐体的平台。

3.0.7　建筑物架空层及坡地建筑物吊脚架空层，应按其顶板水平投影计算建筑面积。结构层高在 2.20m 及以上的，应计算全面积；结构层高在 2.20m 以下的，应计算 1/2 面积。

3.0.21　在主体结构内的阳台，应按其结构外围水平面积计算全面积；在主体结构外的阳台，应按其结构底板水平投影面积计算 1/2 面积。

3.0.19　建筑物的室内楼梯、电梯井、提物井、管道井、通风排气竖井、烟道，应并入建筑物的自然层计算建筑面积。有顶盖的采光井应按一层计算面积，且结构净高在 2.10m 及以上的，应计算全面积；结构净高在 2.10m 以下的，应计算 1/2 面积。

8-6. 下列哪一种情况按建筑物自然层计算建筑面积？（2004，21）

A. 电梯井　　　　　　　　　　　　　　　B. 建筑物内的门厅

C. 穿过建筑物的通道　　　　　　　　　　D. 地下室的出入口

【答案】A

【说明】参见第 8-5 题。

8-7. 风井如何计算建筑面积？（2010，10）

A. 按建筑物的自然层计算　　　　　　　　B. 按建筑物的结构层计算

C. 按其水平投影面积的 1/2 计算　　　　　D. 不计算

【答案】A

【说明】参见第 8-5 题。

8-8. 关于建筑物内通风排气竖井的建筑面积计算规则，正确的是：（2010，19）

A. 按建筑物自然层计算　　　　　　　　　B. 按建筑物自然层的 1/2 计算

C. 按建筑物自然层的 1/4 计算   D. 不计算

【答案】A

【说明】参见《建筑工程建筑面积计算规范》(GB/T 50353—2013) 第 3.0.19 条,建筑物的室内楼梯、电梯井、提物井、管道井、通风排气竖井、烟道,应并入建筑物的自然层计算建筑面积。有顶盖的采光井应按一层计算面积,且结构净高在 2.10m 及以上的,应计算全面积;结构净高在 2.10m 以下的,应计算 1/2 面积。

按水平投影面积一半计算面积

8-9. 单排柱的货棚按哪一种方法计算建筑面积?(**2000,21**)(**2001,19**)

A. 按顶盖的水平投影面积的 1/3 计算   B. 按顶盖的水平投影面积的 1/2 计算

C. 按顶盖的水平投影面积计算   D. 按顶盖的水平投影面积的 3/4 计算

【答案】B

【说明】参见《建筑工程建筑面积计算规范》(GB/T 50353—2013) 第 3.0.22 条,有顶盖无围护结构的车棚、货棚、站台、加油站、收费站等,应按其顶盖水平投影面积的 1/2 计算建筑面积。

8-10. 下列哪些情况按水平投影面积的一半计算建筑面积?(**2003,19**)

A. 突出屋面的有围护结构的楼梯间   B. 单排柱的货棚

C. 单层建筑物内分隔的控制室   D. 封闭式阳台

【答案】B

【说明】参见《建筑工程建筑面积计算规范》(GB/T 50353—2013):

3.0.17 设在建筑物顶部的、有围护结构的楼梯间、水箱间、电梯机房等,结构层高在 2.20m 及以上的应计算全面积;结构层高在 2.20m 以下的,应计算 1/2 面积。

3.0.22 有顶盖无围护结构的车棚、货棚、站台、加油站、收费站等,应按其顶盖水平投影面积的 1/2 计算建筑面积。

3.0.11 有围护结构的舞台灯光控制室,应按其围护结构外围水平面积计算。结构层高在 2.20m 及以上的,应计算全面积;结构层高在 2.20m 以下的,应计算 1/2 面积。

3.0.21 在主体结构内的阳台,应按其结构外围水平面积计算全面积;在主体结构外的阳台,应按其结构底板水平投影面积计算 1/2 面积。

8-11. 下列哪些情况按水平投影面积的一半计算建筑面积?(**2004,19**)

A. 地下商店及相应出入口   B. 独立柱的货棚

C. 突出墙外的门斗   D. 封闭式阳台

【答案】B

【说明】参见《建筑工程建筑面积计算规范》(GB/T 5035—2013):

3.0.6 出入口外墙外侧坡道有顶盖的部位，应按其外墙结构外围水平面积的 1/2 计算面积。

3.0.22 有顶盖无围护结构的车棚、货棚、站台、加油站、收费站等，应按其顶盖水平投影面积的 1/2 计算建筑面积。

3.0.15 门斗应按其围护结构外围水平面积计算建筑面积，且结构层高在 2.20m 及上的，应计算全面积；结构层高在 2.20m 以下的，应计算 1/2 面积。

3.0.21 在主体结构内的阳台，应按其结构外围水平面积计算全面积；在主体结构外的阳台，应按其结构底板水平投影面积计算 1/2 面积。

8-12. 下列哪一种情况按水平投影面积的 1/2 计算建筑面积？（2004，20）

A. 利用建筑物的空间安置箱罐的平台　　　B. 层高小于 2.2m 的深基础地下架空层

C. 作为主要通道和用于疏散的室外楼梯　　　D. 楼内有楼梯的室外楼梯

【答案】B

【说明】参见《建筑工程建筑面积计算规范》（GB/T 50353—2013）：

3.0.27 下列项目不应计算建筑面积：建筑物内的操作平台、上料平台、安装箱和罐体的平台。

3.0.20 室外楼梯应并入所依附建筑物自然层，并应按其水平投影面积的 1/2 计算建筑面积。

8-13. 未封闭的挑阳台建筑面积计算规则是：（2005，18）

A. 按其阳台净空面积计算　　　B. 按其阳台净空面积的 1/2 计算

C. 按其水平投影面积计算　　　D. 按其水平投影面积的 1/2 计算

【答案】D

【说明】参见《建筑工程建筑面积计算规范》（GB/T 50353—2013）第 3.0.21 条，在主体结构内的阳台，应按其结构外围水平面积计算全面积；在主体结构外的阳台，应按其结构底板水平投影面积计算 1/2 面积。

8-14. 地下室、半地下室出入口建筑面积的计算规则是：（2005，20）

A. 按其上口外墙中心线所围面积计算　　　B. 不计算

C. 按其上口外墙外围的水平面积计算　　　D. 根据具体情况计算

【答案】D

【说明】参见《建筑工程建筑面积计算规范》（GB/T 50353—2013）第 3.0.6 条，出入口外墙外侧坡道有顶盖的部位，应按其外墙结构外围水平面积的 1/2 计算面积。

8-15. 建筑物墙外有顶盖和柱的走廊、檐廊，其建筑面积计算规则是：（2005，21）

A. 按顶盖的水平投影面积计算

B. 按顶盖水平投影面积的 1/2 计算

C. 按柱的外边线计算

D. 按其结构底板水平投影面积或围护设施外围水平面积计算 1/2 面积

【答案】D

【说明】参见《建筑工程建筑面积计算规范》（GB/T 50353—2013）第3.0.14条，有围护设施的室外走廊（挑廊），应按其结构底板水平投影面积计算1/2面积；有围护设施（或柱）的檐廊，应按其围护设施（或柱）外围水平面积计算1/2面积。

8-16. 建筑物外有围护结构的走廊，其建筑面积的计算规则是：（2006，19）

A. 按其围护结构外围水平面积计算

B. 按其围护结构外围的水平投影面积的1/2计算

C. 按柱的外边线水平面积计算

D. 按柱的外边线水平面积的1/2计算

【答案】B

【说明】参见《建筑工程建筑面积计算规范》（GB/T 50353—2013）第3.0.14条，有围护设施的室外走廊（挑廊），应按其结构底板水平投影面积计算1/2面积；有围护设施（或柱）的檐廊，应按其围护设施（或柱）外围水平面积计算1/2面积。

8-17. 有永久性顶盖无围护结构的车棚应如何计算建筑面积？（2007，21）

A. 此部分不计算建筑面积   B. 按顶盖水平投影计算2/3面积

C. 按顶盖水平投影计算3/4面积   D. 按顶盖水平投影计算1/2面积

【答案】D

【说明】参见《建筑工程建筑面积计算规范》（GB/T 50353—2013）第3.0.22条，有顶盖无围护结构的车棚、货棚、站台、加油站、收费站等，应按其顶盖水平投影面积的1/2计算建筑面积。

8-18. 利用坡屋顶内空间，净高在1.20~2.10m的部位应如何计算面积？（2009，11）

A. 应计算全面积   B. 应计算1/2面积

C. 不应计算面积   D. 根据具体情况计算

【答案】B

【说明】参见《建筑工程建筑面积计算规范》（GB/T 50353—2013）第3.0.3条，对于形成建筑空间的坡屋顶，结构净高在2.10m及以上的部位应计算全面积；结构净高在1.20m及以上至2.10m以下的部位应计算1/2面积；结构净高在1.20m以下的部位不应计算建筑面积。

8-19. 建筑物外有围护结构的檐廊，其建筑面积应按下列哪一种计算？（2010，18）

A. 按其围护结构外围水平面积计算

B. 按其围护结构内包水平面积计算

C. 按其围护结构垂直投影面积计算

D. 按其围护结构垂直投影面积的1/2计算

【答案】D

【说明】参见《建筑工程建筑面积计算规范》（GB/T 50353—2013）第3.0.14条，有围护设施的室外走廊（挑廊），应按其结构底板水平投影面积计算1/2面积；有围护设施（或柱）的檐廊，应按其围护设施（或柱）外围水平面积计算1/2面积。

8-20. 永久性顶盖无围护结构的场馆看台建筑面积应：（2012，21）

A. 按其顶盖水平投影面积的1/2计算

B. 按其顶盖水平投影面积计算

C. 按其顶盖面积计算

D. 按其顶盖面积的1/2计算

【答案】A

【说明】参见《建筑工程建筑面积计算规范》（GB/T 50353—2013）第3.0.4条，对于场馆看台下的建筑空间，结构净高在2.10m及以上的部位应计算全面积；结构净高在1.20m及以上至2.10m以下的部位应计算1/2面积；结构净高在1.20m以下的部位不应计算建筑面积。室内单独设置的有围护设施的悬挑看台，应按看台结构底板水平投影面积计算建筑面积。有顶盖无围护结构的场馆看台应按其顶盖水平投影面积的1/2计算面积。

不计算面积的情况（1）

8-21. 地下人防干线（人防通道）的建筑面积按：（2001，23）

A. 围护结构外围水平面积的1/2计算

B. 围护结构外围水平面积的2/3计算

C. 围护结构外围水平面积计算

D. 不计算建筑面积

【答案】D

【说明】参见《建筑工程建筑面积计算规范》（GB/T 50353—2013）第3.0.27条，下列项目不应计算建筑面积：

建筑物以外的地下人防通道、独立的烟囱、烟道、地沟、油（水）罐、气柜、水塔、贮油（水）池、贮仓、栈桥等构筑物。

8-22. 突出墙面的勒脚应按哪一种方法计算建筑面积？（2001，10）

A. 按投影面积的1/2计算

B. 按投影面积的3/4计算

C. 按投影面积计算

D. 不计算建筑面积

【答案】D

【说明】参见《建筑工程建筑面积计算规范》（GB/T 50353—2013）第3.0.27条，下列项目不应计算建筑面积：

（1）与建筑物内不相连通的建筑部件；

（2）骑楼、过街楼底层的开放公共空间和建筑物通道；

（3）舞台及后台悬挂幕布和布景的天桥、挑台等；

（4）露台、露天游泳池、花架、屋顶的水箱及装饰性结构构件；

（5）建筑物内的操作平台、上料平台、安装箱和罐体的平台；

（6）勒脚、附墙柱、垛、台阶、墙面抹灰、装饰面、镶贴块料面层、装饰性幕墙，主体结构外的空调室外机搁板（箱）、构件、配件，挑出宽度在 2.10m 以下的无柱雨篷和顶盖高度达到或超过两个楼层的无柱雨篷；

（7）窗台与室内地面高差在 0.45m 以下且结构净高在 2.10m 以下的凸（飘）窗，窗台与室内地面高差在 0.45m 及以上的凸（飘）窗；

（8）室外爬梯、室外专用消防钢楼梯；

（9）无围护结构的观光电梯；

（10）建筑物以外的地下人防通道，独立的烟囱、烟道、地沟、油（水）罐、气柜、水塔、贮油（水）池、贮仓、栈桥等构筑物。

8-23. 突出墙面的柱，应按哪一种方法计算建筑面积？（2000，20）

A. 按投影面积计算   B. 按投影面积的 1/2 计算

C. 按投影面积的 1/4 计算   D. 不计算建筑面积

【答案】D

【说明】参见第 8-22 题。

8-24. 突出墙面的构件应按哪一种方法计算建筑面积？（2001，20）

A. 按投影面积计算   B. 按投影面积的 1/2 计算

C. 按投影面积的 1/4 计算   D. 不计算建筑面积

【答案】D

【说明】参见第 8-22 题。

8-25. 突出外墙面的构件、配件、艺术装饰建筑面积的计算规则是：（2006，20）

A. 按其水平投影面积计算   B. 按其水平投影面积的 1/2 计算

C. 按其水平投影面积的 1/4 计算   D. 不计算建筑面积

【答案】D

【说明】参见第 8-22 题。

8-26. 建筑物的飘窗，其建筑面积计算方法为：（2011，22）

A. 按水平投影面积计算   B. 按垂直投影面积计算

C. 按自然层面积计算   D. 不计算

【答案】D

【说明】参见《建筑工程建筑面积计算规范》（GB/T 50353—2013）第 3.0.27 条，下列项目不应计算建筑面积：

窗台与室内地面高差在 0.45m 以下且结构净高在 2.10m 以下的凸（飘）窗，窗台与室内地面高差在 0.45m 及以上的凸（飘）窗。

8-27. 建筑物的飘窗，其建筑面积应按下列何种方式计算？（2012，19）

A. 按水平投影面积计算

B. 按水平投影面积的 1/2 计算

C. 挑出大于 350mm 时按其水平投影面积计算

D. 不计算

【答案】D

【说明】参见第 8-26 题。

不计算面积的情况（2）

8-28. 下列哪些种情况不计算建筑面积？（2003，20）

A. 没有围护结构的屋顶水箱　　　　　B. 突出屋面的有围护结构的水箱间

C. 穿过建筑物的通道　　　　　　　　D. 建筑物外有围护结构的门斗

【答案】C

【说明】参见《建筑工程建筑面积计算规范》（GB/T 50353—2013）：

3.0.17　设在建筑物顶部的、有围护结构的楼梯间、水箱间、电梯机房等，结构层高在 2.20m 及以上的应计算全面积；结构层高在 2.20m 以下的，应计算 1/2 面积。

3.0.27　下列项目不应计算建筑面积：

（1）露台、露天游泳池、花架、屋顶的水箱及装饰性结构构件；

（2）骑楼、过街楼底层的开放公共空间和建筑物通道。

3.0.15　门斗应按其围护结构外围水平面积计算建筑面积，且结构层高在 2.20m 及以上的，应计算全面积；结构层高在 2.20m 以下的，应计算 1/2 面积。

8-29. 下列哪一种情况不计算建筑面积？（2003，21）

A. 突出屋面的有围护结构的水箱间　　B. 缝宽在 20cm 以下的变形缝

C. 突出墙面的构件、配件　　　　　　D. 封闭式阳台

【答案】C

【说明】参见《建筑工程建筑面积计算规范》（GB/T 50353—2013）：

3.0.17　设在建筑物顶部的、有围护结构的楼梯间、水箱间、电梯机房等，结构层高在 2.20m 及以上的应计算全面积；结构层高在 2.20m 以下的，应计算 1/2 面积。

3.0.25　与室内相通的变形缝，应按其自然层合并在建筑物建筑面积内计算。对于高低联跨的建筑物，当高低跨内部连通时，其变形缝应计算在低跨面积内。

3.0.27　下列项目不应计算建筑面积：

勒脚、附墙柱、垛、台阶、墙面抹灰、装饰面、镶贴块料面层、装饰性幕墙，主体结构外的空调室外机搁板（箱）、构件、配件，挑出宽度在 2.10m 以下的无柱雨篷和顶盖高度达到或超过两个楼层的无柱雨篷。

3.0.21　在主体结构内的阳台，应按其结构外围水平面积计算全面积；在主体结构外的阳台，应按其结构底板水平投影面积计算1/2面积。

8-30. 下列哪一种情况不计算建筑面积？（2004，17）

A. 突出屋面的有围护结构的楼梯间　　　　B. 室外楼梯间

C. 突出墙面的附墙柱　　　　　　　　　　D. 舞台灯光控制室

【答案】C

【说明】参见《建筑工程建筑面积计算规范》（GB/T 50353—2013）：

3.0.17　设在建筑物顶部的、有围护结构的楼梯间、水箱间、电梯机房等，结构层高在2.20m及以上的应计算全面积；结构层高在2.20m以下的，应计算1/2面积。

3.0.20　室外楼梯应并入所依附建筑物自然层，并应按其水平投影面积的1/2计算建筑面积。

3.0.27　下列项目不应计算建筑面积：

勒脚、附墙柱、垛、台阶、墙面抹灰、装饰面、镶贴块料面层、装饰性幕墙，主体结构外的空调室外机搁板（箱）、构件、配件，挑出宽度在2.10m以下的无柱雨篷和顶盖高度达到或超过两个楼层的无柱雨篷。

3.0.11　有围护结构的舞台灯光控制室，应按其围护结构外围水平面积计算。结构层高在2.20m及以上的，应计算全面积；结构层高在2.20m以下的，应计算1/2面积。

8-31. 利用坡屋顶内空间时，不计算面积的净高为：（2010，17）

A. 小于1.2m　　　　B. 小于1.5m　　　　C. 小于1.8m　　　　D. 小于2.1m

【答案】A

【说明】参见《建筑工程建筑面积计算规范》（GB/T 50353—2013）第3.0.3条，对于形成建筑空间的坡屋顶，结构净高在2.10m及以上的部位应计算全面积；结构净高在1.20m及以上至2.10m以下的部位应计算1/2面积；结构净高在1.20m以下的部位不应计算建筑面积。

8-32. 以下哪一项的面积不应计算建筑面积：（2012，17）

A. 电梯井　　　　　　　　　　　　　　　B. 管道井

C. 独立烟囱、烟道　　　　　　　　　　　D. 沉降缝

【答案】C

【说明】参见《建筑工程建筑面积计算规范》（GB/T 50353—2013）：

3.0.19　建筑物的室内楼梯、电梯井、提物井、管道井、通风排气竖井、烟道，应并入建筑物的自然层计算建筑面积。有顶盖的采光井应按一层计算面积，且结构净高在2.10m及以上的，应计算全面积；结构净高在2.10m以下的，应计算1/2面积。

3.0.25　与室内相通的变形缝，应按其自然层合并在建筑物建筑面积内计算。对于高低联跨的建筑物，当高低跨内部连通时，其变形缝应计算在低跨面积内。

3.0.27　下列项目不应计算建筑面积：

建筑物以外的地下人防通道，独立的烟囱、烟道、地沟、油（水）罐、气柜、水塔、贮油（水）

池、贮仓、栈桥等构筑物。

8-33. 根据《建筑工程建筑面积计算规范》，不应计算建筑面积的是：（2012，20）

A. 建筑物外墙外侧保温隔热层　　　　B. 建筑物内变形缝

C. 无围护结构的观光电梯　　　　　　D. 有围护结构的水箱间

【答案】C

【说明】参见《建筑工程建筑面积计算规范》（GB/T 50353—2013）：

　　3.0.24　建筑物的外墙外保温层，应按其保温材料的水平截面积计算，并计入自然层。

　　3.0.25　与室内相通的变形缝，应按其自然层合并在建筑物建筑面积内计算。对于高低联跨的建筑物，当高低跨内部连通时，其变形缝应计算在低跨面积内。

　　3.0.17　设在建筑物顶部的、有围护结构的楼梯间、水箱间、电梯机房等，结构层高在 2.20m 及以上的应计算全面积；结构层高在 2.20m 以下的，应计算 1/2 面积。

面积计算方法

8-34. 以下说法正确的是：（2011，21）

A. 建筑物通道（骑楼、过街楼的底层）应计算建筑面积

B. 建筑物内的变形缝，应按其自然层合并在建筑物面积内计算

C. 屋顶水箱、花架、凉棚、露台、露天游泳池应计算建筑面积

D. 建筑物外墙保温不应计算建筑面积

【答案】B

【说明】参见《建筑工程建筑面积计算规范》（GB/T 50353—2013）：

　　3.0.27　下列项目不应计算建筑面积：

　　骑楼、过街楼底层的开放公共空间和建筑物通道。

　　3.0.25　与室内相通的变形缝，应按其自然层合并在建筑物建筑面积内计算。对于高低联跨的建筑物，当高低跨内部连通时，其变形缝应计算在低跨面积内。

　　3.0.27　下列项目不应计算建筑面积：露台、露天游泳池、花架、屋顶的水箱及装饰性结构构件（强制条文）。

　　3.0.24　建筑物的外墙外保温层，应按其保温材料的水平截面积计算，并计入自然层建筑面积。

8-35. 根据《建筑工程建筑面积计算规范》，下列关于建筑面积的计算方法正确的是：（2012，18）

A. 建筑物凹阳台按其水平投影面积计算

B. 有永久性顶盖的室外楼梯，按自然层水平投影面积计算

C. 建筑物顶部有围护结构的楼梯间，层高超过 2.1m 的部分应计算全面积

D. 雨篷外挑宽度超过 2.1m 时，按雨篷结构板的水平投影面积的 1/2 计算

【答案】A

【说明】参见《建筑工程建筑面积计算规范》（GB/T 50353—2013）：

3.0.21 在主体结构内的阳台，应按其结构外围水平面积计算全面积；在主体结构外的阳台，应按其结构底板水平投影面积计算1/2面积。

3.0.20 室外楼梯应并入所依附建筑物自然层，并应按其水平投影面积的1/2计算建筑面积。

3.0.17 设在建筑物顶部的、有围护结构的楼梯间、水箱间、电梯机房等，结构层高在2.20m及以上的应计算全面积；结构层高在2.20m以下的，应计算1/2面积。

3.0.16 有柱雨篷应按其结构板水平投影面积的1/2计算建筑面积；无柱雨篷的结构外边线至外墙结构外边线的宽度在2.10m及以上的，应按雨篷结构板的水平投影面积的1/2计算建筑面积。

8-36. 根据《建筑工程建筑面积计算规范》，利用坡屋顶空间计算建筑面积时，正确的是：（2013，18）

A. 净高超过2.2m的部位应计算全面积　　　　B. 净高超过2.1m的部位应计算全面积

C. 净高在1.2~2.1m的部位应计算全面积　　　D. 净高不足1.2m的部位应计算1/2建筑面积

【答案】B

【说明】参见《建筑工程建筑面积计算规范》（GB/T 50353—2013）第3.0.3条，对于形成建筑空间的坡屋顶，结构净高在2.10m及以上的部位应计算全面积；结构净高在1.20m及以上至2.1m以下的部位应计算1/2面积；结构净高在1.20m以下的部位不应计算建筑面积。

8-37. 根据《建筑工程建筑面积计算规范》，坡地的建筑吊脚架空层建筑面积计算方法正确的是：（2013，19）

A. 有围护结构且净高在2.2m及以上的部分，应计算全面积

B. 无围护结构层高不足2.2m的，应按利用部位水平面积的1/2计算

C. 无围护结构应按利用部位水平面积的1/2计算

D. 无围护结构层高不足2.2m的，不计算建筑面积

【答案】A

【说明】参见《建筑工程建筑面积计算规范》（GB/T 50353—2013）第3.0.7条，建筑物架空层及坡地建筑物吊脚架空层，应按其顶板水平投影计算建筑面积。结构层高在2.2m及以上的，应计算全面积；结构层高在2.20m以下的，应计算1/2面积。

8-38. 根据《建筑工程建筑面积计算规范》，下列建筑物门厅建筑面积计算正确的是：（2013，20）

A. 净高9.6m的门厅按一层计算建筑面积

B. 门厅内回廊应按自然层面积计算建筑面积

C. 门厅内回廊净高在2.2m及以上者应计算1/2面积

D. 门厅内回廊净高不足2.2m者不计算面积

【答案】A

【说明】参见《建筑工程建筑面积计算规范》（GB/T 50353—2013）第3.0.8条，建筑物的门厅、

大厅应按一层计算建筑面积,门厅、大厅内设置的走廊应按走廊结构底板水平投影面积计算建筑面积。结构层高在2.20m及以上的,应计算全面积;结构层高在2.20m以下的,应计算1/2面积。

8-39. 根据《建筑工程建筑面积计算规范》,下列雨篷建筑面积计算正确的是:(**2013,21**)

A. 雨篷结构外边线至外墙结构外边线的宽度小于2.1m的,不计算面积

B. 雨篷结构外边线至外墙结构外边线的宽度超过2.1m的,超过部分的雨篷结构板水平投影面积计入建筑面积

C. 雨篷结构外边线至外墙结构外边线的宽度超过2.1m的,超过部分的雨篷结构板水平投影面积1/2计入建筑面积

D. 雨篷结构外边线至外墙结构外边线的宽度超过2.1m的,按雨篷栏板的内净面积计算雨篷的建筑面积

【答案】A

【说明】参见《建筑工程建筑面积计算规范》(GB/T 50353—2013)第3.0.16条,有柱雨篷应按其结构板水平投影面积的1/2计算建筑面积;无柱雨篷的结构外边线至外墙结构外边线的宽度在2.10m及以上的,应按雨篷结构板的水平投影面积的1/2计算建筑面积。

具体的面积计算

8-40. 某单层厂房外墙外围水平面积为**1623m²**,厂房内设有局部两层办公用房,办公用房的外墙外围水平面积为**300m²**,则该厂房总建筑面积是:(**2005,19**)

A. 1323m²　　　　B. 1623m²　　　　C. 1923m²　　　　D. 2223m²

【答案】C

【说明】参见《建筑工程建筑面积计算规范》(GB/T 50353—2013)第3.0.2条,建筑物内设有局部楼层时,对于局部楼层的二层及以上楼层,有围护结构的应按其围护结构外围水平面积计算,无围护结构的应按其结构底板水平面积计算,且结构层高在2.20m及以上的,应计算全面积,结构层高在2.20m以下的,应计算1/2面积。

所以,S=1623m²+300m²=1923m²。

8-41. 某图书馆单层书库的建筑面积为**500m²**,层高为**2.2m**,其应计算的建筑面积是:(**2007,20**)

A. 500m²　　　　B. 375m²　　　　C. 250m²　　　　D. 125m²

【答案】A

【说明】参见《建筑工程建筑面积计算规范》(GB/T 50353—2013)第3.0.10条,对于立体书库、立体仓库、立体车库,有围护结构的,应按其围护结构外围水平面积计算建筑面积;无围护结构、有围护设施的,应按其结构底板水平投影面积计算建筑面积。无结构层的应按一层计算,有结构层的应按其结构层面积分别计算。结构层高在2.20m及以上的,应计算全面积;结构层高在2.20m以下的,应计算1/2面积。

8-42. 某工业厂房一层勒脚以上结构外围水平面积为 **7200m²**，层高 **6.0m**；局部二层结构外围水平面积为 **350m²**，层高 **3.6m**；厂房外有覆混凝土顶盖的楼梯，其水平投影面积为 **7.5m²**，则该厂房的总建筑面积为：（2009，18）

A. 7565m²   B. 7557.5m²   C. 7550m²   D. 7200m²

【答案】C

【说明】参见《建筑工程建筑面积计算规范》（GB/T 50353—2013）：

3.0.20 室外楼梯应并入所依附建筑物自然层，并应按其水平投影面积的 1/2 计算建筑面积。

3.0.2 建筑物内设有局部楼层时，对于局部楼层的二层及以上楼层，有围护结构的应按其围护结构外围水平面积计算，无围护结构的应按其结构底板水平面积计算，且结构层高在 2.20m 及以上的，应计算全面积，结构层高在 2.20m 以下的，应计算 1/2 面积。

所以，S=7200m²+350m²=7550m²。

8-43. 某学校建造一座单层游泳馆，外墙保温层外围水平面积 **4650m²**，游泳馆南北各有一雨篷，其中南侧雨篷的结构外边线离外墙 **24m**，雨篷结构板的投影面积 **12m²**；北侧雨篷的结构外边线离外墙 **1.8m**，雨篷结构板投影面积 **9m²**，该建筑的建筑面积为：（2009，20）

A. 4650m²   B. 4656m²   C. 4660.5m²   D. 4671m²

【答案】B

【说明】参见《建筑工程建筑面积计算规范》（GB/T 50353—2013）：

3.0.24 建筑物的外墙外保温层，应按其保温材料的水平截面积计算，并计入自然层建筑面积。

3.0.16 有柱雨篷应按其结构板水平投影面积的 1/2 计算建筑面积；无柱雨篷的结构外边线至外墙结构外边线的宽度在 2.10m 及以上的，应按雨篷结构板的水平投影面积的 1/2 计算建筑面积。

所以，S=4650m²+12m²/2=4656m²。

8-44. 一栋 4 层坡屋顶住宅楼，勒脚以上结构外围水平面积每层为 **930m²**，1~3 层各层层高均为 **3.0m**；建筑物顶层全部加以利用，净高超过 **2.1m** 的面积为 **410m²**，净高在 **1.2~2.1m** 的面积为 **200m²**，其余部位净高小于 **1.2m**，该住宅的建筑面积为：（2011，20）

A. 3100m²   B. 3300m²   C. 3400m²   D. 3720m²

【答案】B

【说明】参见《建筑工程建筑面积计算规范》（GB/T 50353—2013）第 3.0.3 条，对于形成建筑空间的坡屋顶，结构净高在 2.10m 及以上的部位应计算全面积；结构净高在 1.20m 及以上至 2.10m 以下的部位应计算 1/2 面积；结构净高在 1.20m 以下的部位不应计算建筑面积。

所以，S=930m²×3+410m²+200m²/2=3300m²

8-45. 两栋多层建筑物之间在第四层和第五层设两层架空走廊，其中第五层走廊有围护结构，第四层走廊无围护结构，两层走廊层高均为 **3.9m**，结构底板面积均为 **30m²**，则两层走廊的建筑面积为：（2013，22）

A. 30m²   B. 45m²   C. 60m²   D. 75m²

【答案】B

【说明】参见《建筑工程建筑面积计算规范》（GB/T 50353—2013）第 3.0.9 条，对于建筑物间的架空走廊，有顶盖和围护设施的，应按其围护结构外围水平面积计算全面积；无围护结构、有围护设施的，应按其结构底板水平投影面积计算 1/2 面积。

第二部分　建筑施工

第九章　砌体工程

9-1. 砌体施工质量控制等级应分为：（2007，25）（2009，25）（2017，30）

A. 二级　　　　　　　B. 三级　　　　　　　C. 四级　　　　　　　D. 五级

【答案】B

【说明】参见《砌体结构工程施工质量验收规范》（GB 50203—2011）第3.0.15条，砌体施工质量控制等级分为三级，并应按表3.0.15（见表9-1）划分。

施工质量控制等级　　　　　　　　　　　　　　　　　　　　　表9-1

项目	施工质量控制等级		
	A	B	C
现场质量管理	监督检查制度健全，并严格执行：施工方有在岗专业技术管理人员，人员齐全，并持证上岗	监督检查制度基本健全，并能执行：施工方有在岗专业技术管理人员，人员齐全，并持证上岗	有监督检查制度：施工方有在岗专业技术管理人员
砂浆、混凝土强度	试块按规定制作，强度满足验收规定，离散性小	试块按规定制作，强度满足验收规定，离散性较小	试块按规定制作，强度满足验收规定，离散性大
砂浆拌和	机械拌和：配合比计量控制严格	机械拌和：配合比计量控制一般	机械或人工拌和：配合比计量控制较差
砌筑工人	中级工以上，其中，高级工不少于30%	高、中级工不少于70%	初级工以上

9-2. 砌筑施工质量控制等级分为 A、B、C 三级，其中对砂浆配合比计量控制严格的是：（2010，26）

A. A 级　　　　　　　B. B 级　　　　　　　C. C 级　　　　　　　D. A 级和 B 级

【答案】A

【说明】参见第9-1题。

9-3. 下列砌体施工质量控制等级的最低质量控制要求中，哪项不属于其中的规定？（2012，27）

A. 砂浆、混凝土强度试块按规定制作　　　　B. 强度满足验收规定

C. 砂浆拌和方式为机械拌和　　　　　　　　D. 砂浆配合比计量控制较差

【答案】C

【说明】参见第9-1题。

9-4. 在砖砌体砌筑中，下列哪条是不正确的？（2001，41）

A. 砖柱和宽度小于1m的窗间墙使用半砖时应分散使用

B. 砖过梁底部模板应在灰缝砂浆强度达到设计强度50%以上时方可拆除

C. 宽度小于1m的窗间墙不设置脚手眼

D. 隔墙和填充墙的顶面与上部结构接触处宜用侧砖或立砖斜砌挤紧

【答案】A

【说明】砖柱和宽度小于1m的窗间墙，应选用整砖砌筑。半砖和破损的砖应分散使用在受力较小的砌体中和墙心。

参见《砌体工程施工质量验收规范》（GB 50203—2011）：

5.1.10　砖过梁底部的模板及其支架拆除时，灰缝砂浆强度不应低于设计强度的75%。

3.0.9　不得在下列墙体或部位设置脚手眼：

（1）120mm厚墙、清水墙、料石墙、独立柱和附墙柱；

（2）过梁上与过梁成60°的三角形范围及过梁净跨度1/2的高度范围内；

（3）宽度小于1m的窗间墙；

（4）门窗洞口两侧石砌体300mm，其他砌体200mm范围内；转角处石砌体600mm，其他砌体450mm范围内；

（5）梁或梁垫下及其左右500mm范围内；

（6）设计不允许设置脚手眼的部位；

（7）轻质墙体；

（8）夹心复合墙外叶墙。

9-5. 承重墙施工用的小砌块，下列哪条是符合规范规定的？（2003，25）

A. 产品龄期大于28d　　　　　　　B. 表面有少许污物而未清除

C. 表面有少许浮水　　　　　　　D. 断裂的砌块

【答案】A

【说明】参见《砌体结构工程施工质量验收规范》（GB 50203—2011）：

6.1.3　施工采用的小砌块的产品龄期不应小于28d。

6.1.4　砌筑小砌块时，应清除表面污物，剔除外观质量不合格的小砌块。

6.1.5　砌筑小砌块砌体，宜选用专用小砌块砌筑砂浆。

6.1.6　底层室内地面以下或防潮层以下的砌体，应采用强度等级不低于C20（或Cb20）的混凝土灌实小砌块的孔洞。

6.1.7　砌筑普通混凝土小型空心砌块砌体，不需对小砌块浇水湿润，如遇天气干燥炎热，宜在砌筑前对其喷水湿润；对轻骨料混凝土小砌块，应提前浇水湿润，块体的相对含水率宜为40%~50%。雨天及小砌块表面有浮水时，不得施工。

6.1.8 承重墙体使用的小砌块应完整、无破损、无裂缝。

6.1.9 小砌块墙体应孔对孔、肋对肋错缝搭砌。单排孔小砌块的搭接长度应为块体长度的1/2；多排孔小砌块的搭接长度可适当调整，但不宜小于小砌块长度的1/3，且不应小于9mm。墙体的个别部位不能满足上述要求时，应在灰缝中设置拉结钢筋或钢筋网片，但竖向通缝仍不得超过两皮小砌块。

6.1.10 小砌块应将生产时的底面朝上反砌于墙上。

6.1.11 小砌块墙体宜逐块坐（铺）浆砌筑。

6.1.12 在散热器、厨房和卫生间等设备的卡具安装处砌筑的小砌块，宜在施工前用强度等级不低于C20（或Cb20）的混凝土将其孔洞灌实。

9-6. 采用普通混凝土小型空心砌块砌筑墙体时，下列哪条是不正确的？（2004，25）

A. 产品龄期不小于28d

B. 小砌块底面朝上反砌于墙上

C. 用于地面或防潮层以下的砌体，采用强度等级不小于C20的混凝土灌实砌块的孔洞

D. 小砌块表面有浮水时可以采用

【答案】D

【说明】参见第9-5题。

砌筑前浇水湿润

9-7. 为提高砖与砂浆的粘结力和砌体的抗剪强度，确保砌体的施工质量和力学性能的施工工艺措施为：（2009，27）

A. 增加砂浆中的水泥用量　　　　　　　　B. 采用水泥砂浆

C. 掺有机塑化剂　　　　　　　　　　　　D. 砖砌筑前浇水湿润

【答案】D

【说明】试验研究和工程实践证明，砖的湿润程度对砌体的施工质量影响较大，干砖砌筑不仅不利于砂浆强度的正常增长，大大降低砌体强度，影响砌体的整体性，而且砌筑困难；吸水饱和的砖砌筑时，会使刚砌的砌体尺寸稳定性差，易出现墙体平面外弯曲，砂浆易流淌，灰缝厚度不均，砌体强度降低。砖含水率对砌体抗压强度的影响，湖南大学曾通过试验研究得出两者之间的相关性，即砌体的抗压强度随砖含水率的增加而提高，反之亦然。根据砌体抗压强度影响系数公式得到，含水率为零的烧结黏土砖的砌体抗压强度仅为含水率为15%砖的砌体抗压强度的77%。

9-8. 砖砌筑前浇水湿润是为了：（2011，26）

A. 提高砖与砂浆间的粘结力　　　　　　　B. 提高砖的抗剪强度

C. 提高砖的抗压强度　　　　　　　　　　D. 提高砖砌体的抗拉强度

【答案】A

【说明】参见第 9-7 题。

拉结筋

9-9. 砖砌体在临时间隔处留直槎时，必须设置拉结筋。下列设置中哪条是不正确的？（2000，39）

A. 拉结筋每边长不小于 50cm，末端有 90° 弯钩

B. 拉结筋的直径不小于 6mm

C. 拉结筋应沿墙高不大于 700mm 设置一道

D. 每 120mm 墙厚设置一根拉结筋

【答案】C

【说明】一般情况下，砖墙上不留直槎。如果不能留斜槎时，可留直槎，但必须砌成凸槎，并应加设拉结筋。拉结筋的数量为每 120mm 墙厚设一根 $\phi 6$ 的钢筋，间距沿墙高不得超过 500mm。其埋入长度从墙的留槎处算起，一般每边均不小于 500mm，末端加 90° 弯钩。

9-10. 砖砌体临时间隔处，所设置拉结筋的沿墙高度间距，下列哪项是正确的？（2001，40）

A. 每隔 50cm   B. 每隔 100cm   C. 每隔 60cm   D. 每隔 80cm

【答案】A

【说明】参见第 9-7 题。

9-11. 配筋砌体工程中的钢筋品种、规格和数量应符合设计要求，下列不属于主控项目中钢筋检验方法的是哪项？（2004，52）（2008，30）

A. 检查钢筋的合格证书   B. 检查钢筋性能试验报告

C. 检查隐蔽工程记录   D. 检查钢筋的锚固情况

【答案】D

【说明】参见《砌体工程施工质量验收规范》（GB 50203—2011）第 8.2.1 条，钢筋的品种、规格、数量和设置部位应符合设计要求。

检验方法：检查钢筋的合格证书、钢筋性能复试试验报告、隐蔽工程记录。

砖砌体施工构造做法

9-12. 砌砖工程，设计要求的洞口宽度超过多宽时应设置过梁或砌筑平拱？（2000，37）

A. 30cm   B. 60cm   C. 80cm   D. 50cm

【答案】A

【说明】参见《砌体工程施工质量验收规范》（GB 50203—2011）第 3.0.11 条，设计要求的洞口、沟槽、管道应于砌筑时正确留出或预埋，未经设计同意不得打凿墙体和在墙体上开

凿水平沟槽。宽度超过300mm的洞口上部，应设置钢筋混凝土过梁。不应在截面长边小于500mm的承重墙体、独立柱内埋设管线。

9-13. 砖砌体的转角处和交接处应同时砌筑。对不能同时砌筑而又必须留置的临时间断处，应砌成斜槎。实心砖砌体的斜槎长度不应小于：（2000，38）

A. 1m   B. 高度的1/2   C. 高度的2/3   D. 高度的1/3

【答案】C

【说明】参见《砌体工程施工质量验收规范》（GB 50203—2011）第5.2.3条，砖砌体的转角处和交接处应同时砌筑，严禁无可靠措施的内外墙分砌施工。在抗震设防烈度为8度及8度以上地区，对不能同时砌筑而又必须留置的临时间断处应砌成斜槎，普通砖砌体斜槎水平投影长度不应小于高度的2/3，多孔砖砌体的斜槎长高比不应小于1/2。斜槎高度不得超过一步脚手架的高度。

9-14. 砖砌体中的构造柱，在与墙体连接处应砌成马牙槎，每一马牙槎沿高度方向的尺寸下列哪个是正确的？（2003，27）

A. 300mm   B. 500mm   C. 600mm   D. 1000mm

【答案】A

【说明】在应设置构造柱的部位，砖墙与构造柱连接处砌成马牙槎，马牙槎应先退后进，每一马牙槎沿高度方向的尺寸不宜超过300mm，砖墙与构造柱之应沿墙高每500mm设置水平拉接钢筋拉结（长度为700mm），末端设90°弯钩，拉接筋要用绑扎丝在端部预留出尾巴，以备验收检查。构造柱钢筋绑扎后要做好隐蔽验收资料，将柱根处的杂物清理干净，然后才能浇筑混凝土。

9-15. 在砌筑中因某种原因造成内外墙体不能同步砌筑时应留设斜槎。当建筑物层高3m时，其砌体斜槎的水平投影长度不应小于：（2005，30）

A. 1.0m   B. 1.5m   C. 2.0m   D. 3.0m

【答案】C

【说明】参见《砌体工程施工质量验收规范》（GB 50203—2011）第5.2.3条，砖砌体的转角处和交接处应同时砌筑，严禁无可靠措施的内外墙分砌施工。在抗震设防烈度为8度及8度以上地区，对不能同时砌筑而又必须留置的临时间断处应砌成斜槎，普通砖砌体斜槎水平投影长度不应小于高度的2/3，多孔砖砌体的斜槎长高比不应小于1/2。斜槎高度不得超过一步脚手架的高度。

9-16. 砖砌体砌筑施工工艺顺序正确的是：（2013，28）

A. 抄平、弹线、摆砖样、立皮数杆、盘角、挂线、砌筑、清理勾缝

B. 抄平、弹线、立皮数杆、摆砖样、盘角、挂线、砌筑、清理勾缝

C. 抄平、弹线、摆砖样、盘角、挂线、立皮数杆、砌筑、清理勾缝

D. 抄平、弹线、摆砖样、立皮数杆、挂线、砌筑、盘角、清理勾缝

【答案】A

【说明】参见《砌体结构工程施工质量验收规范》（GB 50203—2011）中的第3章，砖墙砌筑的一般顺序是抄平→弹线→摆砖样→立皮数杆→盘角→挂线→砌筑→清理勾缝。

9-17. 构造柱与墙体的连接处应砌成马牙槎，其表述错误的是：（2013，29）

A. 每个马牙槎的高度不应超过300mm   B. 马牙槎凹凸尺寸不宜小于60mm

C. 马牙槎应先进后退   D. 马牙槎应对称砌筑

【答案】C

【说明】构造柱与墙体的连接处应砌成马牙槎，从每层柱脚开始，先退后进，每一马牙槎沿高度方向的尺寸不宜超过300mm。沿墙高每500mm设拉结2φ6钢筋，每边伸入墙内不宜小于1m，马牙槎凹入深度宜为60mm。

砌筑尺寸偏差

9-18. 在砌筑填充墙砌体中，下列哪条是符合规范规定的？（2003，26）

A. 高度小于3m的墙体垂直偏差是10mm

B. 门窗洞口（后塞口）高、宽的允许偏差是 ±5mm

C. 空心砖或砌块的水平灰缝饱满度不小于80%

D. 填充墙砌至梁板底时留有一定空隙，待7d后将其补砌挤紧

【答案】C

【说明】参见《砌体结构工程施工质量验收规范》（GB 50203—2011）：

9.3.1 填充墙砌体尺寸、位置的允许偏差及检验方法应符合表9.3.1（见表9-2）的规定。

填充墙砌体尺寸、位置的允许偏差及检验方法　　　　　　　　表9-2

项次	项目		允许偏差（mm）	检验方法
1	轴线位移		10	用尺检查
2	垂直度（每层）	≤3m	5	用2m托线板或吊线、尺检查
		>3m	10	
3	表面平整度		8	用2m靠尺和楔形尺检查
4	门窗洞口高、宽（后塞口）		±10	用尺检查
5	外墙上、下窗口偏移		20	用经纬仪或吊线检查

抽检数量：每检验批抽查不应少于5处。

5.2.2 砌体灰缝砂浆应密实饱满，砖墙水平灰缝的砂浆饱满度不得低于80%；砖柱水平灰缝和竖向灰缝饱满度不得低于90%。

9.1.9 填充墙砌体砌筑，应待承重主体结构检验批验收合格后进行。填充墙与承重主体结构间的空（缝）隙部位施工，应在填充墙砌筑14d后进行。

9-19. 下列砖砌体的尺寸允许偏差,哪条是不符合规范规定的? (2003,28)

A. 混水墙表面平整度 8mm

B. 门窗洞口 (后塞口) 高、宽 ±10mm

C. 外墙上下窗口偏移 35mm

D. 清水墙游丁走缝 20mm

【答案】C

【说明】参见第 9-18 题。

9-20. 下列砖砌体的垂直度偏差,哪个是不符合规范规定的? (2003,29)

A. 每层 5mm

B. 全高 ≤ 10m,10mm

C. 全高 >10m,20mm

D. 全高 >20m,30mm

【答案】D

【说明】参见第 9-18 题。

砌体施工措施

9-21. 砌体施工时,对施工层进料口的楼板宜采取:(2008,25)

A. 临时加固措施

B. 临时加撑措施

C. 现浇结构

D. 提高混凝土强度等级的措施

【答案】B

【说明】参见《砌体工程施工质量验收规范》(GB 50203—2011)第 3.0.18 条,砌体施工时,楼面和屋面堆载不得超过楼板的允许荷载值。当施工层进料口处施工荷载较大时,楼板下宜采取临时支撑措施。

9-22. 砌体施工在墙上留置施工洞口时,下述哪项做法不正确? (2012,25)

A. 洞口两侧应留斜槎

B. 其侧边离交接处墙面不应小于 500mm

C. 洞口净宽度不应超过 1000mm

D. 宽度超过 300mm 的洞口顶部应设过梁

【答案】A

【说明】参见《砌体结构工程施工质量验收规范》(GB 50203—2011):

3.0.8 在墙上留置临时施工洞口,其侧边离交接处墙面不应小于 500mm,洞口净宽度不应超过 1m。抗震设防烈度为 9 度地区建筑物的临时施工洞口位置,应会同设计单位确定。临时施工洞口应做好补砌。

3.0.11 设计要求的洞口、沟槽、管道应于砌筑时正确留出或预埋,未经设计同意,不得打凿墙体和在墙体上开凿水平沟槽。宽度超过 300mm 的洞口上部,应设置钢筋混凝土过梁。不应在截面长边小于 500mm 的承重墙体、独立柱内埋设管线。

9-23. 砌体施工中,必须按设计要求正确预留或预埋的部位中不包括:(2012,26)

A. 脚手架拉结件   B. 洞口   C. 管道   D. 沟槽

【答案】A

【说明】参见《砌体结构工程施工质量验收规范》（GB 50203—2011）第3.0.11条，设计要求的洞口、沟槽、管道应于砌筑时正确留出或预埋，未经设计同意不得打凿墙体和在墙体上开凿水平沟槽。宽度超过300mm的洞口上部，应设置钢筋混凝土过梁。不应在截面长边小于500mm的承重墙体、独立柱内埋设管线。

9-24. 砌体施工时，为避免楼面和屋面堆载超过楼板的允许荷载值临时加撑措施的部位是：（2012，28）

A. 无梁板   B. 预制板

C. 墙体砌筑部位两侧   D. 施工层进料口

【答案】D

【说明】参见《砌体结构工程施工质量验收规范》（GB 50203—2011）第3.0.18条，砌体施工时，楼面和屋面堆载不得超过楼板的允许荷载值。当施工层进料口处施工荷载较大时，楼板下宜采取临时支撑措施。

水平灰缝砂浆的饱满度

9-25. 砖砌体水平灰缝的砂浆饱满度，下列哪条是正确的？（2001，39）（2004，27）

A. 不得小于65% B. 不得小于70% C. 不得小于80% D. 不得小于100%

【答案】C

【说明】参见《砌体工程施工质量验收规范》（GB 50203—2011）第5.2.2条，砌体灰缝砂浆应密实饱满，砖墙水平灰缝的砂浆饱满度不得低于80%；砖柱水平灰缝和竖向灰缝饱满度不得低于90%。

9-26. 混凝土小型空心砌块砌体水平灰缝的砂浆饱满度，按净面积计算应不得低于：（2005，27）（2011，27）

A.75%   B.80%   C.85%   D.90%

【答案】D

【说明】参见《砌体结构工程施工质量验收规范》（GB 50203—2011）第6.2.2条，砌体水平灰缝和竖向灰缝的砂浆饱满度，按净面积计算不得低于90%。

9-27. 27 关于混凝土小型空心砌块砌体工程，下列正确的表述是哪项？（2008，28）

A. 位于防潮层以下的砌体，应采用强度等级不低于C30的混凝土孔洞

B. 砌体水平灰缝的砂浆饱满度，按净面积计算不得低于60%

C. 小砌块应底面朝下砌于墙上

D. 轻骨料混凝土小型空心砌块的产品龄期不应小于28d

【答案】D

【说明】参见《砌体工程施工质量验收规范》（GB 50203—2011）：

6.1.1　本章适用于普通混凝土小型空心砌块和轻骨料混凝土小型空心砌块（以下简称小砌块）等砌体工程。

6.1.3　施工采用的小砌块的产品龄期不应小于 28d。

6.1.10　小砌块应将生产时的底面朝上反砌于墙上。

6.2.2　砌体水平灰缝和竖向灰缝的砂浆饱满度，按净面积计算不得低于 90%。

6.2.3　墙体转角处和纵横交接处应同时砌筑。临时间断处应砌成斜槎，斜槎水平投影长度不应小于斜槎高度。施工洞口可预留直槎，但在洞口砌筑和补砌时，应在直槎上下搭砌的小砌块孔洞内用强度等级不低于 C20（或 Cb20）的混凝土灌实。

砌体工程砌筑要求

9-28. 砖砌体砌筑时，下列哪条不符合规范要求？（2004, 28）

A. 砖提前 1~2d 浇水湿润

B. 常温时，多孔砖可用于防潮层以下的砌体

C. 多孔砖的孔洞垂直于受压面砌筑

D. 竖向灰缝无透明缝、瞎缝和假缝

【答案】B

【说明】参见《砌体工程施工质量验收规范》（GB 50203—2011）：

5.1.4　有冻胀环境和条件的地区，地面以下或防潮层以下的砌体，不应采用多孔砖。

5.1.6　砌筑烧结普通砖、烧结多孔砖、蒸压灰砂砖、蒸压粉煤灰砖砌体时，砖应提前 1~2d 适度湿润，严禁采用干砖或处于吸水饱和状态的砖砌筑，块体湿润程度宜符合下列规定：

（1）烧结类块体的相对含水率 60%~70%。

（2）混凝土多孔砖及混凝土实心砖不需浇水湿润，但在气候干燥炎热的情况下，宜在砌筑前对其喷水湿润。其他非烧结类块体的相对含水率 40%~50%。

5.1.11　多孔砖的孔洞应垂直于受压面砌筑。半盲孔多孔砖的封底面应朝上砌筑。

5.1.12　竖向灰缝不应出现瞎缝、透明缝和假缝。

9-29. 有冻胀环境和条件的地区，地面以下或防潮层以下的砌体，不宜采用的材料为:（2005, 25）（2013, 27）

A. 标准砖　　　　　　B. 多孔砖　　　　　　C. 石材　　　　　　D. 实心混凝土砌块

【答案】B

【说明】参见《砌体工程施工质量验收规范》（GB 50203—2011）第 5.1.4 条，有冻胀环境和条件的地区，地面以下或防潮层以下的砌体，不应采用多孔砖。

9-30. 关于填充墙砌体工程，下列表述正确的是:（2010, 28）

A. 填充墙砌筑前块材应提前 1d 浇水

B. 蒸压加气混凝土砌块砌筑时的产品龄期为 28d

C. 空心砖的临时堆放高度不宜超过 2m

D. 填充墙砌至梁、板底时，应及时用细石混凝土填补密实

【答案】D

【说明】参见《砌体工程施工质量验收规范》（GB 50203—2011）：

9.1.5 采用普通砌筑砂浆砌筑填充墙时，烧结空心砖、吸水率较大的轻骨料混凝土小型空心砌块应提前 1~2d 浇（喷）水湿润。蒸压加气混凝土砌块采用蒸压加气混凝土砌块砌筑砂浆或普通砌筑砂浆砌筑时，应在砌筑当天对砌块砌筑面喷水湿润。块体湿润程度宜符合下列规定：

（1）烧结空心砖的相对含水率 60%~70%；

（2）吸水率较大的轻骨料混凝土小型空心砌块、蒸压加气混凝土砌块的相对含水率 40%~50%。

9.1.2 砌筑填充墙时，轻骨料混凝土小型空心砌块和蒸压加气混凝土砌块的产品龄期不应小于 28d，蒸压加气混凝土砌块的含水率宜小于 30%。

9.1.3 烧结空心砖、蒸压加气混凝土砌块、轻骨料混凝土小型空心砌块等的运输、装卸过程中，严禁抛掷和倾倒；进场后应按品种、规格堆放整齐，堆置高度不宜超过 2m。蒸压加气混凝土砌块在运输及堆放中应防止雨淋。

9.1.9 填充墙砌体砌筑，应待承重主体结构检验批验收合格后进行。填充墙与承重主体结构间的空（缝）隙部位施工，应在填充墙砌筑 14d 后进行。

9-31. 下列哪项表述不符合砌筑工程冬期施工的相关规定？（2010，29）

A. 石灰膏、电石膏如遭冻结，应经融化后使用

B. 普通砖、空心砖在高于 0℃条件下砌筑时，应浇水湿润

C. 砌体用砖或其他块材不得遭水浸冻

D. 当采用掺盐砂浆法施工时，不得提高砂浆强度等级

【答案】D

【说明】参见《砌体工程施工质量验收规范》（GB 50203—2011）：

10.0.4 冬期施工所用材料应符合下列规定：

（1）石灰膏、电石膏等应防止受冻，如遭冻结，应经融化后使用。

（2）拌制砂浆用砂，不得含有冰块和大于 10mm 的冻结块。

（3）砌体用块材不得遭水浸冻。

10.0.7 冬期施工中砖、小砌块浇（喷）水湿润应符合下列规定：

烧结普通砖、烧结多孔砖、蒸压灰砂砖、蒸压粉煤灰砖、烧结空心砖、吸水率较大的轻骨料混凝土小型空心砌块在气温高于 0℃条件下砌筑时，应浇水湿润；在气温低于或等于 0℃条件下砌筑时，可不浇水，但必须增大砂浆稠度。

10.0.12 采用外加剂法配制的砌筑砂浆，当设计无需求，且最低气温等于或低于 15℃时，砂浆强度等级应较常温施工提高一级。

9-32. 砖砌体的灰缝应厚薄均匀，其水平灰缝厚度宜控制在 **10mm ± 2mm** 之间，检查时，应用尺量多少皮砖砌体高度折算？（**2005，28**）

A. 8   B. 10   C. 12   D. 16

【答案】B

【说明】砖柱的灰缝应横平竖直，厚薄均匀。水平灰缝厚度宜为 10mm，但应不小于 8mm，也应不大于 12mm。检验方法：用尺量 10 皮砖砌体高度折算。

9-33. 240 厚承重墙体最上一皮砖的砌筑，应采用的砌筑方法为：（**2005，29**）

A. 整砖顺砌   B. 整砖丁砌   C. 一顺一丁   D. 三顺一丁

【答案】B

【说明】参见《砌体工程施工质量验收规范》（GB 50203—2011）第 5.1.8 条，240mm 厚承重墙每层墙的最上一皮砖，砖砌体的阶台水平面上及挑出层的外皮砖，应整砖丁砌。

9-34. 基础砌体基底标高不同时，应从低处砌起，并应由高处向低处搭砌。当设计无要求时，搭接长度不应小于：（**2006，25**）

A. 基础扩大部分的宽度   B. 基础扩大部分的高度

C. 低处与高处相邻基础底面的高差   D. 规范规定的最小基础埋深

【答案】C

【说明】参见《砌体工程施工质量验收规范》（GB 50203—2011）第 3.0.6 条，砌筑顺序应符合下列规定：

（1）基底标高不同时，应从低处砌起，并应由高处向低处搭砌。当设计无需求时，搭接长度 L 不应小于基础底的高差 H，搭接长度范围内下层基础应扩大砌筑。

（2）砌体的转角处和交接处应同时砌筑，当不能同时砌筑时，应按规定留槎、接槎。

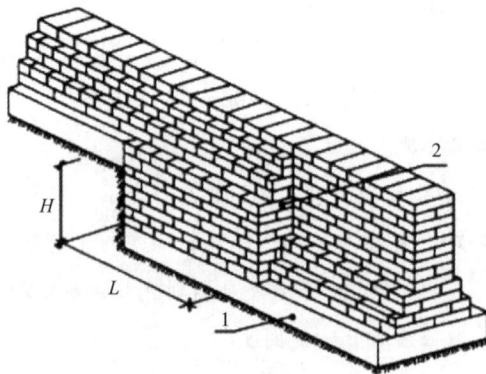

图 9-1 基底标高不同时的搭砌示意图（条形基础）
1—混凝土垫层；2—基础扩大部分

9-35. 砌砖工程当采用铺浆法砌筑且施工期间气温超过 **30℃** 时，铺浆长度不得超过：（2006，27）

A. 500mm   B. 750mm   C. 1000mm   D. 1250mm

【答案】A

【说明】参见《砌体工程施工质量验收规范》（GB 50203—2011）第 5.1.7 条，采用铺浆法砌筑砌体，铺浆长度不得超过 75mm；当施工期间气温超过 30℃ 时，铺浆长度不得超过 500mm。

9-36. 砌体工程施工中，下述哪项表述是错误的？（2008，27）

A. 砖砌体的转角处砌筑应同时进行   B. 严禁无可靠措施的内外墙分砌施工

C. 临时间断处应当留直槎   D. 宽度超过 300mm 的墙身洞口上部应设过梁

【答案】C

【说明】参见《砌体工程施工质量验收规范》（GB 50203—2011）：

3.0.11 设计要求的洞口、沟槽、管道应于砌筑时正确留出或预埋，未经设计同意不得打凿墙体和在墙体上开凿水平沟槽。宽度超过 300mm 的洞口上部，应设置钢筋混凝土过梁。不应在截面长边小于 500mm 的承重墙体、独立柱内埋设管线。

5.2.3 砖砌体的转角处和交接处应同时砌筑，严禁无可靠措施的内外墙分砌施工。在抗震设防烈度为 8 度及 8 度以上地区，对不能同时砌筑而又必须留置的临时间断处应砌成斜槎，普通砖砌体斜槎水平投影长度不应小于高度的 2/3，多孔砖砌体的斜槎长高比不应小于 1/2。斜槎高度不得超过一步脚手架的高度。

9-37. 当基底标高不同时，砖基础砌筑顺序正确的是：（2010，25）

A. 从低处砌起，由高处向低处搭砌   B. 从低处砌起，由低处向高处搭砌

C. 从高处砌起，由低处向高处搭砌   D. 从高处砌起，由高处向低处搭砌

【答案】A

【说明】砌筑顺序：基底标高不同时，应从低处砌起，并应由高处向低处搭砌。当设计无要求时，搭接长度不应小于基础扩大部分的高度。

砌体临时间断高度差和沉降点观测

9-38. 砌体临时间断处的高度差，不得超过：（2001，37）

A. 2.4m   B. 1.8m   C. 2.1m   D. 一步脚手架的高度

【答案】D

【说明】为施工方便并控制新砌砌体的变形和倒塌，限定临时间断处的高度差不得超过一步脚手架的高度。

9-39. 砖墙承重的建筑物，沉降观测点应怎样设置？（2001，24）

A. 一般应沿墙长度每隔 15~20m 设置一个   B. 一般应一个开间设置一个

C. 一般应沿墙长度每隔 8~12m 设置一个   D. 一般应两个开间设置一个

【答案】C

【说明】砖墙承重的建筑物，可沿墙的长度每隔8~12m设置一个观测点，并应设置在建筑物的转角处、纵墙和横墙的交接处、纵墙和横墙的中央、建筑物沉降缝的两侧；当建筑物的宽度大于15m时，内墙也应在适当的位置设观测点。

蒸压加气混凝土砌块和轻骨料混凝土小型空心砌块

9-40. 用轻骨料混凝土小型空心砌块或蒸压加气混凝土砌块砌筑墙体时，墙底部应砌烧结普通砖或多孔砖，或普通混凝土小型空心砌块，或现浇混凝土坎台等，其高度不宜小于：（2006，29）

A. 120mm   B. 150mm   C. 180mm   D. 200mm

【答案】B

【说明】参见《砌体工程施工质量验收规范》（GB 50203—2011）第9.1.6条，在厨房、卫生间、浴室等处采用轻骨料混凝土小型空心砌块、蒸压加气混凝土砌块砌筑墙体时，墙底部宜现浇混凝土坎台，其高度宜为150mm。

9-41. 轻骨料混凝土小型砌块砌筑时，产品龄期应超过：（2007，28）

A. 7d   B. 14d   C. 21d   D. 28d

【答案】D

【说明】参见《砌体工程施工质量验收规范》（GB 50203—2011）：

6.1.1　本章适用于普通混凝土小型空心砌块和轻骨料混凝土小型空心砌块（以下简称小砌块）等砌体工程。

6.1.2　施工前，应按房屋设计图编绘小砌块平、立面排块图，施工中应按排块图施工。

6.1.3　施工采用的小砌块的产品龄期不应小于28d。

9-42. 蒸压加气混凝土砌块和轻骨料混凝土小型空心砌块在砌筑时，其产品龄期应超过28d，其目的是控制：（2011，30）

A. 砌块的规格形状尺寸   B. 砌块与砌体的黏结强度

C. 砌体的整体变形   D. 砌体的收缩裂缝

【答案】D

【说明】参见《砌体结构工程施工质量验收规范》（GB 50203—2011）：

6.1.3　施工采用的小砌块的产品龄期不应小于28d。

条文解释：

6.1.3　小砌块龄期达到28d之前，自身收缩速度较快，其后收缩速度减慢，且强度趋于稳定。为有效控制砌体收缩裂缝，检验小砌块的强度，规定砌体施工时所用的小砌块，产品龄期不应小于28d。本次规范修订时，考虑到在施工中有时难于确定小砌块的生产日期，因此将本条文修改为非强制性条文。

9-43. 砖砌体砌筑方法，下列哪条是不正确的？（2004，26）

A. 砖砌体采用上下错缝，内外搭接

B. 370mm×370mm 砖柱采用包心砌法

C. 当气温超过 30°，采用铺浆法砌筑时的铺浆长度不得超过 500mm

D. 砖砌平拱过梁的灰缝砌成楔形缝

【答案】B

【说明】参见《砌体工程施工质量验收规范》（GB 50203—2011）：

5.3.1 砖砌体组砌方法应正确，内外搭砌，上、下错缝。清水墙、窗间墙无通缝；混水墙中不得有长度大于 300m 的通缝，长度 200~300mm 的通缝每间不超过 3 处，且不得位于同一面墙体上。砖柱不得采用包心砌法。

5.1.7 采用铺浆法砌筑砌体，铺浆长度不得超过 750mm；当施工期间气温超过 30℃时，铺浆长度不得超过 500mm。

5.1.9 弧拱式及平拱式过梁的灰缝应砌成楔形缝，拱底灰缝宽度不宜小于 5mm，拱顶灰缝宽度不应大于 15mm，拱体的纵向及横向灰缝应填实砂浆；平拱式过梁拱脚下面应伸入墙内不小于 20mm；砖砌平拱过梁底应有 1% 的起拱。

9-44. 砌体施工进行验收时，对不影响结构安全性的砌体裂缝，正确的处理方法是：（2006，26）

A. 应由有资质的检测单位检测鉴定，符合要求时予以验收

B. 不予验收，待返修或加固满足使用要求后进行二次验收

C. 应予以验收，对裂缝可暂不处理

D. 应予以验收，但应对明显影响使用功能和观感质量的裂缝进行处理

【答案】D

【说明】参见《砌体工程施工质量验收规范》（GB 50203—2011）第 11.0.4 条，有裂缝的砌体应按下列情况进行验收：

（1）对不影响结构安全性的砌体裂缝，应予以验收，对明显影响使用功能和观感质量的裂缝，应进行处理。

（2）对有可能影响结构安全性的砌体裂缝，应由有资质的检测单位检测鉴定，需返修或加固处理的，待返修或加固处理满足使用要求后进行二次验收。

9-45. 底层室内地面以下的砌体应采用混凝土灌实小砌块的孔洞，混凝土强度等级最低应不低于：（2010，30）

A. C10　　　　　　B. C15　　　　　　C. C20　　　　　　D. C25

【答案】C

【说明】参见《砌体工程施工质量验收规范》（GB 50203—2011）第 6.1.6 条，底层室内地面以

下或防潮层以下的砌体，应采用强度等级不低于C20（或Cb20）的混凝土灌实小砌块的孔洞。

9-46. 设置在配筋砌体水平灰缝中的钢筋应居中放置在灰缝中的目的，一是以钢筋有较好的保护，二是：（2011，29）

A. 提高砌体的强度   B. 提高砌体的整体性

C. 使砂浆与块体较好地粘结   D. 使砂浆与钢筋较好地粘结

【答案】D

【说明】参见《砌体结构工程施工质量验收规范》（GB 50203—2011）第8.1.3条，设置在灰缝内的钢筋，应居中置于灰缝内，水平灰缝厚度应大于钢筋直径4mm以上。其条文解释第8.1.3条，砌体水平灰缝中钢筋居中放置有两个目的：一是对钢筋有较好的保护；二是有利于钢筋的锚固。

砌筑砂浆

9-47. 配制强度等级小于M5的水泥石灰砌筑砂浆，其使用的材料以下哪条不符规范规定？（2004，30）

A. 砂的含泥量小于10%   B. 没有使用脱水硬化的石灰膏

C. 直接使用了消石灰粉   D. 水泥经复验强度、安定性符合要求

【答案】C

【说明】参见《砌体工程施工质量验收规范》（GB 50203—2011）第4.0.3条，拌制水泥混合砂浆的粉煤灰、建筑生石灰、建筑生石灰粉及石灰膏应符合下列规定：

（1）粉煤灰、建筑生石灰、建筑生石灰粉的品质指标应符合现行行业标准《粉煤灰在混凝土及砂浆中应用技术规程》（JGJ 28）的有关规定。

（2）建筑生石灰、建筑生石灰粉熟化为石灰膏，其熟化时间分别不得少于7d和2d；沉淀池中储存的石灰膏，应防止干燥、冻结和污染，严禁采用脱水硬化的石灰膏；建筑生石灰粉、消石灰粉不得替代石灰膏配制水泥石灰砂浆。

9-48. 砌筑砂浆中掺入微沫剂是为了提高：（2007，26）

A. 砂浆的和易性   B. 砂浆的强度等级

C. 砖砌体的抗压强度   D. 砖砌体的抗剪强度

【答案】A

【说明】砂浆中掺入微沫剂后，能改善和易性，而对其强度有一定影响，加量过多将明显降低砂浆的强度和粘结性，故目前已很少使用，有的地区已明文规定禁止使用。

9-49. 毛石基础砌筑时应选用下列哪种砂浆？（2007，27）

A. 水泥石灰砂浆   B. 石灰砂浆   C. 水泥混合砂浆   D. 水泥砂浆

【答案】D

【说明】水泥砂浆虽然和易性差，容易沉淀和泌水，但砌筑毛石基础，尤其是在地面以下或水中，比水泥混合砂浆更有优越性。毛石表面由于不吸水，砂浆稠度小了会流淌，加上石块表面不规则，灰缝宽度容易超过规范标准，因此，砂浆稠度以20~30mm为宜，水泥砂浆在毛石基础中使用最合适。

9-50. 砌筑砂浆采用机械搅拌时，自投料完算起，搅拌时间不少于**32**分钟的砂浆是：（2008，26）

A. 水泥砂浆   B. 水泥混合砂浆和水泥粉煤灰砂浆

C. 掺用外加剂的砂浆和水泥粉煤灰砂浆   D. 掺用有机塑化剂的砂浆

【答案】C

【说明】参见《砌体工程施工质量验收规范》（GB 50203—2011）第4.0.9条，砌筑砂浆应采用机械搅拌，搅拌时间自投料完起算应符合下列规定：

（1）水泥砂浆和水泥混合砂浆不得少于120s。

（2）水泥粉煤灰砂浆和掺用外加剂的砂浆不得少于180s。

（3）掺增塑剂的砂浆，其搅拌方式、搅拌时间应符合现行行业标准《砌筑砂浆增塑剂》JG/T 164的有关规定。

（4）干混砂浆及加气混凝土砌块专用砂浆宜按掺用外加剂的砂浆确定搅拌时间或按产品说明书采用。

9-51. 砖基础砌筑时应选用下列哪种砂浆？（2008，29）

A. 水泥石灰砂浆   B. 石灰砂浆   C. 水泥混合砂浆   D. 水泥砂浆

【答案】D

【说明】砌筑砖基础的砂浆必须采取水泥砂浆，严禁采用混合砂浆。

9-52. 砌筑砂浆应随抹随用，施工期间最高气温超过**30℃**时，水泥砂浆最迟应在多长时间内使用完毕？（2009，26）（2011，25）

A. 2h   B. 3h   C. 4h   D. 5h

【答案】A

【说明】参见《砌体工程施工质量验收规范》（GB 50203—2011）第4.0.10条，现场拌制的砂浆应随拌随用，拌制的砂浆应在3h内使用完毕；当施工期间最高气温超过30℃时，应在2h内使用完毕。预拌砂浆及蒸压加气混凝土砌块专用砂浆的使用时间应按照厂方提供的说明书确定。

9-53. 为混凝土小型空心砌块砌体浇筑芯柱混凝土时，其砌筑砂浆强度最低应大于：（2009，29）

A. 2MPa   B. 1.2MPa   C. 1MPa   D. 0.8MPa

【答案】C

【说明】参见《砌体工程施工质量验收规范》（GB 50203—2011）第6.1.15条，芯柱混凝土宜选用专用小砌块灌孔混凝土。浇筑芯柱混凝土应符合下列规定：

（1）每次连续浇筑的高度宜为半个楼层，但不应大于1.8m。

（2）浇筑芯柱混凝土时，砌筑砂浆强度应大于1MPa。

9-54. 做同一验收批砌筑砂浆试块强度验收，以下表述错误的是：（2010，27）

A. 砂浆试块标准养护的龄期为 28d

B. 在同一盘砂浆中取 2 组砂浆试块

C. 不超过 250m³ 砌体的各种类型及强度的砌筑砂浆，每台搅拌机应至少抽检一次

D. 同一类型、强度等级的砂浆试块应不少于 3 组

【答案】B

【说明】参见《砌体工程施工质量验收规范》（GB 50203—2011）第 4.0.12 条，砌筑砂浆试块强度验收时，其强度合格标准应符合以下规定：

（1）同一验收批砂浆试块强度平均值应大于或等于设计强度等级值的 1.10 倍；

（2）同一验收批砂浆试块抗压强度的最小一组平均值应大于或等于设计强度等级值的 85%。

注：

1. 砌筑砂浆的验收批，同一类型、强度等级的砂浆试块不应少于 3 组；同一验收批砂浆只有 1 组或 2 组试块时，每组试块抗压强度平均值应大于或等于设计强度等级值的 1.10 倍；对于建筑结构的安全等级为一级或设计使用年限为 50 年及以上的房屋，同一验收批砂浆试块的数量不得少于 3 组。

2. 砂浆强度应以标准养护 28d 龄期的试块抗压强度为准。

3. 制作砂浆试块的砂浆稠度应与配合比设计一致。

抽检数量：

每一检验批且不超过 250m³ 砌体的各类、各强度等级的普通砌筑砂浆，每台搅拌机应至少抽检一次。验收批的预拌砂浆、蒸压加气混凝土砌块专用砂浆，抽检可为 3 组。

检验方法：

在砂浆搅拌机出料口或在湿拌砂浆的储存容器出料口随机取样制作砂浆试块（现场拌制的砂浆，同盘砂浆只应作 1 组试块），试块标养 28d 后作强度试验。预拌砂浆中的湿拌砂浆稠度应在进场时取样检验。

9-55. 混凝土小型空心砌块砌体的水平灰缝砂浆饱满度按净面积计算不得低于：（2011，2）

A. 50%　　　　　　B. 70%　　　　　　C. 80%　　　　　　D. 90%

【答案】D

【说明】参见《砌体结构工程施工质量验收规范》（GB 50203—2011）第 6.2.2 条，砌体水平灰缝和竖向灰缝的砂浆饱满度，按净面积计算不得低于 90%。

9-56. 空心砖砌体水平灰缝的砂浆饱满度，下列哪条是正确的？（2011，54）

A. 不得小于 65%　　B. 不得小于 70%　　C. 不得小于 80%　　D. 不得小于 100%

【答案】C

【说明】参见《砌体工程施工质量验收规范》（GB 50203—2011）第 9.3.2 条，填充墙砌体的砂浆饱满度及检验方法应符合表 9.3.2（见表 9-3）的规定。

填充墙砌体的砂浆饱满度及检验方法　　　　　　　　　表 9-3

砌体分类	灰缝	饱满度及要求	检验方法
空心砖砌体	水平	≥80%	采用百格网检查块体底面或侧面砂浆的粘结痕迹面积
	垂直	填满砂浆，不得有透明缝、瞎缝、假缝	
蒸压加气混凝土砌块、轻骨料混凝土小型空心砌块砌体	水平	≥80%	
	垂直	≥80%	

抽检数量：每检验批抽查不应少于 5 处。

9-57. 砌体工程中，水泥进场使用前应分批进行复验，其检验批的数量正确的为：（2012，29）

A. 袋装水泥以 50t 为一批　　　　　　B. 散装水泥以每罐为一批

C. 以同一生产厂家、同一天进场的为一批　　D. 每批抽样不少于一次

【答案】D

【说明】参见《砌体结构工程施工质量验收规范》（GB 50203—2011）：

4.0.1　水泥使用应符合下列规定：

（1）水泥进场时应对其品种、等级、包装或散装仓号、出厂日期等进行检查，并应对其强度、安定性进行复验，其质量必须符合现行国家标准《通用硅酸盐水泥》（GB 175）的有关规定；

（2）当在使用中对水泥质量有怀疑或水泥出厂超过三个月（快硬硅酸盐水泥超过一个月）时，应复查试验，并按复验结果使用；

（3）不同品种的水泥，不得混合使用。

抽检数量：按同一生产厂家、同品种、同等级、同批号连续进场的水泥，袋装水泥不超过 200t 为一批，散装水泥不超过 500t 为一批，每批抽样不少于一次。

检验方法：检查产品合格证、出厂检验报告和进场复验报告。

9-58. 砌体施工时，下面对砌筑砂浆的要求哪项不正确？（2012，31）

A. 不得直接使用消石灰粉　　　　　　B. 应通过试配确定配合比

C. 现场拌制时各种材料应采用体积比计量　　D. 应随拌随用

【答案】C

【说明】参见《砌体结构工程施工质量验收规范》（GB 50203—2011）：

4.0.3　拌制水泥混合砂浆的粉煤灰、建筑生石灰、建筑生石灰粉及石灰膏应符合下列规定：

（1）粉煤灰、建筑生石灰、建筑生石灰粉的品质指标应符合现行行业标准《粉煤灰在混凝土及砂浆中应用技术规程》（JG J28）、《建筑生石灰》（JC/T 479）、《建筑生石灰粉》（JC/T 480）的有关规定；

（2）建筑生石灰、建筑生石灰粉熟化为石灰膏，其熟化时间分别不得少于 7d 和 2d；沉淀池中储存的石灰膏，应防止干燥、冻结和污染，严禁采用脱水硬化的石灰膏；建筑生石灰粉、消石灰粉不得替代石灰膏配制水泥石灰砂浆。

4.0.5　砌筑砂浆应进行配合比设计。当砌筑砂浆的组成材料有变更时，其配合比应重新

确定。砌筑砂浆的稠度宜按表4.0.5的规定采用。

4.0.8 配制砌筑砂浆时，各组分材料应采用质量计量，水泥及各种外加剂配料的允许偏差为 ±2%；砂、粉煤灰、石灰膏等配料的允许偏差为 ±5%。

4.0.10 现场拌制的砂浆应随拌随用，拌制的砂浆应在3h内使用完毕；当施工期间最高气温超过30℃时，应在2h内使用完毕。预拌砂浆及蒸压加气混凝土砌块专用砂浆的使用时间应按照厂方提供的说明书确定。

9-59. 砌体施工时，在砂浆中掺入下列哪种添加剂，应有砌体强度的型式检测型号？（2013，30）

A.有机塑化剂   B.早强剂   C.缓凝剂   D.防冻剂

【答案】A

【说明】凡在砂浆中掺入有机塑化剂、早强剂、缓凝剂、防冻剂等，应经检验和试配符合要求后，方可使用，有机塑化剂应有砌体强度的型式检验报告。由于有机塑化剂种类较多，其作用机理各异，故除了应进行材料本身性能（如对砌筑砂浆密度、稠度、分层度、抗压强度、抗冻性等）检测之外，尚应针对砌体强度进行检验，应有完整的型式检验报告。

9-60. 关于砌筑砂浆的说法，错误的是：（2013，31）

A.施工中不可以用强度等级小于M5的水泥砂浆代替同强度等级水泥混合砂浆

B.配置水泥石灰砂浆时，不得采用脱水硬化的石灰膏

C.砂浆现场拌制时，各组分材料应采用体积计量

D.砂浆应随拌随用，气温超过30℃时应在拌成后2h内用完

【答案】C

【说明】参见《砌体结构工程施工质量验收规范》（GB 50203—2011）：

4.0.6 施工中不应采用强度等级小于M5水泥砂浆替代同强度等级水泥混合砂浆，如需替代，应将水泥砂浆提高一个强度等级。

4.0.3 拌制水泥混合砂浆的粉煤灰、建筑生石灰、建筑生石灰粉及石灰膏应符合下列规定：

（1）粉煤灰、建筑生石灰、建筑生石灰粉的品质指标应符合现行行业标准《粉煤灰在混凝土及砂浆中应用技术规程》（JGJ 28）、《建筑生石灰》（JC/T 479）、《建筑生石灰粉》（JC/T 480）的有关规定。

（2）建筑生石灰、建筑生石灰粉熟化为石灰膏，其熟化时间分别不得少于7d和2d；沉淀池中储存的石灰膏，应防止干燥、冻结和污染，严禁采用脱水硬化的石灰膏；建筑生石灰粉、消石灰粉不得替代石灰膏配制水泥石灰砂浆。

4.0.8 配制砌筑砂浆时，各组分材料应采用质量计量，水泥及各种外加剂配料的允许偏差为±2%；砂、粉煤灰、石灰膏等配料的允许偏差为 ±5%。

4.0.10 现场拌制的砂浆应随拌随用，拌制的砂浆应在3h内使用完毕；当施工期间最高气温超过30℃时，应在2h内使用完毕。预拌砂浆及蒸压加气混凝土砌块专用砂浆的使用时间应按照厂方提供的说明书确定。

9-61. 砌筑毛石挡土墙时，下列哪条是不符合规范规定的？（2003，30）

A. 每砌 3~4 皮为一分层高度，每个分层应找平一次

B. 外露面的灰缝厚度不大于 70mm

C. 两个分层高度间的分层处相互错缝不小于 80mm

D. 均匀设置泄水口

【答案】B

【说明】参见《砌体工程施工质量验收规范》（GB 50208—2011）：

  7.1.7 砌筑毛石挡土墙应按分层高度砌筑，并应符合下列规定：

  （1）每砌 3~4 皮为一个分层高度，每个分层高度应将顶层石块砌平；

  （2）两个分层高度间分层处的错缝不得小于 80mm。

  7.1.8 料石挡土墙，当中间部分用毛石砌筑时，丁砌料石伸入毛石部分的长度不应小于 200mm。

  7.1.9 毛石、毛料石、粗料石、细料石砌体灰缝厚度应均匀，灰缝厚度应符合下列规定：

  （1）毛石砌体外露面的灰缝厚度不宜大于 40mm；

  （2）毛料石和粗料石的灰缝厚度不宜大于 20mm；

  （3）细料石的灰缝厚度不宜大于 5mm。

  7.1.10 挡土墙的泄水孔当设计无规定时，施工应符合下列规定：

  （1）泄水孔应均匀设置，在每米高度上间隔 2m 左右设置一个泄水孔；

  （2）泄水孔与土体间铺设长宽各为 300mm、厚 200mm 的卵石或碎石作疏水层。

9-62. 当设计无规定时，挡土墙的泄水孔施工时应均匀设置，并符合下列哪项规定？（2006，28）

A. 根据现场实际情况合理设置泄水孔

B. 在水平和高度方向上每间隔 2000mm 左右设置一个泄水孔

C. 在水平和高度方向上每间隔 1500mm 左右设置一个泄水孔

D. 在每米高度上间隔 2000mm 左右设置一个泄水孔

【答案】D

【说明】参见《砌体工程施工质量验收规范》（GB 50203—2011）第 7.1.10 条，挡土墙的泄水孔当设计无规定时，施工应符合下列规定：

  （1）泄水孔应均匀设置，在每米高度上间隔 2m 左右设置一个泄水孔；

  （2）泄水孔与土体间铺设长宽各为 300mm、厚 200mm 的卵石或碎石作疏水层。

9-63. 石砌挡土墙内侧回填土要分层回填夯实，其作用一是保证挡土墙内含水量无明显变化，二是保证：（2011，28）

A. 墙体侧向土压力无明显变化   B. 墙体强度无明显变化

C. 土体抗剪强度无明显变化　　　　　　　　D. 土体密实度无明显变化

【答案】A

【说明】参见《砌体结构工程施工质量验收规范》（GB 50203—2011）第7.1.11条，挡土墙内侧回填土必须分层夯填，分层松土厚度宜为300mm。墙顶土面应有适当坡度使流水流向挡土墙外侧面。其条文解释第7.1.11条，挡土墙内侧回填土的质量是保证挡土墙可靠性的重要因素之一；挡土墙顶部坡面便于排水，不会导致挡土墙内侧土含水量和墙的侧向土压力明显变化，以确保挡土墙的安全。

9-64. 关于石砌体工程的说法，错误的是：（2013，32）

A. 料石砌体采用坐浆法砌筑

B. 石砌体每天的砌筑高度不宜超过1.2m

C. 石砌体勾缝一般采用1：1水泥砂浆

D. 料石基础的第一皮石块应采用丁砌层坐浆法砌筑

【答案】A

【说明】砌石体应采用铺浆法砌筑，砂浆稠度应为30~50mm，当气温变化时，应适当调整。考虑到石体的形状不规则性及自重较大，砌筑时砂浆强度的增加又较缓慢，石砌体每日砌筑高度不应超过1.2m。

　　石砌体勾缝一般采用1：1水泥砂浆。

　　参见《砌体结构工程施工质量验收规范》（GB 50203—2011）第7.1.4条，砌筑毛石基础的第一皮石块应坐浆，并将大面向下；砌筑料石基础的第一皮石块应用丁砌层坐浆砌筑。

第十章 混凝土结构工程

模板起拱

10-1. 跨度等于或大于 **4m** 的现浇混凝土梁、板模板，在安装中的起拱高度哪条是正确的？（2000，31）（2004，35）

A. 1/1000~3/1000 跨度长

B. 3/1000~5/1000 跨度长

C. 5/1000~7/1000 跨度长

D. 0.5/1000~7/1000 跨度长

【答案】A

【说明】参见《混凝土结构工程施工规范》（GB 50666—2011）第 4.4.6 条，对于跨度不小于 4m 的梁、板，其模板起拱高度宜为梁、板跨度的 1/1000~3/1000。

10-2. 现浇钢筋混凝土梁、板（跨度 **8m**）拆模时，所需混凝土强度是设计强度的多少才是正确拆模的最低强度？（2001，29）

A. 60%   B. 100%   C. 75%   D. 50%

【答案】C

【说明】参见《混凝土结构工程施工规范》（GB 50666—2011）第 4.5.2 条，当混凝土强度达到设计要求时，方可拆除底模及支架；当设计无具体要求时，同条件养护试件的混凝土抗压强度应符合表 4.5.2（见表 10-1）的规定。

底模拆除时的混凝土强度要求 表 10-1

构件类型	构件跨度 /m	按达到设计混凝土强度等级值的百分率计（%）
板	≤ 2	≥ 50
	> 2，≤ 8	≥ 75
	> 8	≥ 100
梁、拱、壳	≤ 8	≥ 75
	> 8	≥ 100
悬臂结构		≥ 100

10-3. 当混凝土强度已达到设计强度的 **75%** 时，下列哪种混凝土构件是不允许拆除底模的？（2003，34）（2006，56）

A. 跨度≤ 8m 的梁

B. 跨度≤ 8m 的拱

C. 跨度≤ 8m 的壳

D. 跨度≥ 2m 的悬臂构件

【答案】D

【说明】参见第 10-2 题。

10-4. 当设计无规定时，跨度为 **8m** 的钢筋混凝土梁，其底模跨中起拱高度为：（2005，31）

A. 8~16mm   B. 8~24mm   C. 8~32mm   D. 16~32mm

【答案】B

【说明】参见《混凝土结构工程施工规范》（GB 50666—2011）第 4.4.6 条，对于跨度不小于 4m 的梁、板，其模板起拱高度宜为梁、板跨度的 1/1000~3/1000。

10-5. 某跨度为 **6.0m** 的现浇钢筋混凝土梁，对模板起拱，当设计无具体要求时，模板起拱高度为 **6mm**，则该起拱值：（2008，31）

A. 一定是木模板要求的起拱值   B. 包括了设计起拱值和施工起拱值

C. 仅为设计起拱值   D. 仅为施工起拱值

【答案】D

【说明】参见《混凝土结构工程施工质量验收规范》（GB 50204—2015）的条文说明：

4.2.7   对跨度较大的现浇混凝土梁、板的模板，由于其施工阶段自重作用，竖向支撑出现变形和下沉，如果不起拱可能造成跨间明显变形，严重时可能影响装饰和美观，故模板在安装时适度起拱有利于保证构件的形状和尺寸。

起拱高度可执行国家标准《混凝土结构工程施工规范》（GB 50666）给出的规定，通常跨度不小于 4m 时宜起拱，起拱高度宜为梁、板跨度的 1/1000~3/1000，应根据具体工程情况并结合施工经验选择，对刚度较大的钢模板、钢管支架等可采用较小值，对木模板、木支架等刚度较小的可采用较大值。需注意《混凝土结构工程施工规范》（GB 50666）给出的起拱值未包括设计为了抵消构件在外荷载下出现的过大挠度所给出的要求。

10-6. 考虑到自重影响，现浇钢筋混凝土梁、板结构应按设计要求起拱的目的是：（2011，32）

A. 提高结构的刚度   B. 提高结构的抗裂度

C. 保证结构的整体性   D. 保证结构构件的形状和尺寸

【答案】D

【说明】参见《混凝土结构工程施工规范》（GB 50666—2011）条文说明第 4.4.6 条，对跨度较大的现浇混凝土梁、板，考虑到自重的影响，适度起拱有利于保证构件的形状和尺寸。执行时应注意本条的起拱高度未包括设计起拱值，而只考虑模板本身在荷载下的下垂，故对钢模板可取偏小值，对木模板可取偏大值。当施工措施能够保证模板下垂符合要求，也可不起拱或采用更小的起拱值。

预制构件模板允许偏差和检查方法

10-7. 预制混凝土梁构件模板的安装允许偏差（mm），下列哪条是不符合规范规定的？（2003，31）

A. 长度 ±5   B. 宽度与高度 +2、−5

C. 纵向弯曲 1/1000 ≤ 15   D. 起拱 ±6

92

【答案】D

【说明】参见《混凝土结构工程施工规范》（GB 50666—2011）表 4.6.4（见表 10-2）。

预制构件模板允许偏差和检查方法 表 10-2

项目		允许偏差 /mm	检查方法
长度	板、梁	±5	钢尺量两角边，取其中较大值
	薄腹梁、桁架	±10	
	柱	0，−10	
	墙板	0，−5	
宽度	板、墙板	0，−5	钢尺量一端及中部，取其中较大值
	梁、薄腹梁、桁架、柱	+2，−5	
高（厚）度	板	+2，−3	钢尺量一端及中部，取其中较大值
	墙板	0，−5	
	梁、薄腹梁、桁架，柱	+2，−5	
构件长度 l 内的侧向弯曲	梁、板、柱	$l/1000$ 且 ≤ 15	拉线、钢尺量最大弯曲处
	墙板、薄腹梁、桁架	$l/1500$ 且 ≤ 15	
板的表面平整度		3	2m 靠尺和塞尺检查
相邻两板表面高低差		1	2m 靠尺和塞尺检查
对角线差	板	7	钢尺量两个对角线
	墙板	5	
翘曲	板、墙板	$l/1500$	调平尺在两端量测
设计起拱	薄腹梁、桁架，梁	±3	拉线、钢尺量跨中

注：l 为构件长度（mm）。

10-8. 预制混凝土构件模板安装的允许偏差及检验方法，下列哪条是不符合规范规定的？（2003，35）

A. 长度 +4mm，−4mm，尺量两侧边，取其中较大值

B. 宽度 +5mm，−5mm，尺量两端及中部，取其中较大值

C. 厚度 +2mm，3mm，尺量两端及中部，取其中较大值

D. 表面平整度 3mm，用 2m 靠尺和塞尺检查

【答案】B

【说明】参见第 10-8 题。

10-9. 现浇混凝土结构模板安装的允许偏差，下列哪条不符合规范规定？（2004，31）

A. 柱墙梁截面内部尺寸允许偏差 ±5mm

B. 相邻两板表面高低差 4mm

C. 表面平整度 5mm

D. 轴线位置 5mm

【答案】B

【说明】参见《混凝土结构工程施工质量验收规范》（GB 50204—2015）表 4.2.10（见表 10-3）

现浇结构模板安装的允许偏差及检验方法 表 10-3

项目		允许偏差 /mm	检验方法
轴线位置		5	尺量
底模上表面标高		±5	水准仪或拉线、尺量
模板内部尺寸	基础	±10	尺量
	柱、墙、梁	±5	尺量
	楼梯相邻踏步高差	±5	尺量
垂直度	柱、墙层高≤6m	8	经纬仪或吊线、尺量
	柱、墙层高>5m	10	经纬仪或吊线、尺量
相邻两块模板表面高差		2	尺量
表面平整度		5	2m靠尺和塞尺量测

注：检查轴线位置当有纵横两个方向时，沿纵、横两个方向量测，并取其中偏差的较大值。

10-10. 现浇混凝土结构的构件，其轴线位置尺寸的允许偏差，以下哪条不正确？（2004，32）

A. 基础 15mm   B. 独立基础 15mm   C. 柱 8mm   D. 梁 8mm

【答案】B

【说明】参见《混凝土结构工程施工质量验收规范》（GB 50204—2015）表 8.3.2（见表 10-4）。

现浇结构位置、尺寸允许偏差及检验方法 表 10-4

项目			允许偏差 /mm	检验方法
轴线位置	整体基础		15	经纬仪及尺量
	独立基础		10	经纬仪及尺量
	柱、墙、梁		8	尺量
垂直度	柱、墙层高	≤6m	10	经纬仪或吊线、尺量
		>6m	12	经纬仪或吊线、尺量
	全高（H）≤300m		$H/30000+20$	经纬仪、尺量
	全高（H）>300m		$H/10000$ 且≤80	经纬仪、尺量
标高	层高		±10	水准仪或拉线、尺量
	全高		±30	水准仪或拉线、尺量
截面尺寸	基础		+15，−10	尺量
	柱、梁、板、墙		+10，−5	尺量
	楼梯相邻踏步高差		±6	尺量
电梯井洞	中心位置		10	尺量
	长、宽尺寸		+25.0	尺量
表面平整度			8	2m靠尺和塞尺量测
预埋件中心位置	预埋板		10	尺量
	预埋螺栓		5	尺量
	预埋管		5	尺量
	其他		10	尺量
预留洞、孔中心线位置			15	尺量

注：1. 检查轴线、中心线位置时，沿纵、横两个方向测量，并取其中偏差的较大值。
    2. H 为全高，单位为 mm。

10-11. 下列混凝土构件的轴线位置允许偏差，哪个是不符合规范规定的？（2003，32）

A. 独立基础 20mm   B. 柱 8mm   C. 剪力墙 5mm   D. 梁 8mm

【答案】A

【说明】参见第 10-10 题。

10-12. 混凝土拌和时，下列每盘原材料称量的允许偏差，哪条不正确？（2004，33）

A. 水泥 ±2%   B. 掺合料 ±4%

C. 粗、细骨料 ±3%   D. 水、外加剂 ±2%

【答案】B

【说明】参见《混凝土结构工程施工规范》（GB 50666—2011）第 7.4.2 条，混凝土搅拌时应对原材料用量准确计量，并应符合下列规定：

（1）计量设备的精度应符合现行国家标准《混凝土搅拌站（楼）技术条件》（GB 10172）的有关规定，并应定期校准，使用前设备应归零；

（2）原材料的计量应按重量计，水和外加剂溶液可按体积计，其允许偏差应符合表 7.4.2（见表 10-5）的规定。

混凝土原材料计量允许偏差（%）   表 10-5

原材料品种	水泥	细骨料	粗骨料	水	掺合料	外加剂
每盘计量允许偏差	±2	±3	±3	±2	±2	±2
累计计量允许偏差	±1	±2	±2	±1	±1	±1

注：1. 现场搅拌时原材料计量允许偏差应满足每盘计量允许偏差要求。

     2. 累计计量允许偏差指每一运输车中各盘混凝土的每种材料计量称的偏差。该项指标仅适用于采用计算机控制计量的搅拌站。

     3. 骨料含水率应经常测定，雨雪天施工应增加测定次数。

10-13. 某混凝土预制构件，设计要求的最大裂缝宽度限值为 0.20mm，则该构件检验的最大裂缝宽度允许值为：（2006，32）

A. 0.15mm   B. 0.20mm   C. 0.25mm   D. 0.30mm

【答案】A

【说明】参见《混凝土结构工程施工质量验收规范》（GB 50204—2015）。

B.1.5 预制构件的裂缝宽度检验应符合下式的要求：

$$\omega^0_{s,\,max} \leq [\omega_{max}] \tag{B.1.5}$$

式中 $\omega^0_{s,\,max}$ ——在检验用荷载标准组合值或荷载准永久组合值作用下，受拉主筋处的最大裂缝宽度实测值，mm；

[ω_{max}] ——构件检验的最大裂缝宽度允许值，按表 B.1.5（见表 10-6）取用。

构件的最大裂缝宽度允许值（mm）   表 10-6

设计要求的最大裂缝宽度限值	0.1	0.2	0.3	0.4
[ω_{max}]	0.07	0.15	0.20	0.25

10-14. 混凝土结构预埋螺栓检验时，外露长度允许偏差只允许有正偏差 +10m，不允许有负偏差，沿纵、横两个方向量测的中心线位置最大允许偏差为：（2006，33）

A. 2mm   B. 3mm   C. 5mm   D. 10mm

【答案】A

【说明】参见《混凝土结构工程施工质量验收规范》（GB 50204—2015）：

4.2.9 固定在模板上的预埋件和预留孔洞不得遗漏，且应安装牢固。有抗渗要求的混凝土结构中的预埋件，应按设计及施工方案的要求采取防渗措施。

预埋件和预留孔洞的位置应满足设计和施工方案的要求。当设计无具体要求时，其位置偏差应符合表 4.2.9（见表 10-7）的规定。

检查数量：在同一检验批内，对梁、柱和独立基础，应抽查构件数量的 10%，且不应少于 3 件；对墙和板，应按有代表性的自然间抽查 10%，且不应少于 3 件；对大空间结构墙可按相邻轴线间高度 5m 左右划分检查面，板可按纵、横轴线划分检查面，抽查 10%，且均应不少于 3 面。

检验方法：观察，尺量。

预埋件和预留孔洞的安装允许偏差   表 10-7

项目		允许偏差（mm）
预埋板中心线位置		3
预埋管、预留孔中心线位置		3
插筋	中心线位置	5
	外露长度	+10.0
预埋螺栓	中心线位置	2
	外露长度	+10.0
预留洞	中心线位置	10
	尺寸	+10.0

注：检查中心线位置时，沿纵、横两个方向量测，并取其中偏差的较大值。

10-15. 混凝土结构工程施工中，固定在模板上的预埋件和预留孔洞的尺寸允许偏差必须为：（2007，29）

A. 正偏差   B. 零偏差   C. 负偏差   D. 正负偏差

【答案】A

【说明】参见第 10-14 题。

10-16. 检查固定在模板上的预埋件和预留孔洞的位置及尺寸，用下列哪种方法？（2008，32）

A. 用钢尺   B. 利用水准仪   C. 拉线   D. 用塞尺

【答案】A

【说明】参见《混凝土结构工程施工规范》（GB 50666—2011）：

4.6.2 对固定在模板上的预埋件、预留孔和预留洞，应检查其数量和尺寸，允许偏差应符合表 4.6.2（见表 10-8）的规定。

预埋件、预留孔和预留洞的允许偏差 表 10-8

项目		允许偏差（mm）
预埋钢板中心线位置		3
预埋管、预留孔中心线位置		3
插筋	中心线位置	5
	外露长度	+10.0
预埋螺栓	中心线位置	2
	外露长度	+10.0
预留洞	中心线位置	10
	截面内部尺寸	+10.0

4.6.3 对现浇结构模板，应检查尺寸，允许偏差和检查方法应符合表 4.6.3（见表 10-9）的规定。

现浇结构模板允许偏差和检查方法 表 10-9

项目		允许偏差（mm）	检查方法
轴线位置		5	钢尺检查
底模上表面标高		±5	水准仪或拉线、钢尺检查
截面内部尺寸	基础	±10	钢尺检查
	柱、墙、梁	+4，−5	钢尺检查
层高垂直度	全高不大于 5m	6	经纬仪或吊线、钢尺检查
	全高大于 5m	8	经纬仪或吊线、钢尺检查
相邻两板表面高低差		2	钢尺检查
表面平整度		5	2m 靠尺和塞尺检查

10-17. 对混凝土现浇结构进行拆模尺寸偏差检查时，必须全数检查的项目是：（2009，38）

A. 电梯井　　　　　　B. 独立基础　　　　　　C. 大空间结构　　　　D. 梁柱

【答案】A

【说明】参见《混凝土结构工程施工质量验收规范》（GB 5066—2011）第 8.3.2 条，现浇结构混凝土设备基础拆模后的位置和尺寸偏差应符合表 8.3.2-1、表 8.3.2-2 的规定。

　　检查数量：按楼层、结构缝或施工段划分检验批。在同一检验批内，对梁、柱和独立基础，应抽查构件数量的 10%，且不少于 3 件；对墙和板，应按有代表性的自然间抽查 10%，且不少于 3 间；对大空间结构，墙可按相邻轴线间高度 5m 左右划分检查面，板可按纵、横轴线划分检查面，抽查 10%，且均不少于 3 面；对电梯井，应全数检查；对设备基础，应全数检查。

10-18. 混凝土中原材料每盘称量允许偏差 ±3% 的材料是：（2010，32）

A. 水泥　　　　　　B. 掺合料　　　　　　C. 粗细骨料　　　　　D. 水与外加剂

【答案】C

【说明】参见《混凝土结构工程施工质量验收规范》（GB 50666—2011）第 7.4.2 条，混凝土搅拌时应对原材料用量准确计量，并应符合下列规定：

（1）计量设备的精度应符合现行国家标准《混凝土搅拌站（楼）技术条件》（GB 10172）的有关规定，并应定期校准，使用前设备应归零；

（2）原材料的计量应按重量计，水和外加剂溶液可按体积计，其允许偏差应符合表7.4.2（见表10-10）的规定。

混凝土原材料计量允许偏差（%）　　　　　表 10-10

原材料品种	水泥	细骨料	粗骨料	水	掺合料	外加剂
每盘计量允许偏差	±2	±3	±3	±2	±2	±2
累计计量允许偏差	±1	±2	±2	±1	±1	±1

注：1. 现场搅拌时原材料计量允许偏差应满足每盘计算允许偏差要求。
　　2. 累计计量允许偏差指每一运输车中各盘混凝土的每种材料计量称的偏差。该项指标仅适用于采用计算机控制计量的搅拌站。
　　3. 骨料含水率应经常测定，雨雪天施工应增加测定次数。

混凝土结构箍筋

10-19. 关于钢筋混凝土梁的箍筋末端弯钩的加工要求，下列说法正确的是：（2008，33）

A. 对一般结构箍筋弯后平直部分长度不宜小于 8d

B. 对结构有抗震要求的箍筋弯折后平直部分长度不应小于 10d

C. 对一般结构箍筋弯钩的弯折角度不宜大于 90°

D. 对结构有抗震要求的箍筋的弯折角度不应小于 90°

【答案】B

【说明】参见《混凝土结构工程施工质量验收规范》（GB 50204—2015）第5.3.3条，箍筋、拉筋的末端应按设计要求作弯钩，并应符合下列规定：

对一般结构构件，箍筋弯钩的弯折角度不应小于 90°，弯折后平直段长度不应小于箍筋直径的 5 倍；对有抗震设防要求或设计有专门要求的结构构件，箍筋弯钩的弯折角度不应小于 135°，弯折后平直段长度不应小于箍筋直径的 10 倍。

10-20. 对有抗震要求的钢筋混凝土结构，箍筋弯钩的弯折角度为：（2008，47）

A. 45°　　　　　　B. 60°　　　　　　C. 90°　　　　　　D. 135°

【答案】D

【说明】参见第 10-19 题。

抽样检验

10-21. 同一生产厂家、同一强度等级、同一品种、同一批号且连续进场的袋装水泥，每批抽样检验不少于一次，多少吨为一批？（2003，36）

| A. 100t | B. 150t | C. 200t | D. 300t |

【答案】C

【说明】参见《混凝土结构工程施工质量验收规范》（GB 50204—2015）第7.2.1条，水泥进场时，应对其品种、代号、强度等级、包装或散装仓号、出厂日期等进行检查，并应对水泥的强度、安定性和凝结时间进行检验，检验结果应符合现行国家标准《通用硅酸盐水泥》（GB 175）的相关规定。

检查数量：按同一生产厂家、同一品种、同一代号、同一强度等级、同一批号且连续进场的水泥，袋装不超过200t为一批，散装不超过500t为一批，每批抽样数量不应少于一次。

检验方法：检查质量证明文件和抽样复验报告。

10-22. 检验批合格质量中，对一般项目的质量验收当采用计数检验时，除有专门要求外，一般项目在不得有严重缺陷的前提下，其合格点率最低应达到：（2006, 36）

A. 70% 及以上　　　　B. 75% 及以上　　　　C. 80% 及以上　　　　D. 85% 及以上

【答案】C

【说明】参见《混凝土结构工程施工质量验收规范》（GB 50204—2015）第3.0.4条，检验批的质量验收应包括实物检查和资料检查，并应符合下列规定：

（1）主控项目的质量经抽样检验应合格；

（2）一般项目的质量经抽样检验应合格；一般项目当采用计数抽样检验时，除本规范各章有专门规定外，其合格点率应达到80%及以上，且不得有严重缺陷。

钢筋隐蔽工程验收内容

10-23. 在浇筑混凝土前对钢筋隐蔽工程的验收，下列哪条内容是无须验收的？（2003, 33）

A. 钢筋的品种、规格、数量、位置　　　　B. 钢筋的接头方式、接头位置和数量
C. 预埋件的规格、数量、位置　　　　　　D. 钢筋表面的浮锈情况

【答案】D

【说明】参见《混凝土结构工程施工质量验收规范》（GB 50204—2015）第5.1.1条，浇筑混凝土之前，应进行钢筋隐蔽工程验收，隐蔽工程验收应包括下列主要内容：

（1）纵向受力钢筋的牌号、规格、数量、位置；

（2）钢筋的连接方式、接头位置、接头数量、接头面积百分率、搭接长度、锚固方式及锚固长度；

（3）箍筋、横向钢筋的牌号、规格、数量、间距、位置，箍筋弯钩的弯折角度及平直段长度；

（4）预埋件的规格、数量和位置。

10-24. 预应力结构隐蔽工程验收内容不包括：（2008, 52）

A. 预应力筋的品种、规格、数量和位置

B. 预应力筋锚具和连接器的品种、规格、数量和位置

C. 预留孔道的形状、规格、数量和位置

D. 张拉设备的型号、规格、数量

【答案】D

【说明】参见《混凝土结构工程施工质量验收规范》（GB 50204—2015）第6.1.1条，浇筑混凝土之前，应进行预应力隐蔽工程验收，隐蔽工程验收应包括下列主要内容：

　　（1）预应力筋的品种、规格、级别、数量和位置；

　　（2）成孔管道的规格、数量、位置、形状、连接以及灌浆孔、排气兼泌水孔；

　　（3）局部加强钢筋的牌号、规格、数量和位置；

　　（4）预应力筋锚具和连接器及锚垫板的品种、规格、数量和位置。

10-25. 下列钢筋隐蔽工程验收内容的表述，哪项要求不完整？（2012，35）

A. 纵向受力钢筋的品种、规格、数量、位置

B. 钢筋的连接方式、接头位置

C. 箍筋、横向钢筋的品种、规格、数量、间距

D. 预埋件的规格、数量、位置

【答案】B

【说明】参见第10-23题。

预应力施工

10-26. 预应力后张法的灌浆中，下列哪条是不正确的？（2000，35）

A. 预应力筋张拉后，孔道应及时灌浆，在灌浆中应快速进行

B. 灌浆所用普通硅酸盐水泥的强度等级不应低于32.5级

C. 对孔隙大的孔道也可用水泥砂浆

D. 灌浆所用的水泥浆或水泥砂浆强度均不应小于30N/mm^2

【答案】D

【说明】参见《预应力混凝土工程预应力后张法张拉施工工艺标准》：

　　6.4　预应力筋张拉后，孔道应尽快灌浆。用连接器连接的多跨连续预应力筋的孔道灌浆，应张拉完一跨随即灌筑一跨，不应在各跨全部张拉完毕后一次连续灌浆。

　　6.5　孔道灌浆应采用强度等级不低于32.5级的普通硅酸盐水泥配置的水泥浆；对孔隙大的孔道，可采用砂浆灌浆。水泥浆及砂浆强度，应满足设计要求，且均不应低于20N/mm^2。

10-27. 预应力钢丝镦头的强度不得低于钢丝强度标准值的百分比为：（2005，34）

A. 95%　　　　　　B. 97%　　　　　　C. 98%　　　　　　D. 99%

【答案】C

【说明】参见《混凝土结构工程施工质量验收规范》（GB 50204—2015）第6.3.3条，预应力筋端部锚具的制作质量应符合下列规定：

（1）钢绞线挤压锚具挤压完成后，预应力筋外端露出挤压套筒不应少于1mm；

（2）钢绞线压花锚具的梨形头尺寸和直线锚固段长度不应小于设计值；

（3）钢丝镦头不应出现横向裂纹，镦头的强度不得低于钢丝强度标准值的98%。

10-28. 采用应力控制方法张拉预应力筋时，应校核预应力筋的：（2007，31）

A. 最大张拉应力值   B. 实际建立的预应力值

C. 最大伸长值   D. 实际伸长值

【答案】D

【说明】参见《混凝土结构工程施工质量验收规范》（GB 50204—2015）第6.4.4条，预应力筋张拉质量应符合下列规定：

（1）采用应力控制方法张拉时，张拉力下预应力筋的实测伸长值与计算伸长值的相对允许偏差为6%；

（2）最大张拉应力不应大于现行国家标准《混凝土结构工程施工规范》（GB 5066）的规定。

检查数量：全数检查。

检验方法：检查张拉记录。

10-29. 预应力混凝土结构后张法施工时，孔道灌浆用水泥应采用：（2009，34）

A. 普通硅酸盐水泥   B. 矿渣硅酸盐水泥

C. 火山灰硅酸盐水泥   D. 粉煤灰硅酸盐水泥

【答案】A

【说明】参见《混凝土结构工程施工质量验收规范》（GB 50204—2015）第6.2.5条，孔道灌浆用水泥应采用硅酸盐水泥或普通硅酸盐水泥，水泥、外加剂的质量应分别符合本规范第7.2.1条、第7.2.2条的规定；成品灌浆材料的质量应符合现行国家标准《水泥基灌浆材料应用技术规范》（GB/T 50448）的规定。

检查数量：按进场批次和产品的抽样检验方案确定。

检验方法：检查质量证明文件和抽样检验报告。

10-30. 预应力的预留孔道灌浆用水泥应采用：（2010，31）

A. 普通硅酸盐水泥   B. 矿渣硅酸盐水泥

C. 火山灰硅酸盐水泥   D. 复合水泥

【答案】A

【说明】参见第10-29题。

10-31. 下列关于预应力施工的表述中，正确的是：（2010，36）

A. 锚具使用前，预应力筋均应做静载锚固性能试验

B. 预应力筋可采用砂轮锯断、切割机切断或电弧切割

C.当设计无具体要求时，预应力筋张拉时的混凝土强度不应低于设计的混凝土立方体抗压强度标准值的90%

D.预应力筋张拉完后应尽早进行孔道灌浆，以防止预应力筋腐蚀

【答案】D

【说明】参见《混凝土结构工程施工规范》（GB 50666—2011）：

6.5.1 后张法预应力筋张拉完毕并经检查合格后，应及时进行孔道灌浆，孔道内水泥浆应饱满、密实。

6.4.3 施加预应力时，同条件养护的混凝土立方体抗压强度应符合设计要求，并应符合下列规定：

（1）不应低于设计强度等级值的75%，先张法预应力筋放张时不应低于30MPa；

（2）不应低于锚具供应商提供的产品技术手册要求的混凝土最低强度要求；

（3）对后张法预应力梁和板，现浇结构混凝土的龄期分别不宜小于7d和5d。

10-32. 后张法施工预应力混凝土结构孔道灌浆的作用是为了防止预应力钢筋锈蚀和保证：（2011，33）

A.结构刚度   B.结构承载力   C.结构抗裂度   D.结构耐久性

【答案】D

【说明】孔道灌浆的主要作用是防止预应力钢筋锈蚀，提高结构的耐久性。

10-33. 下列对预应力筋张拉机具设备及仪表的技术要求，哪项不正确？（2012，36）

A.应定期维护和校验   B.张拉设备应配套使用，且分别标定

C.张拉设备的标定期限不应超过半年   D.使用过程中千斤顶检修后应重新标定

【答案】B

【说明】参见《混凝土结构工程施工质量验收规范》（GB 50204—2015）第6.1.3条，预应力筋张拉设备及油压表应定期维护和标定。张拉设备和油压表应配套标定和使用，标定期限不应超过半年。当使用过程中出现反常现象或张拉设备检修后，应重新标定。

模板

10-34. 模板是混凝土构件成形的模壳和支架，高层建筑核心筒模板应优先选用：（2013，33）

A.大模板   B.滑升模板   C.组合模板   D.爬升模板

【答案】D

【说明】爬升模板体系由爬升模板、爬架（也有的爬模没有爬架）和爬升设备三部分组成，在施工剪力墙体系、筒体体系和桥墩等高耸结构中是一种有效的工具。由于具备自爬的能力，因此不需起重机械的吊运，这减少了施工中运输机械的吊运工作量。在自爬的模板上悬挂脚手架可省去施工过程中的外脚手架。

10-35. 混凝土工程中，下列构件施工时不需要采用模板的是：(2013，34)

A. 雨篷   B. 升板结构的楼板   C. 框架   D. 混合结构叠合楼板

【答案】D

【说明】叠合楼板结构是一种工业化建筑模式，预制板在工厂内预先生产，现场仅需安装，不需要搭模板。

混凝土骨料

10-36. 混凝土用的粗骨料最大颗粒粒径，下列哪条不符合规范规定？(2004，34)

A. 不超过构件截面最小尺寸的1/4   B. 不超过钢筋最小净距的3/4

C. 不超过实心板厚度的1/2且不超过50mm   D. 最大颗粒粒径是以长径尺寸计

【答案】D

【说明】参见《混凝土结构工程施工规范》(GB 50666—2011)第7.2.2条，粗骨料宜选用粒形良好、质地坚硬的洁净碎石或卵石，并应符合下列规定：

粗骨料最大粒径不应超过构件截面最小尺寸的1/4，且不应超过钢筋最小净间距的3/4；对实心混凝土板，粗骨料的最大粒径不宜超过板厚的1/3，且不应超过40mm。

粗骨料公称粒级的上限称为该粒级的最大粒径。

10-37. 混凝土表面缺少水泥砂浆而形成石子外露，这种外观质量缺陷称为：(2005，33)

A. 疏松   B. 蜂窝   C. 外形缺陷   D. 外表缺陷

【答案】B

【说明】参见《混凝土结构工程施工质量验收规范》(GB 50204—2015)第8.1.2条，现浇结构的外观质量缺陷应由监理单位、施工单位等各方根据其对结构性能和使用功能影响的严重程度按表8.1.2(见表10-11)确定。

现浇结构外观质量缺陷   表10-11

名称	现象	严重缺陷	一般缺陷
露筋	构件内钢筋未被混凝土包裹面外露	纵向受力钢筋有露筋	其他钢筋有少量露筋
蜂窝	混凝土表面缺少水泥砂浆而形成石子外露	构件主要受力部位有蜂窝	其他部位有少量蜂窝
孔洞	混凝土中孔穴深度和长度均超过保护层厚度	构件主要受力部位有孔洞	其他部位有少量孔洞
夹渣	混凝土中夹有杂物且深度超过保护层厚度	构件主要受力部位有夹渣	其他部位有少量夹渣
疏松	混凝土中局部不密实	构件主要受力部位有疏松	其他部位有少量疏松

名称	现象	严重缺陷	一般缺陷
裂缝	缝隙从混凝土表面延伸至混凝土内部	构件主要受力部位有影响结构性能或使用功能的裂缝	其他部位有少量不影响结构性能或使用功能的裂缝
连接部位缺陷	构件连接处混凝土有缺陷及连接钢筋、连接件松动	连接部位有影响结构传力性能的缺陷	连接部位有基本不影响结构传力性能的缺陷
外形缺陷	缺棱掉角、棱角不直、翘曲不平、飞边凸肋等	清水混凝土构件有影响使用功能或装饰效果的外形缺陷	其他混凝土构件有不影响使用功能的外形缺陷
外表缺陷	构件表面麻面、掉皮、起砂、沾污等	具有重要装饰效果的清水混凝土构件有外表缺陷	其他混凝土构件有不影响使用功能的外形缺陷

10-38. 除混凝土实心板外，混凝土用的粗骨料，其最大颗粒粒径不得超过构件截面最小尺寸的限值和不得超过钢筋最小净间距的限值分别为：（2006，35）

A. 1/5，1/2　　　　B. 1/4，3/4　　　　C. 1/3，2/3　　　　D. 2/5，3/5

【答案】B

【说明】参见第10-36题。

10-39. 现浇混凝土结构外观质量出现严重缺陷，提出技术处理方案的单位是：（2011，36）

A. 设计单位　　　　B. 施工单位　　　　C. 监理单位　　　　D. 建设单位

【答案】B

【说明】参见《混凝土结构工程施工质量验收规范》（GB 50204—2015）第8.2.1条，现浇结构的外观质量不应有严重缺陷。

对已经出现的严重缺陷，应由施工单位提出技术处理方案，并经监理单位认可后进行处理；对裂缝、连接部位出现的严重缺陷及其他影响结构安全的严重缺陷，技术处理方案尚应经设计单位认可。经处理的部位应重新验收。

检查数量：全数检查。

侧模拆除

10-40. 混凝土结构工程中，侧模拆除时混凝土强度必须满足的要求是：（2008，35）（2009，32）（2012，33）

A. 保证混凝土结构表面及棱角不受损坏

B. 保证混凝土结构不出现侧向弯曲变形

C. 保证混凝土结构不出现裂缝

D. 保证混凝土结构试件强度达到抗压强度标准值

【答案】A

【说明】参见《混凝土结构工程施工规范》（GB 50666—2011）第 4.5.3 条，当混凝土强度能保证其表面及棱角不受损伤时，方可拆除侧模。

10-41.关于模板分项工程的叙述，错误的是：（2010，34）

A.侧模板拆除时的混凝土强度应能保证其表面及棱角不受损伤

B.钢模板应将模板浇水湿润

C.后张法预应力混凝土结构构件的侧模宜在预应力张拉前拆除

D.拆除悬臂 2m 的雨篷底模时，应保证其混凝土强度达到 100%

【答案】B

【说明】参见《混凝土结构工程施工规范》（GB 50660—2011）：

4.5.2 当混凝土强度达到设计要求时，方可拆除底模及支架；当设计无具体要求时，同条件养护试件的混凝土抗压强度应符合表 4.5.2（表 10-12）的规定。

底模拆除时的混凝土强度要求   表 10-12

构件类型	构件跨度 /m	按达到设计混凝土强度等级值的百分率计（%）
板	≤ 2	≥ 50
	> 2，≤ 8	≥ 75
	> 8	≥ 100
梁、拱、壳	≤ 8	≥ 75
	> 8	≥ 100
悬臂结构		≥ 100

4.5.3 当混凝土强度能保证其表面及棱角不受损伤时，方可拆除侧模。

4.5.6 对于后张预应力混凝土结构构件，侧模宜在预应力张拉前拆除；底模支架不应在结构构件建立预应力前拆除。

10-42.浇筑混凝土结构后拆除侧模时，混凝土强度要保证混凝土结构：（2011，31）

A.表面及棱角不受损坏   B.不出现侧向弯曲变形

C.不出现裂缝   D.达到抗压强度标准值

【答案】A

【说明】参见第 10-40 题。

施工缝及后浇带

10-43.现浇混凝土楼板施工缝的留设位置，下列哪条是不正确的？（2001，35）

A.双向板应按设计要求的位置留设

B.有主次梁楼板，宜留置在次梁跨度边端的 1/3 范围内

C. 单向板中，留在平行于板的短跨的任何位置

D. 与板连成整体的大截面梁，留在板底面下 20~30mm 处

【答案】B

【说明】混凝土在浇筑时应要求施工员必须到现场指挥。浇筑混凝土应连续进行，如必须留置施工缝时，施工缝位置应符合下列规定：

第一，柱子，留置在基础的顶面、梁或吊车梁牛腿的下面、吊车梁的上面、无梁楼板柱帽的下面。

第二，和板连成整体的大断面梁，留置在板底面以下 20~30mm 处。当板下有梁托时，留在梁托下部。

第三，单向板，留置在平行于板的短边的任何位置。

第四，有主次梁的楼板，宜顺着次梁方向浇筑，施工缝应留置在次梁跨度的中间 1/3 范围内。

第五，墙，留置在门洞口过梁跨中 1/3 范围内，也可留在纵横墙的交接处。

第六，双向受力楼板，大体积混凝土结构，拱、弯拱、薄壳、蓄水池、斗仓、多层钢结构及其他结构复杂的工程，施工缝的位置应按设计要求留置。

10-44. 混凝土浇筑留置后浇带要是为了避免：(2009，37)(2011，28)

A. 混凝土凝固时化学收缩引发的裂缝　　　　B. 混凝土结构温度收缩引发的裂缝

C. 混凝土结构施工时留置施工缝　　　　　　D. 混凝土膨胀

【答案】B

【说明】参见《混凝土结构工程施工规范》(GB 50666—2011)第 2.0.10 条，后浇带：考虑环境温度变化、混凝土收缩、结构不均匀沉降等因素，将梁、板（包括基础底板）、墙划分为若干部分，经过一定时间后再浇筑的具有一定宽度的混凝土带。

10-45. 现浇钢筋混凝土结构楼面预留后浇带的作用是避免混凝土结构出现：(2011，35)

A. 温度裂缝　　　　B. 沉降裂缝　　　　C. 承载力降低　　　　D. 刚度降低

【答案】A

【说明】设置后浇带是防止和减少超长混凝土结构温度收缩裂缝的有效措施。

结构现场检验

10-46. 不允许出现裂缝的预应力混凝土构件进行结构性能检验时，其中哪个内容无须进行检验？

(2004，36)

A. 承载力　　　　B. 挠度　　　　C. 抗裂检验　　　　D. 裂缝宽度检验

【答案】D

【说明】参见《混凝土结构工程施工质量验收规范》(GB 50204—2015)第 9.2.2 条，混凝土预制构件专业企业生产的预制构件进场时，预制构件结构性能检验符合下列规定。

1 梁板类简支受弯预制构件进场时应进行结构性能检验，并应符合下列规定。

（1）结构性能检验应符合国家现行相关标准的有关规定及设计的要求，检验要求和试验方法应符合本规范附录 B 的规定。

（2）钢筋混凝土构件和允许出现裂缝的预应力混凝土构件应进行承载力、挠度和裂缝宽度检验；不允许出现裂缝的预应力混凝土构件应进行承载力、挠度和抗裂检验。

（3）对大型构件及有可靠应用经验的构件，可只进行裂缝宽度、抗裂和挠度检验。

（4）对使用数量较少的构件，当能提供可靠依据时，可不进行结构性能检验。

10-47. 对涉及混凝土结构安全的重要部位应进行结构现场检验，结构现场检验应在下列哪方面见证下进行？（2005，35）

A. 结构工程师（设计单位）　　　　　　B. 项目工程师（施工单位）

C. 监理工程师　　　　　　　　　　　　D. 质量监督站相关人员

【答案】C

【说明】参见《混凝土结构工程施工质量验收规范》（GB 50204—2015）第 10.1.1 条，对涉及混凝土结构安全的有代表性的部位应进行结构实体检验。结构实体检验应包括混凝土强度、钢筋保护层厚度、结构位置与尺寸偏差以及合同约定的项目；必要时可检验其他项目。

结构实体检验应由监理单位组织施工单位实施，并见证实施过程。施工单位应制定结构实体检验专项方案，并经监理单位审核批准后实施。除结构位置与尺寸偏差外的结构实体检验项目，应由具有相应资质的检测机构完成。

10-48. 吊装预制混凝土构件时，起重吊索与构件水平面的夹角不宜小于：（2005，36）（2007，33）

A. 45°　　　　　　B. 30°　　　　　　C. 15°　　　　　　D. 5°

【答案】无（规范变动）

【说明】参见《混凝土结构工程施工规范》（GB 50666—2011）第 9.1.3 条，预制构件的吊运应符合下列规定：

（1）应根据预制构件形状、尺寸、重量和作业半径等要求选择吊具和起重设备，所采用的吊具和起重设备及施工操作应符合国家现行有关标准及产品应用技术手册的有关规定。

（2）应采取措施保证起重设备的主钩位置、吊具及构件重心在竖直方向上重合；吊索与构件水平夹角不宜小于 60°，不应小于 45°；吊运过程应平稳，不应有偏斜和大幅度摆动。

10-49. 在已浇混凝土上进行后续工序混凝土工程施工时，要求已浇筑的混凝土强度应达到（2007，32）

A. 0.6N/mm²　　　B. 1.0N/mm²　　　C. 1.2N/mm²　　　D. 2.0N/mm²

【答案】C

【说明】参见《混凝土结构工程施工规范》（GB 50666—2011）第 8.5.8 条，混凝土强度达到 1.2N/mm² 前，不得在其上踩踏、堆放荷载、安装模板及支架。

10-50. 混凝土施工过程中，前一工序的质量未得到监理单位（建设单位）的检查认可，不应进行后续工序的施工。其主要目的是：（2012，32）

A. 确保结构通过验收
B. 对合格品进行工程计量
C. 明确各方质量责任
D. 避免质量缺陷累积

【答案】D

【说明】在施工过程中，前一工序的质量未得到监理单位（建设单位）的检查认可，不应进行后续工序的施工，以免质量缺陷累积，造成更大损失。

10-51. 混凝土结构施工时，后浇带模板的支顶与拆除应按：（2012，34）

A. 施工图设计要求执行
B. 施工组织设计执行
C. 施工技术方案执行
D. 监理工程师的指令执行

【答案】C

【说明】后浇带模板的拆除和支顶应按施工技术方案执行。

10-52. 混凝土浇筑时其自由落下高度不应超过2m，其原因是：（2013，37）

A. 较少混凝土对模板的冲击力
B. 防止混凝土离析
C. 加快浇筑速度
D. 防止出现施工缝

【答案】B

【说明】浇筑混凝土时为防止混凝土分层离析，混凝土由料斗、泵管内卸出时，其自由倾浇高度不得超过2m，超过时采用串筒或斜槽下落，混凝土浇筑时不得直接冲击模板。

混凝土施工

10-53. 混凝土的浇水养护时间，对采用硅酸盐水泥、普通硅酸盐水泥或矿渣硅酸盐水泥拌制的混凝土，不得少于：（2001，31）

A. 10d
B. 7d
C. 14d
D. 5d

【答案】B

【说明】参见《混凝土结构工程施工规范》（GB 50666—2011）：

8.5.1　混凝土浇筑后应及时进行保湿养护，保湿养护可采用洒水、覆盖、喷涂养护剂等方式。选择养护方式应考虑现场条件、环境温湿度、构件特点、技术要求、施工操作等因素。

8.5.2　混凝土的养护时间应符合下列规定：

（1）采用硅酸盐水泥、普通硅酸盐水泥或矿渣硅酸盐水泥配制的混凝土，不应少于7d；采用其他品种水泥时，养护时间应根据水泥性能确定。

（2）采用缓凝型外加剂、大掺量矿物掺合料配制的混凝土，不应少于14d。

（3）抗渗混凝土、强度等级C60及以上的混凝土，不应少于14d。

（4）后浇带混凝土的养护时间不应少于14d。

（5）地下室底层墙、柱和上部结构首层墙、柱宜适当增加养护时间。

（6）基础大体积混凝土养护时间应根据施工方案确定。

10-54. 某现浇混凝土施工段，在已批准该施工段的施工方案中，混凝土运输时间为 **2h**，连续浇筑时间为 **24h**，浇筑面间歇时间为 **3h**，混凝土初凝时间为 **6h**，终凝时间为 **8h**，则混凝土运输、浇筑及间歇的全部时间应不超过：（2006，31）

A. 6h   B. 8h   C. 9h   D. 24h

【答案】A

【说明】参见《混凝土结构工程施工规范》（GB 50666—2011）：

8.3.2 混凝土浇筑应保证混凝土的均匀性和密实性。混凝土宜一次连续浇筑；当不能一次连续浇筑时，可留设施工缝或后浇带分块浇筑。

8.3.3 混凝土浇筑过程应分层进行，分层浇筑应符合本规范第8.4.6条规定的分层振捣厚度要求，上层混凝土应在下层混凝土初凝之前浇筑完毕。

10-55. 混凝土现场拌制时，各组分材料计量采用：（2006，34）

A. 均按体积   B. 均按质量

C. 水泥、水按质量，其余按体积   D. 砂、石按体积，其余按质量

【答案】C

【说明】水泥、水按质量，其余按体积。

10-56. 对砌筑砂浆的水泥进行质量复查试验时，规定的出厂时间不得超过：（2008，35）

A. 3个月   B. 4个月   C. 5个月   D. 6个月

【答案】A

【说明】参见《混凝土结构工程施工规范》（GB 50666—2011）第7.6.4条，当在使用中对水泥质量有怀疑或水泥出厂超过三个月（快硬硅酸盐水泥超过一个月）时，应进行复验，并应按复验结果使用。

10-57. 钢筋混凝土结构严格控制含氯化物外加剂的使用，是为了防止：（2009，36）

A. 降低混凝土的强度   B. 增大混凝土的收缩变形

C. 降低混凝土结构的刚度   D. 引起结构中的钢筋锈蚀

【答案】D

【说明】参见《混凝土结构工程施工质量验收规范》（GB 50204—2015）条文说明：

7.3.3 在混凝土中，水泥、骨料、外加剂和拌和用水等都可能含有氯离子，可能引起混凝土结构中钢筋的锈蚀，应严格控制其氯离子含量。混凝土碱含量过高，在一定条件下会导致碱骨料反应。钢筋锈蚀或碱骨料反应都将严重影响结构构件受力性能和耐久性。国家标准《混凝土结构设计规范》（GB 50010）在第3.5节"耐久性设计"中对混凝土中氯离子含量和碱总含量进行了规定。除了《混凝土结构设计规范》（GB 50010）的规定外，设计也可能有

更严格的规定，所生产的混凝土都应该满足上述要求。

10-58. 提高水泥的抗渗性，最直接的方法是：（2009，44）

A. 提高水泥砂浆密实度   B. 增强水泥强度

C. 增强水泥刚度   D. 采用防水砂浆

【答案】A

【说明】提高混凝土的抗渗性的主要方法有：①降低水灰比；②外加剂；③加强养护，这三种方法都是通过增加密实度以提高混凝土的抗渗性。

10-59. 混凝土结构施工时，对混凝土配合比的要求，下列哪项是不正确的？（2012，37）

A. 混凝土应根据实际采用的原材料进行配合比设计并进行试配

B. 首次使用的混凝土配合比应进行开盘鉴定

C. 混凝土拌制前应根据砂石含水率测试结果提出施工配合比

D. 进行混凝土配合比设计的目的完全是为了保证混凝土强度

【答案】D

【说明】参见《混凝土结构工程施工质量验收规范》（GB 50666—2011）第 7.3.1 条，混凝土配合比设计应符合下列要求，并应经试验确定：

（1）应在满足混凝土强度、耐久性和工作性要求的前提下，减少水泥和水的用量；

（2）当有抗冻、抗渗、抗氯离子侵蚀和化学腐蚀等耐久性要求时，尚应符合现行国家标准《混凝土结构耐久性设计规范》GB/T 50476 的有关规定；

（3）应计入环境条件对施工及工程结构的影响；

（4）试配所用的原材料应与施工实际使用的原材料一致。

10-60. 关于大体积混凝土施工的说法，错误的是：（2013，38）

A. 混凝土中掺入适量的粉煤灰   B. 尽量选用水化热低的水泥

C. 可在混凝土内埋设冷却水管   D. 混凝土内外温差宜超过 30℃以利散热

【答案】D

【说明】参见《大体积混凝土施工规范》（GB 50496—2009）第 3.0.4 条，温控指标宜符合下列规定：

（1）混凝土浇筑体在入模温度基础上的温升值不宜大于 50℃；

（2）混凝土浇筑块体的里表温差（不含混凝土收缩的当量温度）不宜大于 25℃。

钢筋作业

10-61. 在梁柱类构件的纵向受力钢筋搭接长度范围内，受拉区的箍筋间距不应大于搭接钢筋较小直径的多少倍且不应大于 100m？（2005，32）

A. 2   B. 3   C. 4   D. 5

【答案】D

【说明】参见《混凝土结构工程施工规范》（GB 50666—2011）第5.4.8条，在梁、柱类构件的纵向受力钢筋搭接长度范围内，应按设计要求配置箍筋。当设计无具体要求时，应符合下列规定：

（1）箍筋直径不应小于搭接钢筋较大直径的0.25倍；

（2）受拉搭接区段，箍筋间距不应大于搭接钢筋较小直径的5倍，且不应大于100mm；

（3）受压搭接区段，箍筋间距不应大于搭接钢筋较小直径的10倍，且不应大于200mm；

（4）当柱中纵向受力钢筋直径大于25mm时，应在搭接接头两个端面外100mm范围内各设置二个箍筋，其间距宜为50mm。

10-62.混凝土结构工程施工中，受动力荷载作用的结构构件，当设计无具体要求时，其纵向受力钢筋的接头不宜采用：（2007，30）（2008，35）（2009，35）

A.绑扎接头　　　　　　B.焊接接头　　　　　　C.冷挤压套筒接头　　　D.锥螺纹套筒接头

【答案】B

【说明】参见《混凝土结构工程施工规范》（GB 50666—2011）第5.4.4条，当纵向受力钢筋采用机械连接接头或焊接接头时，接头的设置应符合下列规定：

（1）同一构件内的接头宜分批错开。

（2）接头连接区段的长度为35d，且不应小于500mm，凡接头中点位于该连接区段长度内的接头均应属于同一连接区段；其中d为相互连接两根钢筋中较小直径。

（3）同一连接区段内，纵向受力钢筋接头面积百分率为该区段内有接头的纵向受力钢筋截面面积与全部纵向受力钢筋截面面积的比值；纵向受力钢筋的接头面积百分率应符合下列规定：

①受拉接头，不宜大于50%；受压接头，可不受限制；

②板、墙、柱中受拉机械连接接头，可根据实际情况放宽；装配式混凝土结构构件连接处受拉接头，可根据实际情况放宽；

③直接承受动力荷载的结构构件中，不宜采用焊接；当采用机械连接时，不应超过50%。

10-63.用焊条作业连接钢筋接头的方法称为：（2013，35）

A.闪光对焊　　　　　　B.电渣压力焊　　　　　　C.电弧焊　　　　　　　　D.套筒挤压连接

【答案】C

【说明】电弧焊：由焊条通过焊接电流产生的电弧热进行钢筋连接的一种方法。

10-64.纵向钢筋加工不包括：（2013，36）

A.钢筋绑扎　　　　　　B.钢筋调直　　　　　　C.钢筋除锈　　　　　　　D.钢筋剪切与弯曲

【答案】A

【说明】钢筋加工包括：调直、除锈、下料切断、接长、弯曲成形。A选项属于钢筋连接与安装。参见《混凝土结构工程施工质量验收规范》（GB 50204—2015）第5.3条钢筋加工，以及第5.4条钢筋连接与安装。

第十一章　地下防水工程

地下工程防水等级

11-1. 当在任意100m²防水面积湿渍不超过1处，单个湿渍面积不大于0.1m²，且湿渍总面积不大于总防水面积的1%的情况下，工业与民用建筑的地下工程防水等级为：（2005，40）

A. 1级　　　　　　B. 2级　　　　　　C. 3级　　　　　　D. 4级

【答案】B

【说明】参见《地下防水工程质量验收规范》（GB 50208—2011）第3.0.1条，地下工程的防水等级标准应符合表3.0.1（见表11-1）的规定。

地下工程防水等级标准
表11-1

防水等级	防水标准
一级	不允许渗水，结构表面无湿渍
二级	不允许漏水，结构表面可有少量湿渍 房屋建筑地下工程：总湿渍面积不大于总防水面积（包括顶板、墙面、地面）的0.1‰；任意100m²防水面积上的湿渍不超过2处，单个湿渍的最大面积不大于0.1m²； 其他地下工程：湿渍总面积不应大于总防水面积的2‰；任意100m²防水面积上的湿渍不超过3处，单个湿渍的最大面积不大于0.2m²；其中，隧道工程平均渗水量不大于0.05L/（m²·d），任意100m²防水面积上的渗水量不大于0.15L/（m²·d）
三级	有少量漏水点，不得有线流和漏泥砂； 任意100m²防水面积上的漏水或湿渍点数不超过7处，单个漏水点的最大漏水量不大于2.5L/d，单个湿渍的最大面积不大于0.3m²
四级	有漏水点，不得有线流和漏泥砂； 整个工程平均漏水量不大于2L/（m²·d），任意100m²防水面积上的平均漏量不大于4L/（m²·d）

11-2. 地下室防水等级为几个等级？（2009，44）

A. 1级　　　　　　B. 2级　　　　　　C. 3级　　　　　　D. 4级

【答案】D

【说明】参见第11-1题。

11-3. 某地下建筑防水工程的防水标准为"不允许漏水，结构表面可有少量湿渍"可判断其防水等级为：（2012，38）

A. 一级　　　　　　B. 二级　　　　　　C. 三级　　　　　　D. 四级

【答案】B

【说明】参见第11-1题。

11-4. 防水混凝土中，可掺入一定数量的磨细粉煤灰，下列作用中哪条是不存在的？（2001，30）

A. 提高混凝土抗渗性能   B. 提高混凝土强度

C. 改善砂子级配   D. 提高混凝土密实度

【答案】B

【说明】粉煤灰、硅粉等粉细料属活性掺合料，对提高防水混凝土的抗渗性起一定作用，它们的加入可以改善砂子级配（补充天然砂中部分小于 0.15mm 颗粒），填充混凝土部分空隙，提高混凝土的密实性和抗渗性。

11-5. 防水混凝土试配时，其抗渗水压值应比设计值高多少？（2003，42）（2005，38）

A. 0.10MPa   B. 0.15MPa   C. 0.20MPa   D. 0.25MPa

【答案】C

【说明】参见《地下防水工程质量验收规范》（GB 50208—2011）第4.1.7条，防水混凝土的配合比应经试验确定，并应符合下列规定：试配要求的抗渗水压值应比设计值提高 0.2MPa。

11-6. 地下防水混凝土当不掺活性掺合料时，水泥强度等级不应低于 32.5 级，其用量不得小于下列哪一数值？（2003，43）

A. 280kg/m³   B. 300kg/m³   C. 320kg/m³   D. 350kg/m³

【答案】B

【说明】参见《地下防水混凝土工程施工工艺标准》第4.1.3.2条，水泥用量不得少于300kg/m³；掺有活性掺合料时，水泥用量不得少于280kg/m³。

11-7. 下列哪项必须在高于 -5℃气温条件下进行防水层的施工？（2005，37）

A. 高聚物改性沥青防水卷材   B. 合成高分子防水卷材

C. 溶剂型有机防水涂料   D. 无机防水涂料

【答案】D

【说明】参见《地下防水工程质量验收规范》（GB 50208—2011）第3.0.11条，地下防水工程不得在雨天、雪天和五级风及其以上时施工；防水材料施工环境气温条件宜符合表3.0.11（见表11-2）的规定。

防水材料施工环境气温条件   表 11-2

防水材料	施工环境气温条件
高聚物改性沥青防水卷材	冷粘法、自粘法不低于5℃，热熔法不低于-10℃
合成高分子防水卷材	冷粘法、自粘法不低于5℃，焊接法不低于-10℃

防水材料	施工环境气温条件
有机防水涂料	溶剂型 –5 ~ 35℃、反应型、水乳型 5 ~ 35℃
无机防水涂料	5 ~ 35℃
防水混凝土、防水砂浆	5 ~ 35℃
膨润土防水材料	不低于 –20℃

11-8. 保证地下防水工程施工质量的重要条件是施工时：（2009，45）

A. 环境温度不低于 5℃
B. 地下水位控制在基底以下 0.5m
C. 施工现场风力不得超过五级
D. 防水卷材应采用热熔法

【答案】C

【说明】参见第 11–7 题。另参见《地下防水工程质量验收规范》（GB 50208—2011）第 3.0.10 条，地下防水工程施工期间，必须保持地下水位稳定在工程底部最低高程 0.5m 以下，必要时应采取降水措施。对采用明沟排水的基坑，应保持基坑干燥。

11-9. 按规范规定，下述何种气象条件时仍可以进行某些种类的防水层施工？（2012，39）

A. 雨天
B. 雪天
C. 风级达五级及以上
D. 气温 –5~10℃

【答案】D

【说明】参见第 11–7 题。

11-10. 下列防水材料施工环境温度可以低于 5℃的是：（2013，40）

A. 采用冷粘法的合成高分子防水卷材
B. 溶剂型有机防水涂料
C. 防水砂浆
D. 采用自粘法的高聚物改性沥青防水卷材

【答案】B

【说明】参见第 11–7 题。

地下防水工程施工

11-11. 地下防水工程，不应选择下列哪种材料？（2004，43）

A. 高聚物改性沥青防水卷材
B. 合成高分子防水卷材
C. 沥青防水卷材
D. 反应型涂料

【答案】C

【说明】参见《地下防水工程质量验收规范》（GB 50208—2011）：

4.3.2 卷材防水层应采用高聚物改性沥青防水卷材和合成高分子防水卷材。所选用的基层处理剂、胶粘剂、密封材料等均应与铺贴的卷材相匹配。

4.4.2 有机防水涂料应采用反应型、水乳型、聚合物水泥等涂料；无机防水涂料应采用掺外加剂、掺合料的水泥基防水涂料或水泥基渗透结晶型防水涂料。

11-12. 地下防水混凝土结构厚度不应小于：（2005，41）（2009，38）（2011，42）（2012，43）

A，200mm   B. 250mm   C. 300mm   D. 350mm

【答案】B

【说明】参见《地下防水工程质量验收规范》（GB 50208—2011）第4.1.19条，防水混凝土结构厚度不应小于250mm，其允许偏差应为 +8mm、-5mm；主体结构迎水面钢筋保护层厚度不应小于50mm，其允许偏差为 ±5mm。

11-13. 地下防水工程混凝土后浇带的防水施工，后浇带应在其两侧混凝土龄期达到多少天后再施工？（2006，40）（2007，38）

A. 14d   B. 28d   C. 35d   D. 42d

【答案】D

【说明】参见《地下防水工程质量验收规范》（GB 50208—2011）第3.6条条文说明，后浇带两侧混凝土的接缝处理，参见本规范第5.1.5条和第5.1.6条的条文说明。后浇带应在两侧混凝土干缩变形基本稳定后施工，混凝土收缩变形一般在龄期为6周后才能基本稳定。

高层建筑后浇带的施工，应符合现行行业标准《高层建筑混凝土结构技术规程》（JGJ 3）的规定，对高层建筑后浇带的施工应按规定时间进行。这里所指按规定时间，应通过地基变形计算和建筑物沉降观测，并在地基变形基本稳定的情况下才可以确定。

11-14. 对地下防水工程施工，下列哪项表述正确？（2008，43）

A. 防水混凝土结构表面的裂缝宽度不应大于 0.1mm（0.2mm）

B. 防水混凝土结构厚度不应小于 200mm

C. 1级卷材防水等级的设防道数必须达到二道设防以上

D. 后浇带应在其两侧混凝土龄期达到 42d 后再施工

【答案】D

【说明】参见《地下防水工程质量验收规范》（GB 50208—2011）：

4.1.19　防水混凝土结构厚度不应小于250mm，其允许偏差应为 +8mm、-5mm；主体结构迎水面钢筋保护层厚度不应小于50mm，其允许偏差应为 ±5mm。

3.6　条文说明　后浇带两侧混凝土的接缝处理，参见本规范第5.1.5条和第5.1.6条的条文说明。后浇带应在两侧混凝土干缩变形基本稳定后施工，混凝土收缩变形一般在龄期为6周后才能基本稳定。

高层建筑后浇带的施工，应符合现行行业标准《高层建筑混凝土结构技术规程》（JGJ 3）的规定，对高层建筑后浇带的施工应按规定时间进行。这里所指按规定时间，应通过地基变形计算和建筑物沉降观测，并在地基变形基本稳定的情况下才可以确定。

11-15. 在地下工程中常采用渗排水来削弱水对地下结构的压力，下列哪项不适宜采用渗排水？（2010，41）

A. 无自流排水条件   B. 自流排水性好

C. 有抗浮要求的   D. 防水要求较高

【答案】B

【说明】参见《地下防水工程质量验收规范》（GB 50208—2011）第7.1.1条，渗排水适用于无自流排水条件、防水要求较高且有抗浮要求的地下工程。盲沟排水适用于地基为弱透水性土层、地下水量不大或排水面积较小，地下水位在结构底板以下或在丰水期地下水位高于结构底板的地下工程。

11-16. 做地下防水工程时，在砂卵石层中注浆宜采用：（2011，43）

A. 电动硅化注浆法   B. 高压喷射注浆法   C. 劈裂注浆法   D. 渗透注浆法

【答案】D

【说明】参见《地下防水工程质量验收规范》（GB 50208—2011）第8.1.3条，在砂卵石层中宜采用渗透注浆法；在黏土层中宜采用劈裂注浆法；在淤泥质软土中宜采用高压喷射注浆法。

11-17. 防水工程施工中，防水细部构造的施工质量检验数量是：（2012，40）

A. 按总防水面积每 $10m^2$ 一处   B. 按防水施工面积每 $10m^2$ 一处

C. 按防水细部构造数量的 50%   D. 按防水细部构造数量的 100%

【答案】D

【说明】参见《地下防水工程质量验收规范》（GB 50208—2011）第3.0.13条，地下防水工程的分项工程检验批和抽样检验数量应符合下列规定：

（1）主体结构防水工程和细部构造防水工程应按结构层、变形缝或后浇带等施工段划分检验批。

（2）特殊施工法结构防水工程应按隧道区间、变形缝等施工段划分检验批。

（3）排水工程和注浆工程应各为一个检验批。

（4）各检验批的抽样检验数量：细部构造应为全数检查，其他均应符合本规范的规定。

11-18. 地下防水工程施工中，防水混凝土结构表面的裂缝不得贯通，且最大裂缝不应大于：（2012，41）

A. 0.10mm   B. 0.20mm   C. 0.25mm   D. 0.30mm

【答案】B

【说明】参见《地下防水工程质量验收规范》（GB 50208—2011）第4.1.18条，防水混凝土结构表面的裂缝宽度不应大于0.2mm，且不得贯通。

11-19. 关于地下防水工程施工的说法，正确的是：（2013，39）

A. 主要施工人员应持有施工企业颁发的职业资格证书或防水专业岗位证

B. 设计单位应编制防水工程专项施工方案

C. 防水材料必须经具备相应资质的检测单位进行抽样检验

D. 防水材料的品种、规格、性能等必须符合监理单位的要求

【答案】C

【说明】参见《地下防水工程质量验收规范》(GB 50208—2011):

3.0.3 地下防水工程必须由持有资质等级证书的防水专业队伍进行施工,主要施工人员应持有省级及以上建设行政主管部门或其指定单位颁发的执业资格证书或防水专业岗位证书。

3.0.4 地下防水工程施工前,应通过图纸会审,掌握结构主体及细部构造的防水要求,施工单位应编制防水工程专项施工方案,经监理单位或建设单位审查批准后执行。

3.0.5 地下防水工程所使用防水材料的品种、规格、性能等必须符合现行国家或行业产品标准和设计要求。

3.0.6 防水材料必须经具备相应资质的检测单位进行抽样检验,并出具产品性能检测报告。

地下防水工程水泥砂浆防水层

11-20. 水泥砂浆防水层施工,当水泥砂浆终凝后应及时进行养护,常温下养护时间不得少于多少天?(2006,38)

A. 3d B. 5d C. 7d D.14d

【答案】D

【说明】参见《地下防水工程质量验收规范》(GB 50208—2011)第4.2.5条,水泥砂浆防水层施工应符合下列规定:

(1)水泥砂浆的配制,应按所掺材料的技术要求准确计量。

(2)分层铺抹或喷涂,铺抹时应压实、抹平,最后一层表面应提浆压光。

(3)防水层各层应紧密粘合,每层宜连续施工;必须留设施工缝时,应采用阶梯坡形槎,但与阴阳角的距离不得小于200mm。

(4)水泥砂浆终凝后应及时进行养护,养护温度不宜低于5℃,并应保持砂浆表面湿润,养护时间不得少于14d。聚合物水泥防水砂浆未达到硬化状态时,不得浇水养护或直接受雨水冲刷,硬化后应采用干湿交替的养护方法。潮湿环境中,可在自然条件下养护。

11-21. 下列地下防水工程水泥砂浆防水层做法中,正确的是:(2010,42)

A.基层混凝土强度必须达到设计强度 B.采用素水泥浆和水泥砂浆分层交叉抹面

C.防水层各层应连续施工,不得留施工缝 D.防水层最小厚度不得小于设计厚度

【答案】B

【说明】水泥砂浆防水层基层质量规定:水泥砂浆铺抹之前,基层的混凝土和砌筑砂浆强度应不低于设计值的80%。

水泥砂浆防水层施工要求:①分层铺抹或喷涂,铺抹时应压实、抹平和表面压光;②防水层各层应紧密配合,每层宜连续施工,必须留施工缝时应采用阶梯坡形槎,但离开阴阳角

处不得小于 200mm。

水泥砂浆防水层的平均厚度应符合设计要求，最小厚度不得小于设计值的 85%。

11-22. 地下防水工程施工中，下述水泥砂浆防水层的做法，哪项要求是不正确的？（2012，42）

A. 可采用聚合物水泥砂浆   B. 可采用掺外加剂的水泥砂浆

C. 防水砂浆施工应分层铺拌或喷涂   D. 水泥砂浆初凝后应及时养护

【答案】D

【说明】参见《地下防水工程质量验收规范》（GB 50208—2011）：

4.2.2 水泥砂浆防水层应采用聚合物水泥防水砂浆，掺外加剂或掺合料的防水砂浆。

4.2.5 水泥砂浆防水层施工应符合下列规定：

（1）水泥砂浆的配制，应按所掺材料的技术要求准确计量。

（2）分层铺抹或喷涂，铺抹时应压实、抹平，最后一层表面应提浆压光。

（3）防水层各层应紧密粘合，每层宜连续施工；必须留设施工缝时，应采用阶梯坡形槎，但与阴阳角的距离不得小于 200mm。

（4）水泥砂浆终凝后应及时进行养护，养护温度不宜低于 5℃，并应保持砂浆表面湿润，养护时间不得少于 14d。聚合物水泥防水砂浆未达到硬化状态时，不得浇水养护或直接受雨水冲刷，硬化后应采用干湿交替的养护方法。潮湿环境中，可在自然条件下养护。

受浸蚀性介质或振动作用的地下建筑防水工程

11-23. 防水等级 1~3 级的地下防水工程施工中，经受浸蚀性介质和振动作用的迎水面应选择：（2007，35）

A. 金属板防水层   B. 卷材防水层   C. 水泥砂浆防水层   D. 水泥混凝土

【答案】B

【说明】参见《地下防水工程质量验收规范》（GB 50208—2011）第 4.3.1 条，卷材防水层适用于受侵蚀性介质作用或受振动作用的地下工程；卷材防水层应铺设在主体结构的迎水面。

11-24. 受浸蚀性介质或受振动作用的地下建筑防水工程应选择：（2009，34）

A. 卷材防水层   B. 防水混凝土   C. 水泥砂浆防水层   D. 金属板防水层

【答案】A

【说明】参见第 11-23 题。

地下连续墙

11-25. 地下连续墙属于地下防水工程中的哪类工程？（2005，39）

A. 地下建筑防水工程   B. 特殊施工法防水工程

C. 排水工程 D. 注浆工程

【答案】B

【说明】地下连续墙属于地下防水工程中的特殊施工法防水工程。

11-26. 关于地下连续墙施工的表述中，正确的是：（2010，43）

A. 采用大流动性混凝土，其坍落度控制在 170mm 为宜

B. 采用掺外加剂的防水混凝土，最少的水泥用量为 350kg/m³

C. 每个单位槽段需留置一组抗渗混凝土试件

D. 单元槽段接头不宜设在拐角处

【答案】D

【说明】参见《地下防水工程质量验收规范》（GB 50208—2011）：

6.2.1 地下连续墙适用于地下工程的主体结构、支护结构以及复合式衬砌的初期支护。

6.2.2 地下连续墙应采用防水混凝土，胶凝材料用量不应小于 400kg/m³，水胶比不得大于 0.55，坍落度不得小于 180mm。

6.2.3 地下连续墙施工时，混凝土应按每 1 个单元槽段留置 1 组抗压强度试件，每 5 个单元槽段留置 1 组抗渗试件。

6.2.4 叠合式侧墙的地下连续墙与内树结构连接处，应凿毛并清洗干净，必要时应作特殊防水处理。

6.2.5 地下连续墙应根据工程要求和施工条件减少槽段数量；地下连续墙槽段接缝应避开拐角部位。

6.2.6 地下连续墙如有裂缝、孔洞、露筋等缺陷，应采用聚合物水泥砂浆修补；地下连续墙槽段接缝如有渗满，应采用引排或注浆封堵。

6.2.7 地下连续墙分项工程检验批的抽样检验数量，应按每连续 5 个槽段抽查 1 个槽段，且不得少于 3 个槽段。

第十二章　屋面防水工程

卷材屋面坡度

12-1.卷材屋面的坡度不宜超过：(2000,57)

A.15%　　　　　　B.20%　　　　　　C.10%　　　　　　D.25%

【答案】D

【说明】参见《屋面工程质量验收规范》(GB 50207—2012)第6.2.1条，屋面坡度大于25%时，卷材应采取满粘和钉压固定措施。

12-2.卷材防水层需要采取固定措施的最小屋面坡度是：(2008,40)

A.20%　　　　　　B.25%　　　　　　C.30%　　　　　　D.35%

【答案】B

【说明】参见第12-1题。

12-3.当屋面坡度大于多少时，卷材防水层应采取固定措施？(2010,38)

A.10%　　　　　　B.15%　　　　　　C.20%　　　　　　D.25%

【答案】D

【说明】参见第12-1题。

防水卷材铺粘方法

12-4.屋面卷材防水的保护层，下列哪条做法是不正确的？(2000,59)

A.热玛琋脂黏结沥青防水卷材保护层可铺撒粒径3~5mm的绿豆砂

B.水泥砂浆厚20mm

C.细石混凝土厚30mm

D.热玛琋脂粘结沥青防水卷材保护层可铺撒粒径小于15mm的卵石

【答案】D

【说明】卷材屋面宜做保护层；保护层宜采用与卷材性相容的浅色涂料或块材、20mm厚水泥砂浆、3mm厚细石混凝土；刚性保护层与卷材防水层之间应做隔离层；铺设卷材防水屋面保护层：一般油毡屋面铺设绿豆砂（小豆石）保持层，豆石须洁净，粒径3~5mm为佳，要求材质耐风化，涂刷2~3mm厚的沥青玛琋脂，均匀撒铺豆石，要求将豆石黏结牢固。

12-5. 卷材防水在屋面铺贴中如遇有高出屋面的墙体，下列泛水收头处凹槽距屋面找平层的最低高度哪条是正确的？（2000，60）

A. 200mm   B. 150mm   C. 100mm   D. 250mm

【答案】D

【说明】参见《屋面工程质量验收规范》（GB 50207—2012）第8.8.5条，屋面出入口的泛水高度不应小于250mm。

12-6. 在大坡面屋面铺贴高聚物改性沥青防水卷材时，应采用：（2000，61）

A. 点粘法   B. 条粘法   C. 空铺法   D. 满粘法

【答案】D

【说明】立面或大坡面铺贴高聚物改性沥青防水卷材时，应采用满粘法，并宜减少短边搭接。

12-7. 屋面泛水处卷材的铺贴方法应采取：（2001，61）

A. 条粘法   B. 空铺法   C. 点粘法   D. 满粘法

【答案】D

【说明】参见《屋面工程质量验收规范》（GB 50207—2012）：

8.4.4 女儿墙和山墙的泛水高度及附加层铺设应符合设计要求。

检验方法：观察和尺量检查。

8.4.5 女儿墙和山墙的卷材应满粘，卷材收头应用金属压条钉压固定，并应用密封材料封严。

检验方法：观察检查。

12-8. 厚度小于3mm的高聚物改性沥青防水卷材，严禁采用下列哪种方法施工？（2003，40）

A. 冷粘法   B. 热熔法   C. 满粘法   D. 条粘法

【答案】B

【说明】参见《高聚物改性沥青卷材屋面防水层施工工艺标准》第3.5.4条，热熔法铺贴卷材应符合下列规定：厚度小于3mm的高聚物改性沥青防水卷材严禁采用热熔法施工。

刚性防水隔离层

12-9. 刚性防水采用带网片的细石混凝土时，在浇筑混凝土中应将网片放在：（2000，63）

A. 中部   B. 任何部位   C. 上部   D. 底部

【答案】C

【说明】参见《刚性防水屋面工程施工工艺》，钢筋网片应放在防水层上部，绑扎钢丝收口应向下弯，不得露出防水层表面。

12-10. 屋面卷材防水层与哪种保护层之间应设置隔离层？（2009，30）

A. 绿豆砂保护层   B. 聚丙烯酸酯乳液保护层

C. 细石混凝土保护层   D. 三元乙丙橡胶溶液保护层

【答案】C

【说明】参见《屋面工程质量验收规范》（GB 50207—2012）第 4.4.1 条，块体材料、水泥砂浆或细石混凝土保护层与卷材、涂膜防水层之间，应设置隔离层。

12-11. 为减少主体结构变形对屋面刚性防水层产生的不利影响，应对刚性防水层采取的技术措施是：（2011，40）

A. 增设细石混凝土中的抗拉钢筋   B. 设置加强网

C. 设置分格缝   D. 设置与结构层间的隔离层

【答案】D

【说明】隔离层位于防水层与结构层之间，其作用是减少结构变形对防水层的不利影响。

分隔缝间距

12-12. 屋面沥青防水卷材上用块体材料作保护层时，应留分格缝，下列哪条分格缝划分面积是正确的？（2001，62）

A. 不宜大于 $100m^2$ B. 不宜大于 $250m^2$ C. 不宜大于 $150m^2$ D. 不宜大于 $200m^2$

【答案】A

【说明】参见《屋面工程技术规范》（GB 50345—2012）第 4.7.2 条，采用块体材料做保护层时，宜设分格缝，其纵横间距不宜大于 10m，分格缝宽度宜为 20mm，并应用密封材料嵌填。

12-13. 屋面工程采用水泥砂浆找平层所设分格缝，其纵横缝的最大间距不大于下列哪一数值？（2003，38）（2006，60）

A. 4m   B. 5m   C. 6m   D. 8m

【答案】C

【说明】参见《屋面工程质量验收规范》（GB 50207—2012）：

4.2.3 找平层宜采用水泥砂浆或细石混凝土；找平层的抹平工序应在初凝前完成，压光工序应在终凝前完成，终凝后应进行养护。

4.2.4 找平层分格缝纵横间距不宜大于 6m，分格缝的宽度宜为 5~20mm。

涂膜防水层

12-14. 涂膜防水层中采用胎体增强材料时，下列做法哪条是不正确的？（2001，57）

A. 当屋面坡度小于 15% 时，胎体可平行于屋脊铺贴

B. 长边搭接宽度不小于 50mm

C. 短边搭接宽度不小于 70mm

D. 当采用两层胎体时，上下两层可相互垂直铺贴

【答案】D

【说明】参见《涂膜防水层施工工艺标准》第3.5.6条，当需铺设胎体增强材料，且屋面坡度小于15%时可平行屋脊铺设，当屋面坡度大于15%时，应垂直于屋脊铺设，并由屋面最低处向上操作，胎体长边搭接宽度不得小于50mm，短边搭接宽度不得小于70mm，采用二层胎体增强材料时，上下层不得相互垂直铺设，搭接缝应错开，其间距不应小于幅宽的1/3。

12-15. 屋面涂膜防水层的最小平均厚度不应小于设计厚度的：（2009，40）

A. 95%　　　　　　　　B. 90%　　　　　　　　C. 85%　　　　　　　　D. 80%

【答案】D

【说明】参见《屋面工程质量验收规范》（GB 50207—2012）第6.3.7条，涂膜防水层的平均厚度应符合设计要求，且最小厚度不得小于设计厚度的80%。

12-16. 影响涂膜防水使用年限长短的决定因素是涂膜的：（2011，39）

A. 含水率　　　　　B. 厚度　　　　　C. 不透水性　　　　　D. 耐热性

【答案】B

【说明】确保涂膜防水层的厚度是涂膜防水屋面最主要的技术要求。防水层过薄，会降低屋面整体防水效果，缩短防水层耐用年限。

屋面卷材防水构造

12-17. 水落管安装中，下列哪条是不正确的？（2000，58）

A. 水落管距墙面应小于10mm

B. 水落管接头承插长度不应小于40mm

C. 水落管应用管箍与墙固定

D. 水落管排水口距散水坡的高度不应大于200mm

【答案】A

【说明】卷材防水屋面水落管内径不应小于75mm；水落管距离墙面不应小于20mm，其排水口距散水坡的高度不应大于200mm。水落管应用管箍与墙面固定，接头的承插长度不应小于40mm。

12-18. 平瓦屋面施工中，下列哪条是不正确的？（2001，58）

A. 平瓦挑出封檐板长度不宜大于40mm

B. 平瓦伸入天沟、檐沟长度为50~70mm

C. 铺设平瓦时两坡应自下而上同时对称铺设

D. 平瓦屋面的脊瓦下端距坡面瓦的高度在80mm以内

【答案】A

【说明】平瓦、波形瓦的瓦头挑出封檐板的长度宜为50~70mm，波形瓦、压型钢板檐口挑出的长度不应小于200mm。瓦伸入天沟、檐沟的长度应为50~70mm。平瓦屋面的脊瓦下端距坡面瓦的高度不宜大于80mm；脊瓦在两坡面瓦上的搭盖宽度，每边不应小于4mm。在基层上采用泥背铺设平瓦时，前后坡应自下而上同时对称施工，并应分两层铺抹，待第一层干燥后，再铺抹第二层，并随铺平瓦。

12-19. 屋面铺贴卷材应采用搭接法。平行于屋脊铺贴卷材的搭接缝应：（2001，59）

A. 顺流水方向搭接
B. 逆年最大频率风向搭接
C. 逆流水方向搭接
D. 顺年最大频率风向搭接

【答案】A

【说明】屋面铺贴卷材应采用搭接法，相邻两幅卷材和上下层卷材的搭接缝应错开。平行于屋脊的搭接缝应顺流水方向搭接；垂直于屋脊的搭接缝应顺年最大频率风向搭接。搭接宽度应符合规范规定。

12-20. 重要的建筑和高层建筑，屋面防水等级为哪一级？（2004，37）

A. I
B. II
C. III
D. V

【答案】A

【说明】参见《屋面工程技术规范》（GB 50345—2012）第3.0.5条，屋面防水工程应根据建筑物的类别、重要程度、使用功能要求确定防水等级，并应按相应等级进行防水设防；对防水有特殊要求的建筑屋面，应进行专项防水设计。

屋面防水等级和设防要求应符合表3.0.5（见表12-1）的规定。

屋面防水等级和设防要求　　　　　　　　　　　　　表12-1

防水等级	建筑类别	设防要求
I 级	重要建筑和高层建筑	两道防水设防
II 级	一般建筑	一道防水设防

12-21. 合成高分子防水涂料的质量指标不包括：（2007，4）

A. 固体含量
B. 耐热度
C. 柔性
D. 不透水性

【答案】B

【说明】合成高分子防水涂料的物理性能应符合表12-2的要求。

合成高分子防水涂料物理性能　　　　　　　　　　　　　表12-2

项目		性能要求		
		反应固化型	挥发固化型	聚合物水泥涂料
固体含量（%）		≥94	≥65	≥65
拉伸强度 /MPa		≥1.65	≥1.5	≥1.2
断裂延伸率（%）		≥350	≥300	≥200
柔性 /℃		−30，弯折无裂纹	−20，弯折无裂纹	−10，绕 φ10mm 棒无裂纹
不透水性	压力 /MPa	≥0.3		
	保持时间 /min	≥30		

12-22. 为提高细石混凝土防水层的抗渗性，行之有效的方法是：(2009，41)

A. 提高混凝土的强度等级

B. 提高混凝土的密实性

C. 提高混凝土的刚度

D. 提高混凝土的水泥用量

【答案】B

【说明】可通过增加混凝土的密实度来提高细石混凝土的抗渗性。

12-23. 下列屋面卷材防水层保护层施工要求中错误的是：(2010，40)

A. 绿豆砂经筛选清洗、预热后均匀铺撒，不得残留未黏结的绿豆砂

B. 水泥砂浆保护层的表面应抹平、压光

C. 云母或蛭石中允许有少量的粉料，撒铺应均匀，不得露底，清除多余的云母和蛭石

D. 块材、水泥砂浆或细石混凝土保护层与防水层之间应设置隔离层

【答案】C

【说明】屋面卷材防水层保护层的施工应符合下列规定：

（1）绿豆砂应清洁、预热、撒铺均匀并使其与沥青玛琋脂粘结牢固，不得残留未粘结的绿豆砂。

（2）云母或蛭石保护层不得有粉料，撒铺应均匀，不得露底，多余的云母或蛭石应清除。

（3）水泥砂浆保护层的表面应抹平、压光并设表面分格缝，分格面积宜为 1m²。

（4）块体材料保护层应留设分格缝，分格面积不宜大于 100m²，分格缝宽度不宜小于 20mm。

（5）细石混凝土保护层混凝土应密实，表面抹平、压光并留设分格缝，分格面积不大于 36m²。

（6）浅色涂料保护层应与卷材粘结牢固，厚薄均匀，不得漏涂。

（7）水泥砂浆、块材或细石混凝土保护层与防水层之间应设置隔离层。

（8）刚性保护层与女儿墙、山墙之间应预留宽度为 30mm 的缝隙并用密封材料嵌填严密。

12-24. 关于屋面细石混凝土找平层的说法，错误的是：(2013，42)

A. 必须使用火山灰质水泥

B. 厚度为 30~50mm

C. 分格缝间距不宜大于 6m

D. 内部不必配置双向钢筋网片

【答案】A

【说明】细石混凝土不得使用火山灰质水泥；当采用矿渣硅酸盐水泥时，应采用减少泌水性的措施。

12-25. 关于屋面天沟、檐沟的细部防水构造的说法，错误的是：(2013，43)

A. 应根据天沟、檐沟的形状要求设置防水附加层

B. 在天沟、檐沟与屋面交接处的防水附加层宜空铺

C. 防水层须从沟底做起至外檐的顶部

D. 天沟、檐沟与屋面细石混凝土防水层的连接处应预留凹槽，用密封材料嵌填严密

【答案】C

【说明】屋面细部构造要求：

（1）沟内附加层在天沟、檐沟与屋面交接处宜空铺，空铺的宽度不应小于200mm。

（2）卷材防水层应由沟底翻上至沟外檐顶部，卷材收头应用水泥钉固定，并用密封材料封严。

（3）涂膜收头应用防水涂料多遍涂刷或用密封材料封严。

（4）在天沟、檐沟与细石混凝土防水层的交接处，应留凹槽并用密封材料嵌填严密。

屋面防水工程保温层

12-26. 屋面工程中，下述板状材料保温层施工作法中哪项是错误的？（2007，36）

A. 基层平整、干净、干燥

B. 保温层应紧靠在需保温的基层表面上

C. 板状材料粘贴牢固

D. 板状材料分层铺设时，上下层接缝应对齐

【答案】D

【说明】参见《屋面工程质量验收规范》（GB 50207—2012）：

5.1.2 铺设保温层的基层应平整、干燥和干净。

5.1.3 保温材料在施工过程中应采取防潮、防水和防火等措施。

5.1.4 保温与隔热工程的构造及选用材料应符合设计要求。

5.1.5 保温与隔热工程质量验收除应符合本章规定外，尚应符合现行国家标准《建筑节能工程施工质量验收规范》（GB 50411）的有关规定。

5.1.6 保温材料使用时的含水率，应相当于该材料在当地自然风干状态下的平衡含水率。

5.1.7 保温材料的导热系数、表观密度或干密度、抗压强度或压缩强度、燃烧性能，必须符合设计要求。

12-27. 屋面防水工程的整体现浇保温层中，禁止使用水泥珍珠岩和水泥蛭石，原因是其材料：（2011，37）

A. 强度低   B. 易开裂   C. 耐久性差   D. 含水率高

【答案】D

【说明】参见《水泥胶结材料整体现浇保温层施工工艺标准》（QB-CNCEC J040104—2004）第1.0.5条，封闭式屋面的保温层应干燥，其含水率应相当于该材料在当地自然风干状态下的平衡含水率。以水泥为胶结材料的保温层，不得超过20mm。

（1）现浇水泥膨胀蛭石及水泥膨胀珍珠岩不宜用于整体封闭式保温层，需要采用时应做排汽道。

（2）排汽道应纵横贯通，并应通过排汽孔与大气连通，排汽孔应做好防水处理。

第十三章　建筑装饰装修工程

建筑装饰装修工程基本规范

13-1. 建筑装饰装修工程所使用的材料，有关防火、防腐和防虫的问题，下列哪个说法是正确的？（2003，44）

A. 按设计要求进行防火、防腐、防虫处理

B. 按监理的要求进行防火、防腐、防虫处理

C. 按业主的要求进行防火、防腐、防虫处理

D. 按施工单位的经验进行防火、防腐、防虫处理

【答案】A

【说明】参见《建筑装饰装修工程质量验收标准》（GB 50210—2018）第3.2.8条，建筑装饰修工程所使用的材料应按设计要求进行防火、防腐和防虫处理。

13-2. 对建筑装饰装修工程施工单位的基本要求，下列哪条处理合规范规定的？（2003，46）

A. 具备丰富的施工经验　　　　　　　　B. 具备设计的能力

C. 具备相应的施工资质并应建立质量管理体系　D. 能领会设计意图，体现出设计的效果

【答案】C

【说明】参见《建筑装饰装修工程质量验收标准》（GB 50210—2018）第3.3.1条，承担建筑装饰装修工程施工的单位应具备相应的资质，并应建立质量管理体系。

13-3. 建筑装饰装修材料有关见证检测的要求，下列哪条是正确的？（2003，47）

A. 业主要求的项目

B. 监理要求的项目

C. 设计要求的项目

D. 当国家规定或合同约定时，或对材料的质量发生争议时

【答案】D

【说明】参见《建筑装饰装修工程质量验收标准》（GB 50210—2018）第3.2.6条，当国家规定或合同约定应对材料进行见证检测时，或对材料质量发生争议时，应进行见证检测。

13-4. 有关建筑装饰装修工程施工前的样板问题，下列哪项是正确的？（2004，44）

A. 主要材料有生产厂推荐的样板

B. 主要部位有施工单位推荐的样板

C. 应先有主要材料样板方可施工

D.有主要材料的样板或做样板间（件），并经有关各方确认

【答案】D

【说明】参见《建筑装饰装修工程质量验收标准》（GB 50210—2018）第3.3.8条，建筑装饰装修工程施工前应有主要材料的样板或做样板间（件），并应经有关各方确认。

13-5.建筑装饰装修工程设计中，下述哪项要求不是必须满足的？（2007，41）

A.城市规划　　　　　B.城市交通　　　　　C.环保　　　　　D.消防

【答案】B

【说明】参见《建筑装饰装修工程质量验收标准》（GB 50210—2018）第3.1.2条，建筑装饰装修设计应符合城市规划、防火、环保、节能、减排等有关规定。建筑装饰装修耐久性应满足使用要求。

13-6.计算机房对建筑装饰装修特殊的基本要求是：（2007，57）

A.屏蔽、绝缘　　　　B.防辐射、屏蔽　　　　C.光学、绝缘　　　　D.声学、屏蔽

【答案】A

【说明】有的建筑装饰装修工程除一般要求外，还会提出一些特殊的要求，如音乐厅、剧院、电影院、会堂等建筑对声学、光学有很高的要求；大型控制室、计算机房等建筑在屏蔽、绝缘方面需特别处理；一些试验室和车间有超净、防霉、防辐射等要求。为满足这些特殊要求，设计人员往往采用一些特殊的装饰装修材料和工艺。此类工程验收时，除执行本规范外，还应按设计对特殊要求进行检测和验收。

13-7.建筑装饰装修工程涉及对主体和承重结构进行改动或增加荷载时，必须由下列哪一单位核查有关原始资料并对既有建筑结构的安全性进行核验、确认？（2009，46）

A.原建设单位　　　　　　　　　　　　B.原施工图审查单位

C.原结构设计单位　　　　　　　　　　D.原施工单位

【答案】C

【说明】参见《建筑装饰装修工程质量验收标准》（GB 50210—2018）第3.1.4条，既有建筑装饰装修工程设计涉及主体和承重结构变动时，必须在施工前委托原结构设计单位或者具有相应资质条件的设计单位提出设计方案，或由检测鉴定单位对建筑结构的安全性进行鉴定。

13-8.建筑装饰装修工程当涉及主体和承重结构改动或增加荷载时，对既有建筑结构安全性进行核验、确认的单位是：（2011，44）

A.原结构设计单位　　　B.原施工单位　　　C.原装饰装修单位　　　D.建设单位

【答案】A

【说明】参见第13-7题。

13-9.建筑装饰装修工程为加强对室内环境的管理，规定进行控制的物质有：（2011，55）

A. 甲醛、酒精、氡、苯   B. 甲醛、氡、氨、苯

C. 甲醛、酒精、氨、苯   D. 甲醛、汽油、氡、苯

【答案】B

【说明】参见《民用建筑工程室内环境污染控制规范》（GB 50325—2010）第1.0.3条，本规范控制的室内环境污染物有氡（简称 Rn-222）、甲醛、氨、苯和总挥发性有机化合物（简称 TVOC）。

13-10. 下列关于建筑装饰装修工程设计基本规定的说法不正确的是：（2012，44）

A. 承担建筑装饰装修工程设计的单位应具备相应的资质

B. 建筑装饰装修工程应具有批准的装饰装修方案设计文件

C. 建筑装饰装修设计应符合城市规划、消防、环保、节能等有关规定

D. 建筑装饰装修设计深度应满足施工要求

【答案】B

【说明】参见《建筑装饰装修工程质量验收标准》GB 50210—2018：

3.1.1 建筑装饰装修工程应进行设计，并应出具完整的施工图设计文件。

3.1.2 建筑装饰装修设计应符合城市规划、防火、环保、节能、减排等有关规定。建筑装饰装修耐久性应满足使用要求。

3.1.3 承担建筑装饰装修工程设计的单位应对建筑物进行了解和实地勘察，设计深度应满足施工要求。由施工单位完成的深化设计应经建筑装饰装修设计单位确认。

3.1.4 既有建筑装饰装修工程设计涉及主体和承重结构变动时，必须在施工前委托原结构设计单位或者具有相应资质条件的设计单位提出设计方案，或由检测鉴定单位对建筑结构的安全性进行鉴定（强条）。

3.1.5 建筑装饰装修工程的防火、防雷和抗震设计应符合现行国家标准的规定。

3.1.6 当墙体或吊顶内的管线可能产生冰冻或结露时，应进行防冻或防结露设计。

13-11. 关于装饰装修工程的说法，正确的是：（2013，45）

A. 因装饰装修工程设计原因造成的工程变更责任应由业主承担

B. 对装饰材料的质量发生争议时，应由监理工程师调节并判定责任

C. 在主体结构或基体、基层完成后便可进行装饰装修工程施工

D. 装饰装修工程施工前应有主要材料的样板或样板间，并经有关各方确认

【答案】D

【说明】参见《建筑装饰装修工程质量验收标准》（GB 50210—2018）：

3.3.8 建筑装饰装修工程施工前应有主要材料的样板或做样板间（件)，并应经有关各方确认。

3.3.7 建筑装饰装修工程应在基体或基层的质量验收合格后施工。对既有建筑进行装饰装修前，应对基层进行处理。

13-12. 关于室内外装饰工程施工环境温度，下列哪项是不正确的？（2000，44）

A. 涂刷清漆不低于 8℃

B. 刷浆、饰面和花饰工程不低于 5℃

C. 裱糊工程不低于 0℃

D. 普通与中级抹灰不低于 0℃

【答案】C

【说明】（1）刷浆、饰面和花饰工程以及高级的抹灰，溶剂型混色涂料工程不应低于 5℃。

（2）中级和普通的抹灰，溶剂型混色涂料工程，以及玻璃工程应在 0℃以上。

（3）裱糊工程不应低于 10℃。

13-13. 裱糊工程施工的环境温度不应低于：（2001，44）

A. 0℃   B. 5℃   C. –5℃   D. 10℃

【答案】D

【说明】参见第 13-12 题。

13-14. 冬期施工，抹灰砂浆应采取保温措施。涂抹时，砂浆的温度不宜低于：（2001，47）

A. 0℃   B. –10℃   C. 5℃   D. –5℃

【答案】C

【说明】冬期施工，室内砖墙抹石灰砂浆应采取保温措施，拌和砂浆所用的材料不得受冻。涂抹时，砂浆的温度不宜低于 5℃。

13-15. 室内外装饰装修工程施工的环境温度不应低于：（2007，42）（2009，47）

A. 5℃   B. 10℃   C. 0℃   D. –5℃

【答案】A

【说明】室内外装饰装修工程施工的环境条件应满足施工工艺的要求。当必须在低于 5℃气温下施工时，应采取保证工程质量的有效措施。

13-16. 各类顶棚抹灰的平均总厚度，下列哪项是正确的？（2000，45）

A. 现浇混凝土顶棚不大于 15mm

B. 预制混凝土顶棚不大于 25mm

C. 板条顶棚不大于 15mm

D. 金属网顶棚不大于 20mm

【答案】D

【说明】抹灰层的平均总厚度，不得大于下列规定：

（1）顶棚：板条、空心砖、现浇混凝土 16mm，预制混凝土 18mm，金属网 20mm。

（2）内墙：普通抹灰 18mm，中级抹灰 20mm，高级抹灰 25mm。

（3）外墙 20mm；勒脚及突出墙面部分 25mm。

（4）石墙 35mm。

13-17. 抹灰工程中，室内墙面、柱面和门洞口的抹灰阳角，宜用哪一种砂浆做护角？（2000，46）

A. 1：2 水泥砂浆 　　　　　　　　　　B. 1：3：9 水泥混合砂浆

C. 1：1：6 水泥混合砂浆 　　　　　　　D. 1：3 水泥砂浆

【答案】A

【说明】参见《建筑装饰装修工程质量验收标准》（GB 50210—2018）第 4.1.8 条，室内墙面、柱面和门洞口的阳角做法应符合设计要求。设计无要求时，应采用不低于 M20 水泥砂浆做护角，其高度不应低于 2m，每侧宽度不应小于 50mm。

13-18. 抹灰用的石灰膏可用磨细生石灰粉代替，用于罩面时，熟化时间不应小于：（2000，47）

A. 3d 　　　　　　B. 7d 　　　　　　C. 15d 　　　　　　D. 5d

【答案】A

【说明】抹灰用的石灰膏的熟化期不应少于 15d；罩面用的磨细石灰粉的熟化期不应少于 3d。

13-19. 面层抹灰经赶平压实后，其厚度在下列哪条是不正确的？（2000，48）

A. 纸筋石灰不得大于 2mm 　　　　　　B. 石膏灰不得大于 2mm

C. 麻刀石灰不得大于 3mm 　　　　　　D. 石膏灰不得大于 1.5mm

【答案】D

【说明】面层抹灰经赶平压实后的厚度，麻刀石灰不得大于 3mm；纸筋石灰、石膏灰不得大于 2mm。

13-20. 木结构与砖石结构、混凝土结构相接处基体表面在抹灰前，应铺钉金属网，金属网与各基体的搭接宽度为：（2001，45）

A. 300mm 　　　　　　B. 100mm 　　　　　　C. 500mm 　　　　　　D. 50mm

【答案】B

【说明】木结构与砖石结构、混凝土结构等相接处基体表面的抹灰，应先铺钉金属网，并绷紧牢固。金属网与各基体的搭接宽度不应小于 100mm。

13-21. 室内墙面阳角、柱角、门洞口等处应用水泥砂浆做护角，其高度与每侧宽度下列哪个是正确的？（2001，46）

A. 高度不低于 2500mm，侧宽不小于 30mm 　　　B. 高度不低于 1500mm，侧宽不小于 15mm

C. 高度不低于 2000mm，侧宽不小于 50mm 　　　D. 高度不低于 1800mm，侧宽不小于 200mm

【答案】C

【说明】参见《建筑装饰装修工程质量验收标准》（GB 50210—2018）第 4.1.8 条，室内墙面、柱面和门洞口的阳角做法应符合设计要求。设计无要求时，应采用不低于M20水泥砂浆做护角，其高度不应低于2m，每侧宽度不应小于50mm。

13-22. 墙面一般抹灰层的平均总厚度，下列哪项是正确的？（2001，48）

A. 内墙高级抹灰不大于18mm　　　　B. 内墙中级抹灰不大于20mm

C. 内墙抹灰不大于20mm　　　　　　D. 内墙普通抹灰不大于25mm

【答案】B

【说明】抹灰层的平均总厚度，不得大于下列规定：

（1）顶棚：板条、空心砖、现浇混凝土16mm，预制混凝土18mm，金属网20mm。

（2）内墙：普通抹灰18mm，中级抹灰20mm，高级抹灰25mm。

（3）外墙20mm；勒脚及突出墙面部分25mm。

（4）石墙35mm。

13-23. 建筑装饰装修工程现场配制的砂浆、胶粘剂等应符合下列哪一条？（2003，45）

A. 按施工单位的经验进行配制　　　　B. 按设计要求或产品说明书配制

C. 按业主的要求配制　　　　　　　　D. 按监理的要求配制

【答案】B

【说明】现场配制的材料如砂浆、胶粘剂等，应按设计要求或产品说明书配制。

13-24. 一般抹灰中高级抹灰表面平整度的允许偏差，下列哪个是符合规范规定的？（2003，48）

A. 1mm　　　　　　B. 2mm　　　　　　C. 3mm　　　　　　D. 4mm

【答案】C

【说明】参见《建筑装饰装修工程质量验收标准》（GB 50210—2018）表4.2.10（见表13-1）。

一般抹灰的允许偏差和检验方法 表13-1

项次	项目	允许偏差（mm）		检验方法
		普通抹灰	高级抹灰	
1	立面垂直度	4	3	用2m垂直检测尺检查
2	表面平整度	4	3	用2m靠尺和塞尺检查
3	阴阳角方正	4	3	用200mm直角检测尺检查
4	分格条（缝）直线度	4	3	拉5m线，不足5m拉通线，用钢直尺检查
5	墙裙、勒脚上口直线度	4	3	拉5m线，不足5m拉通线，用钢直尺检查

注：1. 普通抹灰，本表第3项阴角方正可不检查；

　　2. 顶棚抹灰，本表第2项表面平整度可不检查，但应平顺。

13-25. 斩假石表面平整度的允许偏差值，下列哪个是符合规范规定的？（2003，49）

A. 2mm　　　　　　B. 3mm　　　　　　C. 4mm　　　　　　D. 5mm

【答案】B

【说明】参见《建筑装饰装修工程质量验收标准》（GB 50210—2018）第4.4.8条，装饰抹灰工程质量的允许偏差和检验方法应符合表4.4.8的规定（见表13-2）

装饰抹灰的允许偏差和检验方法   表13-2

项次	项目	允许偏差（mm）				检验方法
		水刷石	斩假石	干粘石	假面砖	
1	立面垂直度	5	4	5	5	用2m垂直检测尺检查
2	表面平整度	3	3	5	4	用2m靠尺和塞尺检查
3	阳角方正	3	3	4	4	用200mm直角检测尺检查
4	分格条（缝）直线度	3	3	3	3	拉5m线，不足5m拉通线，用钢直尺检查
5	墙裙、勒脚上口直线度	3	3	—	—	拉5m线，不足5m拉通线，用钢直尺检查

13-26. 抹灰前的基层处理，下列哪条是正确的？（2004，45）

A. 抹灰前基层表面的尘土、污垢、油渍等应清除干净，并应洒水润湿

B. 抹灰前基层表面应刷一层水泥砂浆

C. 抹灰前基层表面应刷一层水泥素浆

D. 抹灰前基层表面应刷一层普通硅酸盐水泥素浆

【答案】A

【说明】参见《建筑装饰装修工程质量验收标准》（GB 50210—2018）第4.2.2条，抹灰前基层表面的尘土、污垢和油渍等应清除干净，并应洒水润湿或进行界面处理。检验方法:检查施工记录。

13-27. 规范规定抹灰工程应对水泥的安定性进行复验外，还应对其进行哪项复验？（2005，43）

A. 强度   B. 质量   C. 化学成分   D. 凝结时间

【答案】D

【说明】抹灰工程应对水泥的凝结时间和安定性进行复验。

13-28. 不属于装饰抹灰的是下列哪项？（2005，44）

A. 假面砖   B. 面砖   C. 干粘石   D. 斩假石

【答案】B

【说明】参见《建筑装饰装修工程质量验收标准》（GB 50210—2018）第4.4.5条，装饰抹灰工程的表面质量应符合下列规定：

（1）水刷石表面应石粒清晰、分布均匀、紧密平整、色泽一致，应无掉粒和接槎痕迹；

（2）斩假石表面剁纹应均匀顺直、深浅一致，应无漏剁处；阳角处应横剁并留出宽窄一致的不剁边条，棱角应无损坏；

（3）干粘石表面应色泽一致、不露浆、不漏粘，石粒应粘结牢固、分布均匀，阳角处应无明显黑边；

（4）假面砖表面应平整、沟纹清晰、留缝整齐、色泽一致，应无掉角、脱皮和起砂等缺陷。

13-29. 清水砌体勾缝属于下列哪项的子分部工程？（2005，54）

A. 涂刷工程   B. 抹灰工程   C. 细部工程   D. 裱糊工程

【答案】B

【说明】参见《建筑装饰装修工程质量验收标准》(GB 50210—2018),清水砌体勾缝属于抹灰工程的子分部工程。

13-30. 水泥砂浆抹灰施工中,下述哪项做法是不准确的? (2006,49)

A.抹灰应分层进行,不得一遍成活

B.不同材料基体交接处表面的抹灰,应采取加强措施

C.当抹灰总厚度大于或等于25mm时,应采取加强措施

D.应对水泥的凝结时间和安定性进行现场抽样复验并合格

【答案】C

【说明】参见《建筑装饰装修工程质量验收标准》(GB 50210—2018):

4.1.3 抹灰工程应对下列材料及其性能指标进行复验:

(1)砂浆的拉伸粘结强度;

(2)聚合物砂浆的保水率。

4.4.3 抹灰工程应分层进行。当抹灰总厚度大于或等于35mm时,应采取加强措施。不同材料基体交接处表面的抹灰,应采取防止开裂的加强措施,当采用加强网时,加强网与各基体的搭接宽度不应小于100mm。

13-31. 一般抹灰工程中出现的质量缺陷,不属于主控项目的是:(2006,51)

A.脱层   B.空鼓   C.面层裂缝   D.滴水槽宽度和深度

【答案】D

【说明】参见《建筑装饰装修工程质量验收标准》(GB 50210—2018)第4.2.4条,抹灰层与基层之间及各抹灰层之间应粘结牢固,抹灰层应无脱层和空鼓,面层应无爆灰和裂缝。

13-32. 保证抹灰工程质量的关键是:(2007,43)

A.基层应作处理   B.抹灰后砂浆中的水分不应过快散失

C.各层之间黏结牢固   D.面层无爆灰和裂纹

【答案】C

【说明】参见《建筑装饰装修工程质量验收标准》(GB 50210—2018)条文说明第4.2.4条,抹灰工程的质量关键是粘结牢固,无开裂、空鼓与脱落,如果粘结不牢,出现空鼓、开裂、脱落等缺陷,会降低对墙体保护作用,且影响装饰效果。经调研分析,抹灰层之所以出现开裂、空鼓和脱落等质量问题,主要原因是基体表面清理不干净,如:基体表面尘埃及疏松物、隔离剂和油渍等影响抹灰粘结牢固的物质未彻底清除干净;基体表面光滑,抹灰前未作毛化处理;抹灰前基体表面浇水不透,抹灰后砂浆中的水分很快被基体吸收,使砂浆中的水泥未充分水化生成水泥石,影响砂浆粘结力;砂浆质量不好,使用不当;一次抹灰过厚,干缩率较大等,都会影响抹灰层与基体的粘结牢固。

13-33. 抹灰总厚度达到下列何值时，需采取加强措施？（2007，44）（2009，56）

A. 45mm   B. 35mm   C. 25mm   D. 15mm

【答案】B

【说明】参见《建筑装饰装修工程质量验收标准》（GB 50210—2018）第4.4.3条，抹灰工程应分层进行。当抹灰总厚度大于或等于35mm时，应采取加强措施。不同材料基体交接处表面的抹灰，应采取防止开裂的加强措施，当采用加强网时，加强网与各基体的搭接宽度不应小于100mm。

13-34. 因资源和环境因素，装饰抹灰工程应尽量减少使用：（2007，45）（2017，46）

A. 水刷石   B. 斩假石   C. 干粘石   D. 假面砖

【答案】A

【说明】参见《建筑装饰装修工程质量验收标准》（GB 50210—2018）第4.1.1条，本标准将一般抹灰工程分为普通抹灰和高级抹灰两级，抹灰等级应由设计单位按照国家有关规定，根据技术、经济条件和装饰美观的需要来确定，并在施工图中注明。根据国内装饰抹灰的实际情况，本标准保留了水刷石、斩假石、干粘石、假面砖等项目，但水刷石浪费水资源，并对环境有污染，应尽量减少使用。

13-35. 下列哪项不是抹灰工程验收时应检查的文件和记录？（2008，44）

A. 抹灰工程的施工图、设计说明及设计文件

B. 材料的产品合格证书、性能检测报告和复验报告

C. 施工组织设计

D. 隐蔽工程验收记录

【答案】C

【说明】参见《建筑装饰装修工程质量验收标准》（GB 50210—2018）第4.1.2条，抹灰工程验收时应检查下列文件和记录：

（1）抹灰工程的施工图、设计说明及其他设计文件；

（2）材料的产品合格证书、性能检测报告、进场验收记录和复验报告；

（3）隐蔽工程验收记录；

（4）施工记录。

13-36. 抹灰用的石灰膏的熟化期最少不应少于：（2008，45）（2010，45）

A. 7d   B. 12d   C. 15d   D. 21d

【答案】C

【说明】抹灰用的石灰膏的熟化期不应少于15d；罩面用的磨细石灰粉的熟化期不应少于3d。

13-37. 水泥砂浆抹灰层应处于下列哪种条件下养护？（2008，46）（2009，30）

A. 湿润条件   B. 自然干燥条件   C. 一定温度条件   D. 任意的自然条件

【答案】A

【说明】参见《建筑装饰装修工程质量验收标准》（GB 50210—2018）第 4.1.10 条，各种砂浆抹灰层，在凝结前应防止快干、水冲、撞击、振动和受冻，在凝结后应采取措施防止沾污和损坏。水泥砂浆抹灰层应在湿润条件下养护。

13-38. 关于装饰抹灰工程，下列哪项表述正确？（2008，47）（2010，47）

A. 当抹灰总厚度大于或等于 25mm 时，应采取加强措施

B. 抹灰用水泥的凝结时间和安定性复验应合格

C. 抹灰层应无脱层与空鼓现象，但允许面层有个别微裂缝

D. 装饰抹灰墙面垂直度的检验方法为用角检测尺检查

【答案】 B

【说明】参见《建筑装饰装修工程质量验收标准》（GB 50210—2018）：

4.2.4 抹灰工程应分层进行。当抹灰总厚度大于或等于 35mm 时，应采取加强措施。不同材料基体交接处表面的抹灰，应采取防止开裂的加强措施，当采用加强网时，加强网与各基体搭接宽度不应小于 100mm。

4.4.4 各抹灰层之间及抹灰层与基体之间应粘结牢固，抹灰层应无脱层、空鼓和裂缝。

4.4.8 装饰抹灰工程质量的允许偏差和检验方法应符合表 4.4.8（见表 13-3）的规定。

装饰抹灰的允许偏差和检验方法　　　　　　　　　　　　　　表 13-3

项次	项目	允许偏差（mm）				检验方法
		水刷石	斩假石	干粘石	假面砖	
1	立面垂直度	5	4	5	5	用 2m 垂直检测尺检查
2	表面平整度	3	3	5	4	用 2m 靠尺和塞尺检查
3	阳角方正	3	3	4	4	用 200mm 直角检测尺检查
4	分格条（缝）直线度	3	3	3	3	拉 5m 线，不足 5m 拉通线，用钢直尺检查
5	墙裙、勒脚上口直线度	3	3	—	—	拉 5m 线，不足 5m 拉通线，用钢直尺检查

4.2.4 抹灰工程应分层进行。当抹灰总厚大于或等于 35mm 时，应采取加强措施。不同材料基体接处表面的抹灰，应采取防止开裂的加强措施，当采用加强网时，加强网与各基体搭接宽度不应小于 100mm。

4.2.3 一般抹灰所用材料的品种和性能应符合设计要求。水泥的凝结时间和安定性复验应合格。砂浆的配合比应符合设计要求。

4.2.5 抹灰层与基层之间及各抹灰层之间必须黏结牢固，抹灰层应无脱层、空鼓，面层应无爆灰和裂缝。

参见表 4.2.11，装饰抹灰墙面垂直度的检验方法为用 2m 垂直检测尺检查。

13-39. 当要求抹灰层具有防潮功能时，应采用：（2009，42）

A. 水泥砂浆　　　　　B. 防水砂浆　　　　　C. 水泥混合砂浆　　　　　D. 石灰砂浆

【答案】B

【说明】参见《建筑装饰装修工程质量验收标准》（GB 50210—2018）第4.1.9条，当要求抹灰层具有防水、防潮功能时，应采用防水砂浆。

13-40. 为防止抹灰层起鼓、脱落和开裂，抹灰层总厚度超过或等于下列何值时应采取加强网措施？（2009，50）

A. 35mm　　　　　　B. 25mm　　　　　　C. 20mm　　　　　　D. 15mm

【答案】A

【说明】参见《建筑装饰装修工程质量验收标准》（GB 50210—2018）第4.4.3条，抹灰工程应分层进行。当抹灰总厚度大于或等于35mm时，应采取加强措施。不同材料基体交接处表面的抹灰，应采取防止开裂的加强措施，当采用加强网时，加强网与各基体的搭接宽度不应小于100mm。

13-41. 下列关于室内抹灰的养护的说法错误的是：（2009，63）

A. 安排室内抹灰以前，宜先做好屋面防水层及室内封闭保温

B. 水泥砂浆层应在潮湿的条件下养护，并应通风换气

C. 室内抹灰的养护温度，不应低于5℃

D. 室内抹灰工程结束后，在7d以内，应保持室内温度不低于10℃

【答案】D

【说明】室内抹灰工程结束后，在7d以内，应保持室内温度不低于5℃。其余正确。

13-42. 下列哪项是正确的墙面抹灰施工程序？（2010，44）

A. 浇水湿润基层、墙面分层抹灰、做灰饼和设标筋、墙面检查与清理

B. 浇水湿润基层、做灰饼和设标筋、墙面分层抹灰、清理

C. 浇水湿润基层、做灰饼和设标筋、设阳角护角、墙面分层抹灰、清理

D. 浇水湿润基层、做灰饼和设标筋、墙面分层抹灰、设阳角护角、清理

【答案】C

【说明】一般抹灰施工过程为：浇水湿润基层→做灰饼→设置标筋→阳角护角→抹底层灰→抹中层灰→抹面层灰→清理。

13-43. 抹灰层出现脱层、空鼓、裂缝和开裂等缺陷，将会降低墙体的哪个性能？（2011，45）

A. 强度　　　　　　B. 整体性　　　　　　C. 抗渗性　　　　　　D. 保护作用和装饰效果

【答案】D

【说明】参见《建筑装饰装修工程质量验收标准》（GB 50210—2018）条文说明第4.2.4条，抹灰工程的质量关键是粘结牢固，无开裂、空鼓与脱落。如果粘结不牢，出现空鼓、开裂、脱落等缺陷，会降低对墙体的保护作用，且影响装饰效果。经调研分析，抹灰层之所以出现开裂、空鼓和脱落等质量问题，主要原因是基体表面清理不干净，如：基体表面尘埃及疏松物、隔离剂和油渍等影响抹灰粘结牢固的物质未彻底清除干净；基体表面光滑，抹灰前未作毛化处理；抹灰前基体表面浇水不透，抹灰后砂浆中的水分很快被基体吸收，使砂浆中的水泥未充分水

化生成水泥石，影响砂浆粘结力；砂浆质量不好，使用不当；一次抹灰过厚，干缩率较大等，都会影响抹灰层与基体的粘结牢固。

13-44. 抹灰工程中罩面用的磨细石灰粉，其熟化期不应少于：（2012，45）

A. 3d　　　　　　　B. 7d　　　　　　　C. 14d　　　　　　　D. 15d

【答案】A

【说明】抹灰用的石灰膏的熟化期不应少于15d，罩面用的磨细石灰粉的熟化期不应少于3d。

13-45. 抹灰工程施工中，下述哪项做法是正确的？（2012，46）

A. 水泥砂浆不得抹在石灰砂浆层上，罩面石膏灰应抹在水泥砂浆层上

B. 水泥砂浆不得抹在混合砂浆层上，罩面石膏灰应抹在水泥砂浆层上

C. 水泥砂浆不得抹在石灰砂浆层上，罩面石膏灰不得抹在水泥砂浆层上

D. 水泥砂浆不得抹在混合砂浆层上，罩面石膏灰不得抹在水泥砂浆层上

【答案】C

【说明】参见《建筑装饰装修工程质量验收标准》（GB 50210—2018）第4.2.7条，抹灰层的总厚度应符合设计要求，水泥砂浆不得抹在石灰砂浆层上，罩面石膏灰不得抹在水泥砂浆层上。

13-46. 关于抹灰工程的底层说法，错误的是：（2013，44）

A. 主要作用有初步找平及与基层的黏结　　　B. 砖墙面抹灰的底层宜采用水泥砂浆

C. 混凝土面的底层宜采用水泥砂浆　　　　　D. 底层一般分数遍进行

【答案】B

【说明】砖墙的底层抹灰，多用石灰砂浆；板条墙或板条顶棚的底层抹灰多用混合砂浆或石灰砂浆；混凝土墙、梁、柱、顶板等底层抹灰多用混合砂浆、麻刀石灰浆或纸筋石灰浆。

13-47. 关于抹灰工程的说法，错误的是：（2013，46）

A. 墙面与墙护角的抹灰砂浆材料配比相同　　　B. 水泥砂浆不得抹在石灰砂浆层上

C. 罩面石膏灰不得抹在水泥砂浆层上　　　　　D. 抹灰前基层表面应洒水湿润

【答案】A

【说明】参见《建筑装饰装修工程质量验收标准》（GB 50210—2018）：

　　4.2.2　抹灰前基层表面的尘土、污垢和油渍等应清除干净，并应洒水润湿或进行界面处理。

　　4.2.7　抹灰层的总厚度应符合设计要求；水泥砂浆不得抹在石灰砂浆层上；罩面石膏灰不得抹在水泥砂浆层上。

13-48. 将彩色石子直接甩到砂浆层，并使它们粘结在一起的施工方法是：（2013，47）

A. 水刷石　　　　　B. 斩假石　　　　　C. 干粘石　　　　　D. 弹涂

【答案】C

【说明】干粘石施工工艺：先在底层抹上一层水泥砂浆层，再抹一层水泥石灰膏粘结层，同时将石子甩粘拍平压实在粘结层上，用铁抹子将石子拍入粘结层，要使石子嵌入深度不小于石

子粒径的 1/2，待有一定强度后洒水养护。

涂饰工程

13-49. 在混凝土或水泥类抹灰基层涂饰涂料前，基层应做的处理项目是：（2011，52）

A. 涂刷界面剂

B. 涂刷耐水腻子

C. 涂刷抗酸封闭底漆

D. 涂刷抗碱封闭底漆

【答案】D

【说明】参见《建筑装饰装修工程质量验收标准》（GB 50210-2018）第 12.1.5 条，涂饰工程的基层处理应符合下列规定：

（1）新建筑物的混凝土或抹灰基层在用腻子找平或直接涂饰涂料前应涂刷抗碱封闭底漆；

（2）既有建筑墙面在用腻子找平或直接涂饰涂料前应清除疏松的旧装修层，并涂刷界面剂；

（3）混凝土或抹灰基层在用溶剂型腻子找平或直接涂刷溶剂型涂料时，含水率不得大于 8%；在用乳液型腻子找平或直接涂刷乳液型涂料时，含水率不得大于 10%。木材基层的含水率不得大于 12%；

（4）找平层应平整、坚实、牢固，无粉化、起皮和裂缝；内墙找平层的粘结强度就符合现行行业标准《建筑室内用腻子》（JG/T 298）的规定；

（5）厨房、卫生间墙面的找平层应使用耐水腻子。

13-50. 以下哪项是造成抹灰基层上的裱糊工程质量不合格的关键因素？（2011，53）

A. 表面平整程度

B. 基层颜色是否一致

C. 基层含水率是否 < 8%

D. 基层腻子有无起皮裂缝

【答案】A

【说明】参见《建筑装饰装修工程质量验收标准》（GB 50210—2018）：

13.1.4 裱糊工程应对基层封闭底漆、腻子、封闭底胶及软包内衬材料进行隐蔽工程验收。裱糊前，基层处理应达到下列规定：

1 新建筑物的混凝土抹灰基层墙面在刮腻子前应涂刷抗碱封闭底漆；

2 粉化的旧墙面应先除去粉化层，并在刮涂腻子前涂刷一层界面处理剂；

3 混凝土或抹灰基层含水率不得大于 8%；木材基层的含水率不得大于 12%；

4 石膏板基层，接缝及裂缝处应贴加强网布后再刮腻子；

5 基层腻子应平整、坚实、牢固，无粉化、起皮、空鼓、酥松、裂缝和泛碱；腻子的粘结强度不得小于 0.3MPa；

6 基层表面平整度、立面垂直度及阴阳角方正应达到本标准第 4.2.10 条高级抹灰的要求；

7 基层表面颜色应一致；

8 裱糊前应用封闭底胶涂刷基层。

13.1.4 基层质量直接影响裱糊质量，如腻子有粉化、起皮，或基层含水率过高，将会导致壁纸、墙布起泡、空鼓；如不封闭基层，则基层泛碱会导致壁纸、墙布变色；基层颜色不一致，对遮盖性不好的壁纸墙布，会导致表面颜色的不一致；基层的表面平整度将会直接影响裱糊后的视觉效果，甚至会有放大缺陷的作用。故要求裱糊基层的平整度、立面垂直度及阴阳角方正应达到本标准第 4.2.10 条高级抹灰的要求。

13-51. 施涂清漆（高级）表面的质量，下列哪条是正确的？（2000，56）

A. 无漏刷、脱皮、斑痕、流坠、皱皮等缺陷　　B. 光亮柔和、光滑无挡手感

C. 棕眼刮平、木纹清楚　　　　　　　　　　　D. 颜色、刷纹基本一致

【答案】C

【说明】参见《建筑装饰装修工程质量验收标准》（GB 50210—2018）第 12.3.6 条，清漆的涂饰质量和检验方法应符合表 12.3.6（见表 13-4）的规定。

清漆的涂饰质量和检验方法　　　　　　　　　　　　　　表 13-4

项次	项目	普通涂饰	高级涂饰	检验方法
1	颜色	基本一致	均匀一致	观察
2	木纹	棕眼刮平、木纹清楚	棕眼刮平、木纹清楚	观察
3	光泽、光滑	光泽基本均匀，光滑无挡手感	光泽均匀一致，光滑	观察、手摸检查
4	刷纹	无刷纹	无刷纹	观察
5	裹棱、流坠、皱皮	明显处不允许	不允许	观察

13-52. 在木材基层上涂刷涂料时，木材基层含水率的最大值为：（2005，51）

A. 8%　　　　　　　B. 10%　　　　　　　C. 12%　　　　　　　D. 14%

【答案】C

【说明】参见《建筑装饰装修工程质量验收标准》（GB 50210—2018）第 13.1.4 条，混凝土或抹灰基层含水率不得大于 8%；木材基层的含水率不得大于 12%。

13-53. 混凝土或抹灰基层涂刷溶剂型涂料时，含水率不得大于下面哪项？（2009，56）

A. 8%　　　　　　　B. 10%　　　　　　　C. 12%　　　　　　　D. 6%

【答案】A

【说明】参见第 13-52 题。

13-54. 关于涂饰工程，正确的是：（2010，52）

A. 水性涂料涂饰工程施工的环境温度应在 0~35℃之间

B. 涂饰工程应在涂层完毕后及时进行质量验收

C. 厨房、卫生间墙面必须使用耐水腻子

D. 涂刷乳液型涂料时，基层含水率应大于 12%

【答案】C

【说明】参见《建筑装饰装修工程质量验收标准》（GB 50210—2018）：

12.1.5　涂饰工程的基层处理应符合下列规定：

（1）新建筑物的混凝土或抹灰基层在用腻子找平或直接涂饰涂料前应涂刷抗碱封闭底漆；

（2）既有建筑墙面在用腻子找平或直接涂饰涂料前应清除疏松的旧装修层，并涂刷界面剂；

（3）混凝土或抹灰基层在用溶剂型腻子找平或直接涂刷溶剂型涂料时，含水率不得大于8%；在用乳液型腻子找平或直接涂刷乳液型涂料时，含水率不得大于10%；木材基层的含水率不得大于12%。

（4）找平层应平整、坚实、牢固，无粉化、起皮和裂缝；内墙找平层的粘结强度应符合现行行业标准《建筑室内用腻子》（JG/T 298）的规定；

（5）厨房、卫生间墙面的找平层应使用耐水腻子。

12.1.6　水性涂料涂饰工程施工的环境温度应为 5~35℃。

13-55. 关于涂饰工程施工的说法，正确的是：（2013，53）

A. 旧墙面在涂饰前应涂刷抗碱界面剂处理

B. 厨房墙面涂饰必须采用耐水腻子

C. 室内水性涂料涂饰施工的环境温度应在 0~35℃

D. 用厚涂料的高级涂饰质量标准允许有少量轻微的泛碱、咬色

【答案】B

【说明】参见第 13-54 题。

13-56. 在涂饰工程中，不属于溶剂型涂料的是：（2013，54）

A. 合成树脂乳液涂料 　　　　　　　　B. 丙烯酸涂料

C. 聚氨酯丙烯酸涂料 　　　　　　　　D. 有机硅丙烯酸涂料

【答案】A

【说明】参见《建筑装饰装修工程质量验收标准》（GB 50210—2018）第 12.1.1 条，本章适用于水性涂料涂饰、溶剂型涂料涂饰、美术涂饰等分项工程的质量验收。水性涂料包括乳液型涂料、无机涂料、水溶性涂料等；溶剂型涂料包括丙烯酸酯涂料、聚氨酯丙烯酸涂料、有机硅丙烯酸涂料、交联型氟树脂涂料等；美术涂饰包括套色涂饰、滚花涂饰、仿花纹涂饰等。

裱糊工程

13-57. 检查裱糊拼缝质量，下列距墙面正视不显拼缝的距离哪个是正确的？（2000，54）

A. 2m 　　　　　　B. 1.5m 　　　　　　C. 2.5m 　　　　　　D. 1m

【答案】B

【**说明**】参见《建筑装饰装修工程质量验收标准》（GB 50210—2018）第 13.2.3 条，裱糊后各幅拼接应横平竖直，拼接处花纹、图案应吻合，应不离缝、不搭接、不显拼缝。检验方法：距离墙面 1.5m 处观察。

13-58. 墙面裱糊壁纸，接缝不得放在：（2001, 54）

A. 明显处　　　　　　　B. 阳角　　　　　　　C. 墙面正中　　　　　　　D. 阴角

【**答案**】B

【**说明**】参见《壁纸裱糊施工工艺》，其质量要求为：

（1）壁纸必须粘贴牢固，表面色泽一致，不得有气泡、空鼓、裂缝、翘边、皱折和斑污，斜视时无胶痕。

（2）表面平整，无波纹起伏。壁纸与挂镜线、贴脸板和踢脚板紧接，不得有缝隙。

（3）各幅拼接横平竖直，拼接处花纹、图案吻合，不离缝、不搭接，距墙面 1.5m 处正视，不显拼缝。

（4）阴阳转角垂直，棱角分明，阴角处搭接顺光，阳角处无接缝。

13-59. 裱糊工程在验收中，下列哪条是不符要求的？（2001, 55）

A. 距墙面 1.5m 处正视，不显拼缝

B. 壁纸、墙布与挂镜线、贴脸和踢脚线的缝隙宽度不大于 1.5mm

C. 阳角棱角分明、阴角搭接顺光

D. 粘贴牢固，表面色泽基本一致，斜视时无胶痕

【**答案**】B

【**说明**】参见第 13-58 题。

13-60. 旧墙工程裱糊前，首先要清除疏松的旧装修层，同时还应采取下列哪项措施？（2004, 55）（2005, 56）

A. 涂刷界面剂　　　　　　　　　　　B. 涂刷抗碱封闭底漆

C. 涂刷封闭底胶　　　　　　　　　　D. 涂刷耐酸封闭底漆

【**答案**】A

【**说明**】参见《建筑装饰装修工程质量验收标准》（GB 50210—2018）第 13.1.4 条，裱糊工程应对基层封闭底漆、腻子、封闭底胶及软包内衬材料进行隐蔽工程验收。裱糊前，基层处理应达到下列规定：

1　新建筑物的混凝土抹灰基层墙面在刮腻子前应涂刷抗碱封闭底漆；

2　粉化的旧墙面应先除去粉化层，并在刮涂腻子前涂刷一层界面处理剂；

3　混凝土或抹灰基层含水率不得大于 8%；木材基层的含水率不得大于 12%；

4　石膏板基层，接缝及裂缝处应贴加强网布后再刮腻子；

5　基层腻子应平整、坚实、牢固，无粉化、起皮、空鼓、酥松、裂缝和泛碱；腻子的粘结强度不得小于 0.3MPa；

6 基层表面平整度、立面垂直度及阴阳角方正应达到本标准第4.2.10条高级抹灰的要求；

7 基层表面颜色应一致；

8 裱糊前应用封闭底胶涂刷基层。

13-61. 新建筑物的混凝土或抹灰基层在涂饰涂料前，应涂刷哪种封闭底漆？（2006，42）

A. 抗碱   B. 抗酸   C. 防盐   D. 防油

【答案】A

【说明】参见第13-60题。

13-62. 裱糊工程中裱糊后的壁纸出现起鼓或脱落，下述哪项原因分析是不正确的？（2006，44）

A. 基层未刷防潮层   B. 旧墙面疏松的旧装修层未清除

C. 基层含水率过大   D. 腻子与基层粘结不牢固或出现粉化、起皮

【答案】C

【说明】参见《建筑装饰装修工程质量验收标准》（GB 50210—2018）第13.1.4条基层质量直接影响裱糊质量，如腻子有粉化、起皮，或基层含水率过高，将会导致壁纸、墙布起泡、空鼓；如不封闭基层，则基层泛碱会导致壁纸、墙布变色；基层颜色不一致，对遮盖性不好的壁纸墙布，会导致表面颜色的不一致；基层的表面平整度将会直接影响裱糊后的视觉效果，甚至会有放大缺陷的作用。故要求裱糊基层的平整度、立面垂直度及阴阳角方正应达到本标准第4.2.10条高级抹灰的要求。

13-63. 裱糊工程施工时，基层含水率过大将导致壁纸：（2007，56）

A. 表面变色   B. 接缝开裂   C. 表面发花   D. 表面起鼓

【答案】D

【说明】参见第13-62题

13-64. 关于壁纸、墙布，下列哪项性能等级必须符合设计要求及国家现行标准的有关规定？（2008，34）

A. 燃烧性   B. 防水性   C. 防霉性   D. 抗拉性

【答案】A

【说明】参见《建筑装饰装修工程质量验收标准》（GB 50210—2018）第13.2.1条，壁纸、墙布的种类、规格、图案、颜色和燃烧性能等级应符合设计要求及国家现行标准的有关规定。

13-65. 软包工程适用的建筑部位是：（2011，54）

A. 墙面和花饰 B. 墙面和门 C. 墙面和橱柜 D. 墙面和窗

【答案】B

【说明】参见《建筑装饰装修工程质量验收标准》（GB 50210—2018）条文说明第13.3.10条，主要是针对整体拼装式软包墙面，会涉及与装饰线和踢脚板、门窗框的交接，特参照裱糊的相应内容对软包墙面提出要求。

13-66. 关于裱糊工程施工的说法，错误的是：(2013, 55)

A. 壁纸的接缝允许在墙的阴角处

B. 基层应保持干燥

C. 旧墙面在裱糊前应清除疏松的旧装饰层，并涂刷界面剂

D. 新建建筑物混凝土基层应涂刷抗碱封闭底漆

【答案】B

【说明】参见《建筑装饰装修工程质量验收标准》(GB 50210—2018)：

　　13.2.9　壁纸、墙布阴角处应顺光搭接，阳角处应无接缝。

　　13.1.4　裱糊工程应对基层封闭底漆、腻子、封闭底胶及软包内衬材料进行隐蔽工程验收。裱糊前，基层处理应达到下列规定：

　　（1）新建筑物的混凝土抹灰基层墙面在刮腻子前应涂刷抗碱封闭底漆；

　　（2）粉化的旧墙面应先除去粉化层，并在刮涂腻子前涂刷一层界面处理剂；

　　（3）混凝土或抹灰基层含水率不得大于8%；木材基层的含水率不得大于12%；

　　（4）石膏板基层，接缝及裂缝处应贴加强网布后再刮腻子；

　　（5）基层腻子应平整、坚实、牢固，无粉化、起皮、空鼓、酥松、裂缝和泛碱；腻子的粘结强度不得小于0.3MPa；

　　（6）基层表面平整度、立面垂直度及阴阳角方正应达到本标准第4.2.10条高级抹灰的要求；

　　（7）基层表面颜色应一致；

　　（8）裱糊前应用封闭底胶涂刷基层。

饰面板工程

13-67. 安装大理石等饰面板前，修边打眼，每块板的上、下边打眼数量均不得少于：(2000, 50)

A. 3个　　　　　　B. 2个　　　　　　C. 4个　　　　　　D. 1个

【答案】B

【说明】在大理石饰面板安装前，应将其侧面和背面清扫干净，并修边打眼，每块板的上、下边打眼数量均不得少于2个。如板宽超过500mm应不少于3个。

13-68. 在砖墙基体镶贴饰面砖时，用哪一种砂浆打底？(2000, 51)

A. 1:1.5 水泥砂浆　　　　　　　　　B. 1:3 水泥砂浆

C. 1:3:9 水泥混合砂浆　　　　　　　D. 1:1:6 水泥混合砂浆

【答案】B

【说明】饰面砖应粘贴在湿润、干净的基层上，并应根据不同的基层进行如下处理。

　　（1）纸面石膏板基体：将板缝用嵌缝腻子嵌填密实，并在其上粘贴玻璃丝网格布（或穿孔纸带）使之形成整体。

（2）砖墙基体：将基体用水湿透后，用1:3水泥砂浆打底，木抹子搓平，隔天浇水养护。

13-69. 采用湿作业法施工的饰面板工程，石材应进行：（2009，24）。

A. 石材应进行防碱背涂处理

B. 石材应进行防酸背涂处理

C. 石材背面不应有严重污染

D. 石材背面应浇水湿润

【答案】A

【说明】参见《建筑装饰装修工程质量验收标准》（GB 50210—2018）第9.2.7条，采用湿作业法施工的石板安装工程，石板应进行防碱封闭处理。石板与基体之间的灌注材料应饱满、密实。

13-70. 室内使用花岗岩饰面板，指出下列哪项是必须进行复验的？（2004，51）（2007，51）

A. 放射性

B. 抗压强度

C. 抗冻性

D. 抗折强度

【答案】A

【说明】参见《建筑装饰装修工程质量验收标准》（GB 50210—2018）第9.1.3条，饰面板工程工程应对下列材料及其性能指标进行复验：

（1）室内用花岗石板的放射性、室内用人造木板的甲醛释放量；

（2）水泥基粘结料的粘结强度；

（3）外墙陶瓷板的吸水率；

（4）严寒和寒冷地区外墙陶瓷板的抗冻性。

13-71. 饰面板（砖）工程应进行验收的隐蔽工程不包括：（2007，52）

A. 防水层

B. 结构基层

C. 预埋件

D. 连接节点

【答案】B

【说明】参见《建筑装饰装修工程质量验收标准》（GB 50210—2018）第9.1.4条，饰面板工程应对下列隐蔽工程项目进行验收：

（1）预埋件（或后置埋件）；

（2）龙骨安装；

（3）连接节点；

（4）防水、保温、防火节点；

（5）外墙金属板防雷连接节点。

13-72. 饰面板安装工程中，后置埋件现场检测必须符合设计要求的指标是：（2008，46）（2010.53）

A. 屈曲强度

B. 抗剪强度

C. 抗拉强度

D. 拉拔强度

【答案】D

【说明】参见《建筑装饰装修工程质量验收标准》（GB 50210—2018）第9.2.3条，石板安装工程的预埋件（或后置埋件）、连接件的材质、数量、规格、位置、连接方法和防腐处理应符合设计要求。后置埋件的现场拉拔力应符合设计要求。石板安装应牢固。

13-73. 饰面板安装工程中，后置埋件现场检测必须符合设计要求的指标是：（2008，55）

A. 屈曲强度   B. 抗剪强度   C. 抗拉强度   D. 拉拔强度

【答案】D

【说明】参见《建筑装饰装修工程质量验收标准》（GB 50210—2018）第 9.2.3 条，石板安装工程的预埋件（或后置埋件）、连接件的材质、数量、规格、位置、连接方法和防腐处理应符合设计要求。后置埋件的现场拉拔力应符合设计要求。石板安装应牢固。

13-74. 饰面板（砖）工程中，必须对以下哪种室内用的天然石材放射性指标进行复验？（2009，46）

A. 大理石   B. 花岗石   C. 石灰石   D. 青石板

【答案】B

【说明】参见《建筑装饰装修工程质量验收标准》（GB 50210—2018）第 10.1.3 条，饰面砖工程应对下列材料及其性能指标进行复验：

（1）室内用花岗石和瓷质饰面砖的放射性；

（2）水泥基粘结材料与所用外墙饰面砖的拉伸粘结强度；

（3）外墙陶瓷饰面砖的吸水率；

（4）严寒及寒冷地区外墙陶瓷饰面砖的抗冻性。

13-75. 磨光花岗石板材不用于室外，主要是因为？（2009，51）

A. 易受大气作用风化   B. 易滑伤人

C. 易遭受机械作用破坏   D. 易造成放射性超标

【答案】B

【说明】大理石和磨光花岗石板材表面很光滑，下雨天表面有积水，人走就很容易摔倒；不下雨也很滑，所以就安全方面不适宜做室外地面。因此大理石和磨光花岗石板材都必须要经过防滑处理（如火烧面、斧剁面等）才会作为室外材料使用。

13-76. 饰面板（砖）工程应对下列材料性能指标进行复验的是：（2009，53）

A. 粘贴用水泥的抗拉强度   B. 人造大理石的抗折强度

C. 外墙陶瓷面砖的吸水率   D. 外墙花岗石的放射性

【答案】C

【说明】参见第 13-74 题。

13-77. 必须对室内用花岗石材料性能指标进行复验的项目是：（2011，51）

A. 耐腐蚀性   B. 吸湿性   C. 抗渗性   D. 放射性

【答案】D

【说明】参见第 13-74 题。

13-78. 室内饰面砖工程验收时应检查的下列文件和记录中，下列哪项表述是不正确的？（2011，54）

A. 饰面砖工程的施工图、设计说明及其他设计文件

B.材料的产品合格证书、性能检测报告、进场验收记录和复验报告

C.饰面砖样板件的黏结强度检测报告

D.隐蔽工程验收记录

【答案】C

【说明】参见《建筑装饰装修工程质量验收标准》（GB 50210—2018）第10.1.2条，饰面砖工程验收时应检查下列文件和记录：

（1）饰面砖工程的施工图、设计说明及其他设计文件；

（2）材料的产品合格证书、性能检验报告、进场验收记录和复验报告；

（3）外墙饰面砖施工前粘贴样板和外墙饰面砖粘贴工程饰面砖粘结强度检验报告；

（4）隐蔽工程验收记录；

（5）施工记录。

13-79. 采用湿作业法施工的饰面板工程，石材应进行：（2012，55）

A.防酸背涂处理　　　　B.防碱背涂处理　　　　C.防酸表涂处理　　　　D.防碱表涂处理

【答案】B

【说明】参见《建筑装饰装修工程质量验收标准》（GB 50210—2018）第9.2.7条，采用湿作业法施工的石板安装工程，石板应进行防碱封闭处理。石板与基体之间的灌注材料应饱满、密实。

13-80. 关于饰面板安装工程的说法，正确的是：（2013，49）

A.对深色花岗岩须做放射性复验

B.预埋件、连接件的规格、连接方式必须符合设计要求

C.饰面板的嵌缝材料须进行耐候性复验

D.饰面板与基体之间的灌注材料应有吸水率的复验报告

【答案】B

【说明】参见《建筑装饰装修工程质量验收标准》（GB 50210—2018）第9.2.3条，石板安装工程的预埋件（或后置埋件）、连接件的材质、数量、规格、位置、连接方法和防腐处理应符合设计要求。后置埋件的现场拉拔力应符合设计要求。石板安装应牢固。

门窗工程

13-81. 安装磨砂玻璃和压花玻璃时，磨砂玻璃的磨砂面应向何处？压花玻璃的花纹宜向何处？下列哪组答案是正确的？（2001，50）

A.室内，室外　　　　B.室内，室内　　　　C.室外，室外　　　　D.室外，室内

【答案】A

【说明】安装磨砂玻璃和压花玻璃时，磨砂玻璃的磨砂面应向室内，压花玻璃的花纹宜向室外。

13-82. 推拉自动门安装的质量要求，下列哪条是不正确的？（2003，51）

A. 门槽口对角线长度差允许偏差 6mm   B. 开门响应时间小于 0.5s

C. 堵门保护延时为 16~20s   D. 门扇全开启后保持时间为 13~17s

【答案】A

【说明】参见《建筑装饰装修工程质量验收标准》（GB 50210—2018）第 6.5.8 条，推拉自动门的感应时间限值和检验方法应符合表 6.5.8（见表 13-5）的规定。

推拉自动门的感应时间限值和检验方法   表 13-5

项次	项目	感应时间限值（s）	检验方法
1	开门响应时间	≤ 0.5	用秒表检查
2	堵门保护延时	16~20	用秒表检查
3	门扇全开启后保持时间	13~17	用秒表检查

13-83. 单块玻璃的面积大于下列哪一数值时，就应使用安全玻璃？（2003，52）

A. $1.0m^2$ B. $1.5m^2$ C. $2.0m^2$ D. $2.5m^2$

【答案】B

【说明】单块玻璃大于 $1.5m^2$ 时应使用安全玻璃。

13-84. 下列所示木门扇与地面的留缝高度哪条不正确？（2000，42）（2001，42）

A. 厂房大门扇 10~20mm   B. 外门扇 4~7mm

C. 卫生间 4~5mm   D. 内门扇 5~8mm

【答案】C

【说明】参见《建筑装饰装修工程质量验收标准》（GB 50210—2018）第 6.2.12 平开木门窗安装的留缝限值、允许偏差和检验方法应符合表 6.2.12（见表 13-6）的规定。

平开木门窗安装的留缝限值、允许偏差和检验方法   表 13-6

项次	项目	留缝限值（mm）	允许偏差（mm）	检验方法
1	门窗框的正、侧面垂直度	—	2	用 1m 垂直检测尺检查
2	框与扇接缝高低差	—	1	用塞尺检查
	扇与扇接缝高低差	—	1	
3	门窗框对口缝	1~4	—	用塞尺检查
4	工业厂房、围墙双扇大门对口缝	2~7	—	
5	门窗扇与上框间留缝	1~3	—	
6	门窗扇与合页侧框间留缝	1~3	—	
7	室外门扇与锁侧框间留缝	1~3	—	
8	门扇与下框间留缝	3~5	—	用塞尺检查
9	窗扇与下框间留缝	1~3	—	
10	双层门窗内外框间距	—	4	用钢直尺检查

项次	项目		留缝限值（mm）	允许偏差（mm）	检验方法
11	无下框时门扇与地面间留缝	室外门	4~7	—	用钢直尺或塞尺检查
		室内门	4~8	—	
		卫生间门		—	
		厂房大门	10~20	—	
		围墙大门		—	
12	框与扇搭接宽度	门	—	2	用钢直尺检查
		窗	—	1	用钢直尺检查

13-85. 卫生间的无下框普通门扇与地面间留缝限值，下列哪项符合规范规定？（2004，46）

A. 4~6mm   B. 6~8mm   C. 8~12mm   D. 12~15mm

【答案】C

【说明】参见第 13-84 题。

13-86. 高级无下框外门扇与地面间留缝限值中，下列哪个是符合规范规定的？（2003，50）

A. 3~4mm   B. 5~6mm   C. 7~8mm   D. 9~10mm

【答案】B

【说明】参见第 13-84 题。

13-87. 关于玻璃安装下列哪种说法是不正确的？（2004，47）（2003，53）

A. 门窗玻璃不应直接接触型材   B. 单面镀膜玻璃的镀膜层应朝向室内

C. 磨砂玻璃的磨砂面应朝向室外   D. 中空玻璃的单面镀膜玻璃应在最外层

【答案】C

【说明】参见《建筑装饰装修工程质量验收标准》（GB 50210—2018）第 6.6.1 条，修订条文，除设计上有特殊要求，为保护镀膜玻璃上的镀膜层及发挥镀膜层的作用，特对镀膜玻璃的安装位置及朝向作出要求：单面镀膜玻璃的镀膜层应朝向室内。双层玻璃的单面镀膜玻璃应在最外层，镀膜层应朝向室内。磨砂玻璃朝向室内是为了防止磨砂层被污染并易于清洁。

13-88. 验收门窗工程时，不作为必须检查文件或记录的是下列哪项？（2005，45）

A. 材料的产品合格证书　B. 材料性能检测报告　C. 门窗进场验收记录　D. 门窗的报价表

【答案】D

【说明】参见《建筑装饰装修工程质量验收标准》（GB 50210—2018）第 6.1.2 条，门窗工程验收时应检查下列文件和记录：

（1）门窗工程的施工图、设计说明及其他设施文件；

（2）材料的产品合格证书、性能检验报告、进场验收记录和复验报告；

（3）特种门及其配件的生产许可文件；

（4）隐蔽工程验收记录；

（5）施工记录。

13-89. 铝合金门窗安装施工时，推拉门窗扇开关力不应大于：(2005，46)(2007，48)(2008，48)(2009，48)(2010，55)

A. 250N B. 200N C. 150N D. 100N

【答案】无

【说明】参见《建筑装饰装修工程质量验收标准》(GB 50210—2018)：

5.3.7 铝合金门窗推拉门窗扇开关力应不大于100N。

6.3.6 金属门窗推拉门窗扇开关力不应大于50N。检验方法：用测力计检查。

13-90. 推拉自动门的最大开门感应时间应为：(2005，47)

A. 0.3s B. 0.4s C. 0.5s D. 0.6s

【答案】C

【说明】参见第13-82题。

13-91. 下列哪项不属于门窗工程安全和功能的检测项目？(2005，53)

A. 平面变形性能 B. 抗风压性能 C. 空气渗透性能 D. 雨水渗透性能

【答案】A

【说明】参见《建筑装饰装修工程质量验收标准》(GB 50210—2018)第6.1.3条，门窗工程应对下列材料及其性能指标进行复验：

(1) 人造木板门的甲醛释放量；

(2) 建筑外窗的气密性能、水密性能和抗风压性能。

13-92. 门窗工程中一般窗每个检验批的检查数量应至少抽查5%，并不得少于3樘，不足3樘时应全数检查。高层建筑外窗，每个检验批的检查数量和一般窗相比应增加几倍？(2006，45)

A. 3/5倍 B. 1倍 C. 2倍 D. 3倍

【答案】B

【说明】参见《建筑装饰装修工程质量验收标准》(GB 50210—2018)第6.1.6条，检查数量应符合下列规定：

(1) 木门窗、金属门窗、塑料门窗和门窗玻璃每个检验批应至少抽查5%，并不得少于3樘，不足3樘时应全数检查；高层建筑的外窗每个检验批应至少抽查10%，并不得少于6樘，不足6樘时应全数检查；

(2) 特种门每个检验批应至少抽查50%，并不得少于10樘，不足10樘时应全数检查。

13-93. 塑料门窗工程中，门窗框与墙体间缝隙应采用什么材料填嵌？(2006，50)

A. 水泥砂浆 B. 水泥白灰砂浆 C. 闭孔弹性材料 D. 油麻丝

【答案】C

【说明】参见《建筑装饰装修工程质量验收标准》(GB 50210—2018)第6.4.4条，窗框与洞口之间的伸缩缝内应采用聚氨酯发泡胶填充，发泡胶填充应均匀、密实。发泡胶成型后不宜切割。

表面应采用密封胶密封。密封胶应粘结牢固，表面应光滑、顺直、无裂纹。

13-94. 外墙窗玻璃安装，中空玻璃的单面镀膜玻璃应怎样安装？（2006，52）

A. 应在最内层，镀膜层应朝向室外　　　　B. 应在最内层，镀膜层应朝向室内

C. 应在最外层，镀膜层应朝向室外　　　　D. 应在最外层，镀膜层应朝向室内

【答案】D

【说明】参见《建筑装饰装修工程质量验收标准》（GB 50210—2018）第6.6.1条，修订条文，除设计上有特殊要求，为保护镀膜玻璃上的镀膜层及发挥镀膜层的作用，特对镀膜玻璃的安装位置及朝向作出要求：单面镀膜玻璃的镀膜层应朝向室内。双层玻璃的单面镀膜玻璃应在最外层，镀膜层应朝向室内。磨砂玻璃朝向室内是为了防止磨砂层被污染并易于清洁。

13-95. 门窗工程中，安装门窗前应对门窗洞口检查的项目是：（2007，46）

A. 位置　　　　　B. 尺寸　　　　　C. 数量　　　　　D. 类型

【答案】B

【说明】参见《建筑装饰装修工程质量验收标准》（GB 50210—2018）第6.1.7条，门窗安装前，应对门窗洞口尺寸及相邻洞口的位置偏差进行检验。同一类型和规格外门窗洞口垂直、水平方向的位置应对齐，位置允许偏差应符合下列规定：

（1）垂直方向的相邻洞口位置允许偏差应为10mm；全楼高度小于30m的垂直方向洞口位置允许偏差应为15mm，全楼高度不小于30m的垂直方向洞口位置允许偏差应为20mm；

（2）水平方向的相邻洞口位置允许偏差应为10mm；全楼长度小于30m的水平方向洞口位置允许偏差为15mm，全楼长度不小于30m的水平方向洞口位置允许偏差应为20mm。

13-96. 在砌体上安装门窗时，不得采用的固定方法是：（2007，47）

A. 预埋件　　　　B. 锚固件　　　　C. 防腐木砖　　　　D. 射钉

【答案】D

【说明】参见《建筑装饰装修工程质量验收标准》（GB 50210—2018）第6.1.11条，建筑外门窗安装必须牢固。在砌体上安装门窗严禁采用射钉固定。

13-97. 关于门窗工程的施工要求，以下哪项不正确？（2008，52）

A. 金属及塑料门窗安装应采用预留洞口的方法施工

B. 门窗玻璃不应直接接触型材

C. 在砌体上安装应用射钉固定

D. 磨砂玻璃的磨砂面应朝向室内

【答案】C

【说明】参见《建筑装饰装修工程质量验收标准》（GB 50210—2018）：

6.1.8　金属门窗和塑料门窗安装应采用预留洞口的方法施工。

6.1.11　建筑外门窗安装必须牢固。在砌体上安装门窗严禁采用射钉固定。

13-98. 塑料窗应进行复验的性能指标是：(2009, 51)

A. 甲醇含量、抗风压、空气渗漏性　　　　B. 甲醛含量、抗风压、雨水渗漏性

C. 甲苯含量、空气渗透性、雨水渗漏性　　D. 抗风压、空气渗透性、雨水渗漏性

【答案】D

【说明】参见《建筑装饰装修工程质量验收标准》(GB 50210—2018)第6.1.3条，门窗工程应对下列材料及其性能指标进行复验：

(1) 人造木板门的甲醛释放量；

(2) 建筑外窗的气密性能、水密性能和抗风压性能。

13-99. 门窗工程施工中，金属门窗和塑料门窗安装应采用：(2009, 55)

A. 先砌半口后安装　　B. 先安装后砌口　　C. 边安装边砌口　　D. 预留洞口

【答案】D

【说明】参见《建筑装饰装修工程质量验收标准》(GB 50210—2018)第6.1.8条，金属门窗和塑料门窗安装应采用预留洞口的方法施工。

13-100. 在砌体上安装建筑外门窗时严禁采用的方法是：(2011, 46)

A. 预留洞口　　B. 预埋木砖　　C. 预埋金属件　　D. 射钉固定

【答案】D

【说明】参见《建筑装饰装修工程质量验收标准》(GB 50210—2018)第6.1.11条，建筑外门窗安装必须牢固。在砌体上安装门窗严禁采用射钉固定。

13-101. 塑料门窗框与墙体间缝隙应采用闭孔弹性材料填嵌饱满是为了：(2011, 47)

A. 防止门窗与墙体间出现裂缝　　　　B. 防止门窗与墙体间出现冷桥

C. 提高门窗与墙体间的整体性　　　　D. 提高门窗与墙体间的连接强度

【答案】B

【说明】参见《建筑装饰装修工程质量验收标准》(GB 50210—2018)：

6.4.4　窗框与洞口之间的伸缩缝内应采用聚氨酯发泡胶填充，发泡胶填充应均匀、密实。发泡胶成型后不宜切割。表面应采用密封胶密封。密封胶应粘结牢固，表面应光滑、顺直、无裂纹。

6.4.4　塑料门窗的线性膨胀系数较大，由于温度升降易引起门窗变形或在门窗框与墙体间出现裂缝，为了防止上述现象，特规定塑料门窗框与墙体间缝隙应采用伸缩性能较好的闭孔弹性材料填嵌，并用密封胶密封。采用闭孔材料则是为了防止材料吸水导致连接件锈蚀，影响安装强度。

13-102. 建筑外墙金属窗、塑料窗施工前，应进行的性能指标复验不含：(2012, 4)

A. 抗风性能　　B. 空气渗透性能　　C. 保温隔热性能　　D. 雨水渗漏性能

【答案】C

【说明】参见《建筑装饰装修工程质量验收标准》(GB 50210—2018)第6.1.3条，门窗工程应

对下列材料及其性能指标进行复验：

　　1 人造木板门的甲醛释放量；

　　2 建筑外窗的气密性能、水密性能和抗风压性能。

13-103.铝合金、塑料门窗施工前进行安装质量检验时，推拉门窗扇开关力的量测工具是：（2012，49）

A.压力表　　　　　　　B.应力仪　　　　　　　C.推力计　　　　　　　D.弹簧秤

【答案】无（规范变动）

【说明】参见《建筑装饰装修工程质量验收标准》（GB 50210—2018）：

　　6.3.6　金属门窗推拉门窗扇开关力不应大于50N。检验方法：用测力计检查。

　　6.4.10　塑料门窗扇的开关力应符合下列规定：

　　（1）平开门窗扇平铰链的开关力不应大于80N；滑撑铰链的开关力不应大于80N，并不应小于30N。

　　（2）推拉门窗扇的开关力不应大于100N。检验方法：观察；用测力计检查。

13-104.关于门窗工程施工的说法，错误的是：（2013，48）

A.在砌体上安装门窗严禁用射钉

B.外墙金属门窗应做雨水渗透性能复验

C.安装门窗所用的预埋件、锚固件应做隐蔽验收

D.在砌体上安装金属门窗应采用边砌筑边安装的方法

【答案】D

【说明】参见《建筑装饰装修工程质量验收标准》（GB 50210—2018）：

　　6.1.11　建筑外门窗安装必须牢固。在砌体上安装门窗严禁采用射钉固定。

　　6.1.3　门窗工程应对下列材料及其性能指标进行复验：

　　（1）人造木板门的甲醛释放量；

　　（2）建筑外窗的气密性能、水密性能和抗风压性能。

　　6.1.4　门窗工程应对下列隐蔽工程项目进行验收：

　　（1）预埋件和锚固件；

　　（2）隐蔽部位的防腐和填嵌处理；

　　（3）高层金属窗防雷连接节点。

　　6.1.8　金属门窗和塑料门窗安装应采用预留洞口的方法施工。

幕墙工程

13-105.建筑幕墙工程中立柱和横梁等主要受力构件，其铝合金型材和钢型材截面受力部分的最小壁厚分别不应小于：（2003，51）（2004，53）（2006，48）

A. 2.0mm，3.5mm　　　B. 3.0mm，3.5mm　　　C. 3.0mm，5.0mm　　　D. 3.5mm，5.0mm

【答案】B

【说明】参见《金属与石材幕墙工程技术规范》（JGJ 133—2001）：

3.3.5　钢构件采用冷弯薄壁型钢时，除应符合现行国家标准《冷弯薄壁型钢结构技术规范》（GBJ 18）的有关规定外，其壁厚不得小于 3.5mm，强度应按实际工程验算，表面处理应符合本规范第 6.2.4 条的规定。

3.3.6　幕墙采用的铝合金型材应符合现行国家标准《铝合金建筑型材》（GB/T 5237.1）中有关高精级的规定；铝合金的表面处理层厚度和材质应符合现行国家标准《铝合金建筑型材》（GB/T 5237.2 ~ 5237.5）的有关规定。

13-106. 幕墙工程应对所用石材的性能指标进行复验，下列性能中哪项是规范未要求的？（2004，52）（2011，56）

A. 石材的抗压强度　　　　　　　　　　B. 石材的弯曲强度

C. 寒冷地区室外用石材的冻融性　　　　D. 室内用花岗岩的放射性

【答案】A

【说明】参见《建筑装饰装修工程质量验收标准》（GB 50210—2018）第 11.1.3 条，幕墙工程应对下列材料及其性能指标进行复验：

（1）铝塑复合板的剥离强度；

（2）石板、瓷板、陶板、微晶玻璃板、木纤维板、纤维水泥板和石材蜂窝板的抗弯强度；严寒、寒冷地区石材、瓷板、陶板、纤维水泥板和石材蜂窝板的抗冻性；室内用花岗石的放射性；

（3）幕墙用结构胶的邵氏硬度、标准条件拉伸粘结强度、相容性试验、剥离粘结性试验；石材用密封胶的污染性；

（4）中空玻璃的密封性能；

（5）防火、保温材料的燃烧性能；

（6）铝材、钢材主受力杆件的抗拉强度。

13-107. 玻璃幕墙用钢化玻璃表面不得有损伤，多少厚度以下的钢化玻璃应进行引爆处理？（2004，54）

A. 4mm　　　　　　B. 5mm　　　　　　C. 6mm　　　　　　D. 8mm

【答案】D

【说明】参见《建筑装饰装修工程质量验收标准》（GB 50210—2018）第 9.2.4 条，玻璃幕墙使用的玻璃应符合下列规定：

（1）幕墙应使用安全玻璃，玻璃的品种、规格、颜色、光学性能及安装方向应符合设计要求。

（2）幕墙玻璃的厚度不应小于 6.0mm。全玻璃幕墙肋玻璃的厚度不应小于 12mm。

（3）幕墙的中空玻璃应采用双道密封。明框幕墙的中空玻璃应采用聚硫密封胶及丁基密封胶；隐框和半隐框幕墙的中空玻璃应采用硅酮结构密封胶及丁基密封胶；镀膜面应在中空玻璃的第 2 或第 3 面上。

（4）幕墙的夹层玻璃应采用聚乙烯醇缩丁醛（PVB）胶片干法加工夹层玻璃。点支承玻璃幕墙夹层胶片（PVB）厚度不应小于 0.76mm。

（5）钢化玻璃表面不得有损伤；8.0mm 以下的钢化玻璃应进行引爆处理。

（6）所有幕墙玻璃均应进行边缘处理。

13-108. 对于隐框、半隐框幕墙所采用的结构黏结材料，下列何种说法不正确？（2005，49）

A. 必须是中性硅酮结构密封胶　　　　　　B. 必须在有效期内使用

C. 结构密封胶的嵌缝宽度不得少于 6.0mm　　D. 结构密封胶的施工温度应在 15~30℃

【答案】C

【说明】隐框、半隐框幕墙所采用的结构粘结材料必须是中性硅酮结构密封胶，其性能必须符合《建筑用硅酮结构密封胶》（GB 16776—2005）的规定；硅酮结构密封胶必须在有效期内使用。隐框、半隐框幕墙构件中板材与金属框之间硅酮结构密封胶的粘结宽度，应分别计算风荷载标准值和板材自重标准值作用下硅酮结构密封胶的粘结宽度，并取其较大值，且不得小于 7.0mm。硅酮结构密封胶应打注饱满，并应在温度 15~30℃、相对湿度 50% 以上、洁净的室内进行；不得在现场墙上打注。

13-109. 下列哪项属于石材幕墙的主控项目？（2005，50）

A. 石材幕墙应无渗漏　　　　　　　　　　B. 石材幕墙表面应平整

C. 石材幕墙上的滴水线应顺直　　　　　　D. 结构密封胶缝深浅一致

【答案】A

【说明】参见《建筑装饰装修工程质量验收标准》（GB 50210—2018）第 11.4.1 条，石材幕墙工程主控项目应包括下列项目：

（1）石材幕墙工程所用材料质量；

（2）石材幕墙的造型、立面分格、颜色、光泽、花纹和图案；

（3）石材孔、槽加工质量；

（4）石材幕墙主体结构上的埋件；

（5）石材幕墙连接安装质量；

（6）金属框架和连接件的防腐处理；

（7）石材幕墙的防雷；

（8）石材幕墙的防火、保温、防潮材料的设置；

（9）变形缝、墙角的连接节点；

（10）石材表面和板缝的处理；

（11）有防水要求的石材幕墙防水效果。

13-110. 金属幕墙表面平整度的检查，通常使用的工具为：（2005，55）

A. 钢直尺　　　　　　B.1m 水平尺　　　　　　C. 垂直检测尺　　　　　　D.2m 靠尺和塞尺

【答案】D

【说明】参见《金属与石材幕墙工程技术规范》（JGJ 133—2001）第7条，金属与石材幕墙的安装质量应符合表8.0.4-6（见表13-7）的规定：

金属、石材幕墙安装质量　　　　　　　　　　　　表13-7

项目		允许偏差（mm）	检查方法
幕墙垂直度	幕墙高度不大于30m	≤ 10	激光经纬仪或经纬仪
	幕墙高度大于30m，不大于60m	≤ 15	
	幕墙高度大于60m，不大于90m	≤ 20	
	幕墙高度大于90m	≤ 25	
竖向板材直线度		≤ 3	2m靠尺、塞尺
横向板材水平度不大于2000m		≤ 2	水平仪
同高度相邻两根横向构件高度差		≤ 1	钢板尺、塞尺
幕墙横向水平度	不大于3m的层高	≤ 3	水平仪
	大于3m的层高	≤ 5	
分格框对角线差	对角线长不大于2000mm	≤ 3	3m钢卷尺
	对角线长大于2000mm	≤ 3.5	

13-111. 石材幕墙工程中应对材料及其性能复验的内容不包括：(2007，53)

A. 石材的弯曲度　　　　　　　　　　　　B. 寒冷地区石材的耐冻融性

C. 结构胶的邵氏硬度　　　　　　　　　　D. 结构胶的黏结强度

【答案】C

【说明】参见《建筑装饰装修工程质量验收标准》（GB 50210—2018）第11.1.3条，幕墙工程应对下列材料及其性能指标进行复验：

（1）铝塑复合板的剥离强度；

（2）石材、瓷板、陶板、微晶玻璃板、木纤维板、纤维水泥板和石材蜂窝板的抗弯强度；严寒、寒冷地区石材、瓷板、陶板、纤维水泥板和石材蜂窝板的抗冻性；室内用花岗石的放射性；

（3）幕墙用结构胶的邵氏硬度、标准条件拉伸粘结强度、相容性试验、剥离粘结性试验；石材用密封胶的污染性；

（4）中空玻璃的密封性能；

（5）防火、保温材料的燃烧性能；

（6）铝材、钢材主受力杆件的抗拉强度。

13-112. 幕墙应使用的安全玻璃是：(2007，54)(2008，57)(2009，55)

A. 钢化玻璃　　　　　B. 半钢化玻璃　　　　　C. 镀膜玻璃　　　　　D. 浮法平板玻璃

【答案】A

【说明】参见《建筑装饰装修工程质量验收标准》（GB 50210—2018）第9.2.4条，本条规定幕墙应使用安全玻璃，安全玻璃是指夹层玻璃和钢化玻璃，但不包括半钢化玻璃。

13-113.下列有关安全和功能检测项目中，不属于幕墙子分部工程的是：（2008，36）

A. 玻璃幕墙的防雷装置

B. 硅酮结构胶的相容性试验

C. 幕墙后置埋件的现场拉拔强度

D. 幕墙的抗风压性能、空气渗透性能、雨水渗透性能和平面变形性能

【答案】A

【说明】参见《建筑装饰装修工程质量验收标准》（GB 50210—2018）第11.1.2条，幕墙工程验收时应检查下列文件和记录：

（1）幕墙工程的施工图、结构计算书、热工性能计算书、设计变更文件、设计说明及其他设计文件；

（2）建筑设计单位对幕墙工程设计的确认文件；

（3）幕墙工程所用材料、构件、组件、紧固件及其他附件的产品合格证书、性能检验报告、进场验收记录和复验报告；

（4）幕墙工程所用硅酮结构胶的抽查合格证明；国家批准的检测机构出具的硅酮结构胶相容性和剥离粘结性检验报告；石材用密封胶的耐污染性检验报告；

（5）后置埋件和槽式预埋件的现场拉拔力检验报告；

（6）封闭式幕墙的气密性能、水密性能、抗风压性能及层间变形性能检验报告；

（7）注胶、养护环境的温度、湿度记录；双组分硅酮结构胶的混匀性试验记录及拉断试验记录；

（8）幕墙与主体结构防雷接地点之间的电阻检测记录；

（9）隐蔽工程验收记录；

（10）幕墙构件、组件和面板的加工制作检验记录；

（11）幕墙安装施工记录；

（12）张拉杆索体系预拉力张拉记录；

（13）现场淋水检验记录。

13-114.石材幕墙工程中所用石材的吸水率应小于：（2008，53）（2009，60）

A. 0.5%   B. 0.6%   C. 0.8%   D. 0.9%

【答案】C

【说明】参见《金属与石材幕墙工程技术规范》（JGJ 133—2001）第3.2.1条，幕墙石材宜选用火成岩，石材吸水率应小于0.8%。

13-115.幕墙工程中，幕墙构架立柱的连接金属角码与其他连接件应采用螺栓连接，并应采取：（2009，54）

A. 防锈措施   B. 防腐措施   C. 防火措施   D. 防松动措施

【答案】D

【说明】幕墙及其连接件应具有足够的承载力、刚度和相对于主体结构的位移能力。幕墙构架立柱的连接金属角码与其他连接件应采用螺栓连接，并应有防松动措施。

13-116. 为保证石材幕墙的安全，必须采取双控措施：其一是金属框架杆件和金属挂件的壁厚应经过设计计算确定，其二是控制石材的：（2010，50）

A. 抗折强度最小值　　　B. 弯曲强度最小值　　　C. 厚度最大值　　　D. 吸水率最小值

【答案】C

【说明】参见《建筑装饰装修工程质量验收标准》（GB 50210—2018）条文说明第9.1.9条，本条规定有双重含义，一是说幕墙的立柱和横梁等主要受力杆件，其截面受力部分的壁厚应经计算确定，但又规定了最小壁厚，即如计算的壁厚小于规定的最小壁厚时，应取最小壁厚值，计算的壁厚大于规定的最小壁厚时，应取计算值。这主要是由于某些构造要求无法计算，为保证幕墙的安全可靠而采取的双控措施。

13-117. 下列属于石材幕墙质量验收主控项目的是：（2010，51）

A. 幕墙的垂直度　　　　　　　　　　　B. 幕墙表面的平整度

C. 板材上沿的水平度　　　　　　　　　D. 幕墙的渗漏

【答案】D

【说明】参见《建筑装饰装修工程质量验收标准》（GB 50210—2018）第11.4.1条石材幕墙工程主控项目应包括下列项目：

　　（1）石材幕墙工程所用材料质量；

　　（2）石材幕墙的造型、立面分格、颜色、光泽、花纹和图案；

　　（3）石材孔、槽加工质量；

　　（4）石材幕墙主体结构上的埋件；

　　（5）石材幕墙连接安装质量；

　　（6）金属框架和连接件的防腐处理；

　　（7）石材幕墙的防雷；

　　（8）石材幕墙的防火、保温、防潮材料的设置；

　　（9）变形缝、墙角的连接节点；

　　（10）石材表面和板缝的处理；

　　（11）有防水要求的石材幕墙防水效果。

13-118. 隐框及半隐框幕墙的结构黏结材料必须采用：（2010，54）

A. 中性硅酮结构密封胶　　　　　　　　B. 硅酮耐候密封胶

C. 弹性硅酮结构密封胶　　　　　　　　D. 低发泡结构密封胶

【答案】A

【说明】参见《建筑装饰装修工程质量验收标准》（GB 50210—2018）第11.1.8条，玻璃幕墙采用中性硅酮结构密封胶时，其性能应符合现行国家标准《建筑用硅酮结构密封胶》（GB

16776）的规定；硅酮结构密封胶应在有效期内使用。

13-119.下列哪项不属于幕墙工程的隐蔽工程？（2010，55）

A. 幕墙的防雷装置   B. 硅酮结构胶的相容性试验

C. 幕墙的预埋件（或后置埋件）   D. 幕墙的防火构造

【答案】B

【说明】参见《建筑装饰装修工程质量验收标准》（GB 50210—2018）第11.1.4条，幕墙工程应对下列隐蔽工程项目进行验收：

（1）预埋件或后置埋件、锚栓及连接件；

（2）构件的连接节点；

（3）幕墙四周、幕墙内表面与主体结构之间的封堵；

（4）伸缩缝、沉降缝、防震缝及墙面转角节点；

（5）隐框玻璃板块的固定；

（6）幕墙防雷连接节点；

（7）幕墙防火、隔烟节点；

（8）单元式幕墙的封口节点。

13-120.石材外幕墙工程施工前，应进行的石材材料性能指标复验不含：（2012，56）

A. 石材的弯曲强度   B. 寒冷地区石材的耐冻融性

C. 花岗石的放射性   D. 石材的吸水率

【答案】D

【说明】参见《建筑装饰装修工程质量验收标准》（GB 50210—2018）第11.1.3条，幕墙工程应对下列材料及其性能指标进行复验：

（1）铝塑复合板的剥离强度；

（2）石板、瓷板、陶板、微晶玻璃板、木纤维板、纤维水泥板和石材蜂窝板的抗弯强度；严寒、寒冷地区石材、瓷板、陶板、纤维水泥板和石材蜂窝板的抗冻性；室内用花岗石的放射性；

（3）幕墙用结构胶的邵氏硬度、标准条件拉伸粘结强度、相容性试验、剥离粘结性试验；石材用密封胶的污染性；

（4）中空玻璃的密封性能；

（5）防火、保温材料的燃烧性能；

（6）铝材、钢材主受力杆件的抗拉强度。

13-121.不属于幕墙工程隐蔽验收的内容是：（2013，50）

A. 防雷装置   B. 防火构造   C. 硅酮结构胶   D. 构件连接节点

【答案】C

【说明】参见第13-119题。

13-122. 不符合玻璃幕墙安装规定的是：（2013，51）

A. 玻璃幕墙的造型和立面分格应符合设计要求

B. 玻璃幕墙的防雷装置必须与主体结构的防雷装置可靠连接

C. 所有幕墙玻璃不得进行边缘化处理

D. 明框玻璃幕墙的玻璃与构件不得直接接触

【答案】C

【说明】参见《建筑装饰装修工程质量验收标准》（GB 50210—2018）第11.1.3条，幕墙工程应对下列材料及其性能指标进行复验：

（1）铝塑复合板的剥离强度；

（2）石板、瓷板、陶板、微晶玻璃板、木纤维板、纤维水泥板和石材蜂窝板的抗弯强度；严寒、寒冷地区石材、瓷板、陶板、纤维水泥板和石材蜂窝板的抗冻性；室内用花岗石的放射性；

（3）幕墙用结构胶的邵氏硬度、标准条件拉伸粘结强度、相容性试验、剥离粘结性试验；石材用密封胶的污染性；

（4）中空玻璃的密封性能；

（5）防火、保温材料的燃烧性能；

（6）铝材、钢材主受力杆件的抗拉强度。

13-123. 关于石材幕墙要求的说法，正确的是：（2013，52）

A. 石材幕墙与玻璃幕墙，金属幕墙安装的垂直度允许偏差值不相等

B. 应进行石材用密封胶的耐污染性指标复验

C. 应进行石材的抗压强度复验

D. 所有挂件采用不锈钢材料或镀锌铁件

【答案】B

【说明】参见《玻璃幕墙工程技术规范》（JGJ 102—2003）第3.4.4幕墙玻璃应进行机械磨边处理，磨轮的目数应在180目以上。点支承幕墙玻璃的孔、板边缘均应进行磨边和倒棱，磨边宜细磨，倒棱宽度不宜小于1mm。

参见《金属与石材幕墙工程技术规范》（JGJ 133—2001）第7条，金属与石材幕墙的安装质量应符合表8.0.4-6（见表13-8）的规定。

金属、石材幕墙安装质量　　　　　　　　　　　　　　　　　　　表13-8

项目		允许偏差（mm）	检查方法
幕墙垂直度	幕墙高度不大于30m	≤ 10	激光经纬仪或经纬仪
	幕墙高度大于30m，不大于60m	≤ 15	
	幕墙高度大于60m，不大于90m	≤ 20	
	幕墙高度大于90m	≤ 25	
竖向板材直线度		≤ 3	2m靠尺、塞尺

项目		允许偏差（mm）	检查方法
横向板材水平度不大于 2000mm		≤ 2	水平仪
同高度相邻两根横向构件高度差		≤ 1	钢板尺、塞尺
幕墙横向水平度	不大于 3m 的层高	≤ 3	水平仪
	大于 3m 的层高	≤ 5	
分格框对角线差	对角线长不大于 2000mm	≤ 3	3m 钢卷尺
	对角线长大于 2000mm	≤ 3.5	

轻质隔墙工程

13-124. 关于轻质隔墙工程，下列哪项表述正确？（2008，50）

A. 同一品种的轻质隔墙工程每 50 间为一个检验批，不足 50 间也划分为一个检验批

B. 隔墙板材均应有相应性能等级的检测报告

C. 钢丝网水泥板墙的立面垂直度采用 2m 靠尺和塞尺检查

D. 板墙接缝的高低差采用 2m 靠尺检查

【答案】A

【说明】参见《建筑装饰装修工程质量验收标准》（GB 50210—2018）：

8.1.5 同一品种的轻质隔墙工程每 50 间应划分为一个检验批，不足 50 间也应划分为一个检验批，大面积房间和走廊可按轻质隔墙面积每 30m² 计为 1 间。

8.2.1 隔墙板材的品种、规格、颜色和性能应符合设计要求。有隔声、隔热、阻燃和防潮等特殊要求的工程，板材应有相应性能等级的检验报告。

8.2.8 板材隔墙安装的允许偏差和检验方法应符合表 8.2.8（见表 13-9）的规定。

板材隔墙安装的允许偏差和检验方法 表 13-9

项次	项目	允许偏差（mm）				检验方法
		复合轻质墙板		石膏空心板	增强水泥板、混凝土轻质板	
		金属夹芯板	其他复合板			
1	立面垂直度	2	3	3	3	用 2m 垂直检测尺检查
2	表面平整度	2	3	3	3	用 2m 靠尺和塞尺检查
3	阴阳角方正	3	3	3	4	用 200mm 直角检测尺检查
4	接缝高低差	1	2	2	3	用钢直尺和塞尺检查

13-125. 轻质隔墙工程是指：（2011，50）（2017，53）

A. 加气混凝土砌块隔墙　　　　　B. 薄型板材隔墙

C. 空心砖隔墙　　　　　D. 小砌块隔墙

【答案】B

【说明】参见《建筑装饰装修工程质量验收标准》（GB 50210—2018）第8.1.1条,本章适用于板材隔墙、骨架隔墙、活动隔墙和玻璃隔墙等分项工程的质量验收。板材隔墙包括复合轻质墙板、石膏空心板、增强水泥板和混凝土轻质板等隔墙;骨架隔墙包括以轻钢龙骨、木龙骨等为骨架,以纸面石膏板,人造木板、水泥纤维板等为墙面板的隔墙;玻璃隔墙包括玻璃板、玻璃砖隔墙。

13-126. 隔墙工程的质量验收不适用于下列哪类板材隔墙工程?（2009,35）

A. 复合轻质隔墙　　　　B. 石膏空心板　　　　C. 钢丝网水泥板　　　　D. 水泥纤维板

【答案】D

【说明】参见第13-125题。

13-127. 架空隔墙工程施工中,龙骨安装时应首先:（2013,61）

A. 固定竖向边框龙骨　　　　　　　　　B. 安装洞口边竖向龙骨

C. 固定沿顶棚、沿地面龙骨　　　　　　D. 安装加强龙骨

【答案】C

【说明】架空隔墙安装一般应经过下列工序:墙位放线→墙垫施工→安装沿地、沿顶龙骨→安装竖向龙骨→固定门窗框→安装墙的一面石膏板→安装另一面石膏板→接缝处理→墙面装饰。

吊顶工程

13-128. 吊顶以胶合板为罩面板时,下列安装哪条是不正确的?（2001,51）

A. 也可采用木条固定,钉距不应大于200mm　　B. 可采用钉子固定,钉距80~150mm

C. 钉眼用石膏腻子抹平　　　　　　　　　　　D. 钉帽应打扁,并进入板面0.5~1mm

【答案】C

【说明】罩面板安装,宜符合以下要求:

（1）用射钉枪固定,钉距为80~150mm,钉长为25~35mm,钉帽应敲扁,并进入面板0.5~1mm,钉眼用油性腻子抹平。

（2）用木条固定时,钉距不大于20mm,钉长为35mm,钉帽应敲扁,并进入木压条0.5~1mm,钉眼用油性腻子抹平。

13-129. 下列哪个施工程序是正确的?（2004,48）

A. 吊顶工程的饰面板安装完毕前,应完成吊顶内管道和设备的调试及验收

B. 吊顶工程在安装饰面板前,应完成吊顶内管道和设备的调试及验收

C. 吊顶工程在安装饰面板过程中,应同时进行吊顶内管道和设备的调试及验收

D. 吊顶工程完工验收前,应完成吊顶内管道和设备的调试及验收

【答案】B

【说明】参见《建筑装饰装修工程质量验收标准》（GB 50210—2018）第7.1.10条，安装面板前应完成吊顶内管道和设备的调试及验收。

13-130. 吊顶工程中，当吊杆长度大于多少时，应设置反支撑？（2004，49）（2006，53）

A. 0.8m   B. 1.0m   C. 1.2m   D. 1.5m

【答案】D

【说明】参见《建筑装饰装修工程质量验收标准》（GB 50210—2018）第7.1.11条，吊杆距主龙骨端部距离不得大于300mm。当吊杆长度大于1500mm时，应设置反支撑。当吊杆与设备相遇时，应调整并增设吊杆或采用型钢支架。

13-131. 下列哪一种设备严禁安装在吊顶工程的龙骨上？（2004，50）

A. 重型灯具   B. 烟感器   C. 喷淋头   D. 风口箅子

【答案】A

【说明】参见《建筑装饰装修工程质量验收标准》（GB 50210—2018）条文说明：

7.1.12 重型设备和有振动荷载的设备严禁安装在吊顶工程的龙骨上。

7.1.12 龙骨主要是固定面板，小型灯具、烟感器、喷淋头、风口箅子等可以固定在面板上，但如果把3kg以上的灯具、投影仪等重型设备和电扇、音响等有震动荷载的设备安装在吊顶工程的龙骨上，可能会造成脱落伤人事故。为了保证吊顶工程的使用安全，特将本条作为强制性条文。

13-132. 明龙骨吊顶工程的饰面材料与龙骨的搭接宽度应大于龙骨受力宽度的：（2006，46）（2007，50）（2008，49）（2009，52）（2010，64）

A. 2/3   B. 1/2   C. 1/3   D. 1/4

【答案】A

【说明】参见《建筑装饰装修工程质量验收标准》（GB 50210—2018）第7.3.3条，面板的安装应稳固严密。面板与龙骨的搭接宽度应大于龙骨受力面宽度的2/3。

13-133. 吊顶工程中下述哪项安装做法是不正确的？（2006，47）

A. 小型灯具可固定在饰面材料上   B. 重型灯具可固定在龙骨上

C. 风口箅子可固定在饰面材料上   D. 烟感器、喷淋头可固定在饰面材料上

【答案】B

【说明】参见第13-132题。

13-134. 吊顶工程中的预埋件、钢制吊杆应进行下述哪项处理？（2007，49）

A. 防水   B. 防火   C. 防腐   D. 防晃动和变形

【答案】C

【说明】参见《建筑装饰装修工程质量验收标准》（GB 50210—2018）第7.1.9条，吊顶工程中的埋件、钢筋吊杆和型钢吊杆应进行防腐处理。

13-135. 人造木板用于吊顶工程时必须复验的项目是：（2009，68）（2010，61）

A. 甲醛含量　　　　　B. 燃烧时限　　　　　C. 防腐性能　　　　　D. 强度指标

【答案】A

【说明】参见《建筑装饰装修工程质量验收标准》（GB 50210—2018）第7.1.3条，吊顶工程应对人造木板的甲醛释放量进行复验。

13-136. 明龙骨吊顶工程的饰面材料与龙骨的搭接宽度应大于龙骨受力面宽度的：（2011，31）

A. 2/3　　　　　　　B. 1/2　　　　　　　C. 1/3　　　　　　　D. 1/4

【答案】A

【说明】参见《建筑装饰装修工程质量验收标准》（GB 50210—2018）第7.3.3条，面板的安装应稳固严密。面板与龙骨的搭接宽度应大于龙骨受力面宽度的2/3。

13-137. 在吊顶内铺放纤维吸声材料时，应采取的施工技术措施是：（2011，49）

A. 防潮措施　　　　　B. 防火措施　　　　　C. 防散落措施　　　　　D. 防霉变措施

【答案】C

【说明】参见《建筑装饰装修工程质量验收标准》（GB 50210—2018）第7.2.9条，吊顶内填充吸声材料的品种和铺设厚度应符合设计要求，并应有防散落措施。

13-138. 吊顶工程安装饰面板前必须完成的工作是：（2012，50）

A. 吊顶龙骨已调整完毕　　　　　　　　B. 重型灯具、电扇等设备的吊杆布置完毕

C. 管道和设备调试及验收完毕　　　　　D. 内部装修处理完毕

【答案】C

【说明】参见《建筑装饰装修工程质量验收标准》（GB 50210—2018）第7.1.10条，安装面板前应完成吊顶内管道和设备的调试及验收。

13-139. 吊顶工程中，吊顶标高及起拱高度应符合：（2012，51）

A. 设计要求　　　　　　　　　　　　　B. 施工规范要求

C. 施工技术方案要求　　　　　　　　　D. 材料产品说明要求

【答案】A

【说明】参见《建筑装饰装修工程质量验收标准》（GB 50210—2018）第7.2.1条，吊顶标高、尺寸、起拱和造型应符合设计要求。

13-140. 暗龙骨石膏吊顶工程中，石膏板接缝应按其施工工艺标准进行：（2012，52）

A. 板缝密封处理　　　B. 板缝防裂处理　　　C. 板缝加强处理　　　D. 接缝防火处理

【答案】B

【说明】参见《建筑装饰装修工程质量验收标准》（GB 50210—2018）第7.2.5条，石膏板、水泥纤维板的接缝应按其施工工艺标准进行板缝防裂处理。安装双层板时，面层板与基层析的接缝应错开，并不得在同一根龙骨上接缝。

第十四章　建筑地面工程

垫层

14-1. 地面工程中，水泥石灰炉渣垫层采用的炉渣，应先用石灰浆或熟化石灰浇水拌和闷透，闷透时间不得小于：（2001，64）

A. 2d　　　　　B. 5d　　　　　C. 10d　　　　　D. 15d

【答案】B

【说明】参见《建筑地面工程施工质量验收规范》（GB 50209—2010）第4.7.2条，水泥石灰炉渣垫层的炉渣，使用前应用石灰浆或熟化石灰浇水拌和闷透，闷透时间均不得小于5d。

14-2. 经常使用三合土做地面工程的垫层，三合土的配合比应：（2008，27）

A. 全部采用重量比　　　　　　　B. 全部采用体积比

C. 石灰采用体积比，其余采用重量比　　D. 石灰和砂采用体积比，其余采用重量比

【答案】B

【说明】根据《建筑地面工程施工质量验收规范》（GB 50209—2010）第4.6.4条，三合土、四合土的体积比应符合设计要求。

14-3. 三合土的组成材料，除了熟石灰及砂子以外，还有哪些？（2009，57）

A. 碎砖　　　　　B. 碎石　　　　　C. 细石混凝土　　　　　D. 黏土

【答案】A

【说明】参见《建筑地面工程施工质量验收规范》（GB 50209—2010）第4.6.1条，三合土垫层采用石灰、砂（可掺入少量黏土）与碎砖的拌和料铺设，其厚度不应小于100mm。

14-4. 下列哪一种垫层不应小于60mm？（2009，58）

A. 砂石垫层　　　　B. 砂石垫层　　　　C. 水泥混凝土垫层　　D. 炉渣垫层

【答案】C

【说明】水泥混凝土垫层的厚度不应小于60mm；陶粒混凝土垫层的厚度不应小于8mm。

14-5. 在建筑地面工程中，下列哪项垫层的最小厚度为80mm？（2011，57）

A. 碎石垫层　　　B. 砂垫层　　　C. 炉渣垫层　　　D. 水泥混凝土垫层

【答案】C

【说明】参见《建筑地面工程施工质量验收规范》（GB 50209—2010）第4.7.1条，炉渣垫层应采用炉渣或水泥与炉渣或水泥、石灰与炉渣的拌和料铺设，其厚度不应小于80mm。

14-6. 下列地面垫层最小厚度可以小于 100mm 的是：（2012，59）

A. 砂石垫层   B. 碎石和碎砖垫层

C. 三合土垫层   D. 炉渣垫层

【答案】D

【说明】参见《建筑地面工程施工质量验收规范》（GB 50209—2010）：

    4.4.1 砂垫层厚度不应小于 60mm；砂石垫层厚度不应小于 100mm。

    4.5.1 碎石垫层和碎砖垫层厚度不应小于 100mm。

    4.6.1 三合土垫层应采用石灰、砂（可掺入少量黏土）与碎砖的拌和料铺设，其厚度不应小于 100mm；四合土垫层应采用水泥、石灰、砂（可掺少量黏土）与碎砖的拌和料铺设，其厚度不应小于 80mm。

    4.7.1 炉渣垫层应采用炉渣或水泥与炉渣或水泥、石灰与炉渣的拌和料铺设，其厚度不应小于 80mm。

14-7. 下面对地面工程灰土垫层施工的要求叙述中，哪项是错误的？（2012，60）

A. 熟化石灰可用粉煤灰代替

B. 可采用磨细生石灰与黏土按重量比拌和洒水堆放后使用

C. 基土及垫层施工后应防止受水浸泡

D. 应分层夯实，经湿润养护、晾干后方可进行下一道工序施工

【答案】B

【说明】参见《建筑地面工程施工质量验收规范》（GB 50209—2010）：

    4.3.1 灰土垫层应采用熟化石灰与黏土（或粉质黏土、粉土）的拌和料铺设，其厚度不应小于 100mm。

    4.3.2 熟化石灰粉可采用磨细生石灰，也可用粉煤灰代替。

    4.3.3 灰土垫层应铺设在不受地下水浸泡的基土上。施工后应有防止水浸泡的措施。

    4.3.4 灰土垫层应分层夯实，经湿润养护、晾干后方可进行下一道工序施工。

    4.3.5 灰土垫层不宜在冬期施工。当必须在冬期施工时，应采取可靠措施。

伸缩缝

14-8. 水泥混凝土的散水和明沟，应设置伸缩缝，其间距宜按各地气候条件和传统做法确定，但间距不应大于：（2000，64）

A. 5m   B. 6m   C. 8m   D. 10m

【答案】D

【说明】参见《建筑地面工程施工质量验收规范》（GB 50209—2010）第 3.0.15 条，水泥混凝土散水、明沟应设置伸缩缝，其延长米间距不得大于 10m，对日晒强烈且昼夜温差超过 15℃

的地区，其延长米间距宜为 4~6m。水泥混凝土散水、明沟和台阶等与建筑物连接处及房屋转角处应设缝处理。上述缝的宽度应为 15~20mm，缝内应填嵌柔性密封材料。

14-9. 地面工程施工时，水泥混凝土垫层铺设在基土上，当气温长期处在哪种温度下时应设置伸缩缝？（2006，55）（2007，60）

A. 0℃   B. 5℃   C. 10℃   D. 20℃

【答案】A

【说明】参见《建筑地面工程施工质量验收规范》（GB 50209—2010）第 4.8.1 条，水泥混凝土垫层和陶粒混凝土垫层应铺设在基土上。当气温长期处于 0℃以下，设计无要求时，垫层应设置伸缩缝，缝的位置、嵌缝做法等应与面层伸缩缝相一致，并应符合本规范第 3.0.16 条的规定。

14-10. 建筑地面施工中，当水泥混凝土垫层长期处于 0℃气温以下时，应设置：（2008，59）

A. 伸缩缝   B. 沉降缝   C. 施工缝   D. 分格缝

【答案】A

【说明】参见第 14-9 题。

水泥砂浆地面工程

14-11. 水泥砂浆地面面层施工中，下列哪条是不正确的？（2000，65）

A. 水泥砂浆随铺随拍实，抹平工作要在水泥初凝后完成，压光要在水泥终凝前完成

B. 砂浆使用的水泥是标号不小于 32.5 级的硅酸盐水泥和普通硅酸盐水泥

C. 水泥砂浆稠度不大于 35mm

D. 水泥砂浆面层厚度应小于 20mm

【答案】D

【说明】水泥砂浆地面面层施工，水泥宜用 32.5 级及以上普通硅酸盐水泥或矿渣硅酸盐水泥，过期、受潮结块的水泥和安定性不合格的水泥，均不得使用。严禁混用不同品种、不同标号的水泥。严格控制水灰比，用于地面面层的水泥砂浆稠度不宜大于 3.5cm（以标准圆锥体沉入度计）；掌握好面层的压光时间。水泥地面的压光一般不应少于三遍。第一遍随铺随进行，第二遍压光应在初凝后、终凝前完成，第三遍主要是消除抹痕和闭塞细毛孔，也切忌在水泥终凝后进行，保证有不少于 7d 的连续养护时间。水泥砂浆面层的厚度应符合设计要求，且不应小于 20mm。

14-12. 铺设水泥类面层及铺设无机板块面层的结合层和填缝的水泥砂浆，在面层铺设后，表面应覆盖湿润，其养护时间不应小于：（2001，65）

A. 3d   B. 5d   C. 7d   D.10d

【答案】C

【说明】参见《建筑地面工程施工质量验收规范》（GB 50209—2010）第6.1.5条，铺设水泥混凝土板块、水磨石板块、人造石板块、陶瓷锦砖、陶瓷地砖、缸砖、水泥花砖、料石、大理石、花岗石等面层的结合层和填缝材料采用水泥砂浆时，在面层铺设后，表面应覆盖、湿润，养护时间不应少于7d。当板块面层的水泥砂浆结合层的抗压强度达到设计要求后，方可正常使用。

14-13. 水泥砂浆地面面层的允许偏差检验，下列哪项是不正确的？（2003，57）

A. 表面平整度4mm

B. 踢脚线上口平直8mm

C. 缝格平直3mm

D. 上列检验方法分别采用2m靠尺或5m线

【答案】B

【说明】参见《建筑地面工程施工质量验收规范》（GB 50209—2010）条5.1.7条，整体面层的允许偏差和检验方法应符合表5.1.7（见表14-1）的规定。

整体面层的允许偏差和检验方法　　　　　　　　　　　　　　　　表14-1

项次	项目	允许偏差/mm									检验方法
		水泥混凝土面层	水泥砂浆面层	普通水磨石面层	高级水磨石面层	硬化耐磨面层	防油渗混凝土和不发火（防爆）面层	自流平面层	涂料面层	塑胶面层	
1	表面平整度	5	4	3	2	4	5	2	2	2	用2m靠尺和楔形塞尺检查
2	踢脚线上口平直	4	4	3	3	4	4	3	3	3	拉5m线和用钢尺检查
3	缝格顺直	3	3	3	2	3	3	2	2	2	

14-14. 水泥砂浆地面面层的施工，下列哪条不正确？（2004，57）

A. 厚度不小于20mm

B. 使用的水泥强度等级不小于32.5

C. 水泥砂浆使用的砂是中粗砂

D. 水泥砂浆中体积比（水泥：砂）是1∶3

【答案】D

【说明】参见《建筑地面工程施工质量验收规范》（GB 50209—2010）：

5.3.1　水泥砂浆面层的厚度应符合设计要求。

5.3.2　水泥宜采用硅酸盐水泥、普通硅酸盐水泥，不同品种、不同强度等级的水泥不应混用；砂应为中粗砂，当采用石屑时，其粒径应为1~5mm，且含泥量不应大于3%。

5.3.4　水泥砂浆的体积比（强度等级）应符合设计要求，且体积比应为1∶2，强度等级不应小于M15。

14-15. 建筑地面工程中水泥类整体面层施工后，养护时间不应小于：（2005，57）（2006，57）

A. 3d

B. 7d

C. 14d

D. 28d

【答案】B

【说明】参见《建筑地面工程施工质量验收规范》（GB 50209—2010）第5.1.4条，整体面层施工后，养护时间不应小于7d；抗压强度应达到5MPa后方准上人行走。

14-16. 建筑地面工程中的水泥砂浆面层，当拌和料采用石屑取代中粗砂时，下列哪项不正确？（2006，58）

A. 水泥可采用混合水泥　　　　　　　B. 水泥强度等级不应小于32.5

C. 石屑粒径应为1~5mm　　　　　　　D. 石屑含泥量不应大于3%

【答案】A

【说明】参见《建筑地面工施工质量验收规范》（GB 50209—2010）第5.3.2条，水泥宜采用硅酸盐水泥、普通硅酸盐水泥，不同品种、不同强度等级的水泥不应混用；砂应为中粗砂，当采用石屑时，其粒径应为1~5mm，且含泥量不应大于3%。

14-17. 铺设水泥类面层及铺设无机板块面层的时候，要用什么材料来做结合层及填缝？（2009，27）

A. 混合砂浆　　　　　　　　　　　　B. 水泥砂浆

C. 细石混凝土等　　　　　　　　　　D. 防水砂浆

【答案】B

【说明】参见《建筑地面工程施工质量验收规范》（GB 50209—2010）第6.1.5条，铺设水泥混凝土板块、水磨石板块、人造石板块、陶瓷锦砖、陶瓷地砖、缸砖、水泥花砖、料石、大理石、花岗石等面层的结合层和填缝材料采用水泥砂浆时，在面层铺设后，表面应覆盖、湿润，养护时间不应少于7d。当板块面层的水泥砂浆结合层的抗压强度达到设计要求后，方可正常使用。

水磨石地面工程

14-18. 水磨石地面面层的施工，下列哪条不正确？（2004，58）

A. 水磨石面层厚度除有特殊要求外，不宜小于25mm

B. 白色或浅色水磨石面层应用白水泥

C. 水磨石面层的水泥与石粒体积配合比为1：1.5~1：2.5

D. 普通水磨石面层磨光遍数不少于3遍

【答案】A

【说明】参见《建筑地面工程施工质量验收规范》（GB 50209—2010）：

5.4.1　水磨石面层应采用水泥与石粒拌和料铺设，有防静电要求时，拌和料内应按设计要求掺入导电材料。面层厚度除有特殊要求外，宜为12~18mm，且宜按石粒粒径确定。水磨石面层的颜色和图案应符合设计要求。

5.4.2　白色或浅色的水磨石面层应采用白水泥；深色的水磨石面层宜采用硅酸盐水泥、普通硅酸盐水泥或矿渣硅酸盐水泥；同颜色的面层应使用同一批水泥。同一彩色面层应使用同厂、同批的颜料；其掺入量宜为水泥重量的3%~6%或由试验确定。

5.4.5　普通水磨石面层磨光遍数不应少于3遍。高级水磨石面层的厚度和磨光遍数应由设计确定。

5.4.9　水磨石面层拌和料的体积比应符合设计要求,且水泥与石粒的比例应为1∶1.5~1∶2。

14-19. 普通水磨石地面面层施工中，下列哪条是不正确的？（2000，66）

A. 使用的水泥标号不低于425号

B. 厚度除有特殊要求外，面层厚度不小于25mm

C. 普通水磨石面层磨光遍数不少于3遍

D. 水磨石面层的水泥中，如掺入颜料应采用耐光、耐碱的矿物颜料

【答案】B

【说明】参见第14-18题。

14-20. 彩色水磨石地坪中颜料的适宜掺入量占水泥的质量百分比为：（2005，59）

A. 1%~3%　　　　　B. 2%~4%　　　　　C. 3%~6%　　　　　D. 4%~8%

【答案】C

【说明】参见第14-18题。

14-21. 普通水磨石地面面层施工中，关于水磨石面层的厚度，下列哪条是正确的？（2009，59）

A. 12~18mm　　　　B. 18~25mm　　　　C. 10~12mm　　　　D. 15~25mm

【答案】A

【说明】参见第14-18题。

14-22. 关于水磨石地面面层，下述要求中错误的是：（2011，59）

A. 拌和料采用体积比　　　　　　　B. 浅色的面层应采用白水泥

C. 普通水磨石面层磨光遍数不少于3遍　　D. 防静电水磨石面层拌和料应掺入绝缘材料

【答案】D

【说明】参见第14-18题。

> 块材地面工程

14-23. 塑料地板面层在铺设中相邻两块拼缝的高差，下列哪条是正确的？（2000，67）

A. 不大于0.5mm　　　B. 不大于0.7mm　　　C. 不大于0.8mm　　　D. 不大于1mm

【答案】A

【说明】参见《建筑地面工程施工质量验收规范》（GB 50209—2010）第6.1.8条，板块面层的

允许偏差和检验方法应符合表 6.1.8（表 14-2）的规定。

板、块面层的允许偏差和检验方法　表 14-2

项次	项目	允许偏差 /mm											检验方法
		陶瓷锦砖面层、高级水磨石板、陶瓷地砖面层	缸砖面层	水泥花砖面层	水磨石板块面层	大理石面层、花岗石面层、人造石面层、金属板面层	塑料板面层	水泥混凝土板块面层	碎拼大理石面层、碎拼花岗石面层	活动地板面层	条石面层	块石面层	
1	表面平整度	2.0	4.0	3.0	3.0	1.0	2.0	4.0	3.0	2.0	10.0	10.0	用 2m 靠尺和楔形塞尺检查
2	缝格平直	3.0	3.0	3.0	3.0	2.0	3.0	3.0	—	2.5	8.0	8.0	拉 5m 线和用钢尺检查
3	接缝高低差	0.5	1.5	0.5	1.0	0.5	0.5	1.5	—	0.4	2.0	—	用钢尺和楔形塞尺检查
4	踢脚线上口平直	3.0	4.0	—	4.0	1.0	2.0	4.0	1.0	—	—	—	拉 5m 线和用钢尺检查
5	板块间隙宽度	2.0	2.0	2.0	2.0	1.0	—	6.0	—	0.3	5.0	—	用钢尺检查

14-24. 大理石（或花岗石）块材面层施工时，下列哪条是不正确的？（2003，60）

A. 铺设前应将板材浸湿、晾干

B. 控制块材面层的缝格平直，5m 线内的偏差不大于 2mm

C. 板块间隙宽度不大于 2mm

D. 如发现块材有裂缝、掉角、翘曲要剔除

【答案】C

【说明】参见《建筑地面工程施工质量验收规范》（GB 50209—2010）：

6.3.3　铺设大理石、花岗石面层前，板材应浸湿、晾干；结合层与板材应分段同时铺设。

6.3.2　板材有裂缝、掉角、翘曲和表面有缺陷时应予剔除，品种不同的板材不得混杂使用；在铺设前，应根据石材的颜色、花纹、图案纹理等按设计要求，试拼编号。

其余参见表 14-2。

14-25. 大理石（或花岗石）地面楼梯踏步面层的施工，下列哪条是不符合规定的？（2003，62）

A. 地面的表面平整度不大于 1mm　　　　B. 地面接缝高低差不大于 1mm

C. 楼梯踏步相邻两步高度差不大于 10mm　　D. 楼梯踏步和台阶板块的缝隙宽度应一致

【答案】B

【说明】参见《建筑地面工程施工质量验收规范》（GB 50209—2010）第 6.2.11 条，楼梯、台阶踏步的宽度、高度应符合设计要求。踏步板块的缝隙宽度应一致；楼层梯段相邻踏步高度差不应大于 10mm；每踏步两端宽度差不应大于 10mm，旋转楼梯梯段的每踏步两端宽度的允许偏差不应大于 5mm。踏步面层应做防滑处理，齿角应整齐，防滑条应顺直、牢固。

其余参见表 14-2。

14-26. 下列块材面层地面的表面平整度哪项不正确？（2004，60）

A. 水泥花砖 3.0mm

B. 水磨石板块 3.0mm

C. 大理石（或花岗石）2.0mm

D. 缸砖 4.0mm

【答案】C

【说明】参见第 14-23 题。

14-27. 大理石（或花岗石）地面面层的接缝高低差，下列哪项正确？（2004，61）

A. 0.5mm

B. 0.8mm

C. 1.0mm

D. 1.2mm

【答案】A

【说明】参见第 14-23 题。

14-28. 建筑地面工程中的不发火（防爆的）面层，在原材料选用和配制时，下列哪项不正确？（2006，62）

A. 采用的碎石以金属或石料撞击时不发生火花

B. 砂的粒径宜为 0.15~5mm

C. 面层分格的嵌条应采用不发生火花的材料

D. 配制时应抽查

【答案】D

【说明】参见《建筑地面工程施工质量验收规范》（GB 50209—2010）第 5.7.4 条，不发火（防爆）面层中碎石的不发火性必须合格；砂应质地坚硬、表面粗糙，其粒径应为 0.15~5m，含泥量不应大于 3%，有机物含量不应大于 0.5%；水泥应采用硅酸盐水泥、普通硅酸盐水泥；面层分格的嵌条应采用不发生火花的材料配制。配制时应随时检查，不得混入金属或其他易发生火花的杂质。

14-29. 要求不导电的水磨石面层应采用的料石是：（2011，60）

A. 花岗石

B. 大理石

C. 白云岩

D. 辉绿岩

【答案】D

【说明】参见《建筑地面工程施工质量验收规范》（GB 50209—2010）第 6.5.3 条，不导电的料石面层的石料应采用辉绿岩石加工制成。填缝材料也采用辉绿岩石加工的砂嵌实。耐高温的料石面层的石料，应按设计要求选用。

14-30. 下列关于大理石，花岗石楼地面面层的施工的说法中，错误的是：（2013，58）

A. 面层应铺设在结合层上

B. 板材的放射性限量合格检测报告是质量验收的主控项目

C. 在板材的背面、侧面应进行防碱处理

D. 整块面层与碎拼面层的表面平整度允许偏差值相等

【答案】D

【说明】参见《建筑地面工程施工质量验收规范》（GB 50209—2010）：

6.3.1 大理石、花岗石面层采用天然大理石、花岗石（或碎拼大理石、碎拼花岗石）板材，应在结合层上铺设。

6.3.5 大理石、花岗石面层所用板块产品进入施工现场时，应有放射性限量合格的检测报告。

6.3.7 大理石、花岗石面层铺设前，板块的背面和侧面应进行防碱处理。

板、块面层的允许偏差和检验方法见表14-3。

板、块面层的允许偏差和检验方法　　表 14-3

项次	项目	允许偏差 /mm											检验方法
		陶瓷锦砖面层、高级水磨石板、陶瓷地砖面层	缸砖面层	水泥花砖面层	水磨石板块面层	大理石面层、花岗石面层、人造石面层、金属板面层	塑料板面层	水泥混凝土板块面层	碎拼大理石面层、碎拼花岗石面层	活动地板面层	条石面层	块石面层	
1	表面平整度	2.0	4.0	3.0	3.0	1.0	2.0	4.0	3.0	2.0	10	10	用 2m 靠尺和楔形塞尺检查
2	缝格平直	3.0	3.0	3.0	3.0	2.0	3.0	3.0	—	2.5	8.0	8.0	拉 5m 线和用钢尺检查
3	接缝高低差	0.5	1.5	0.5	1.0	0.5	0.5	1.5	—	0.4	2.0	—	用钢尺和楔形塞尺检查
4	踢脚线上口平直	3.0	4.0	—	4.0	1.0	2.0	4.0	1.0	—	—	—	拉 5m 线和用钢尺检查
5	板块间隙宽度	2.0	2.0	2.0	2.0	1.0	—	6.0	—	0.3	5.0	—	用钢尺检查

水泥混凝土地面工程

14-31. 水泥混凝土楼梯踏步的施工质量，下列哪条不符合规定？（2004，62）（2006，59）

A. 踏步的齿角整齐

B. 相邻踏步高度差不大于 20mm

C. 每步踏步两端宽度差不大于 10mm

D. 旋转楼梯每步踏步的两端宽度差不大于 5mm

【答案】B

【说明】参见《建筑地面工程施工质量验收规范》（GB 50209—2010）第 5.2.10 条，楼梯、台阶踏步的宽度、高度应符合设计要求。楼层梯段相邻踏步高度差不应大于 10mm；每踏步两端宽度差不应大于 10mm，旋转楼梯梯段的每踏步两端宽度的允许偏差不应大于 5mm。踏步面层应做防滑处理，齿角应整齐，防滑条应顺直、牢固。

14-32. 关于水泥混凝土面层铺设，下列正确的说法是：（2005，58）

A. 不得留施工缝

B. 在适当的位置留施工缝

C. 可以铺设在混合砂浆垫层之上

D. 水泥混凝土面层兼垫层时，其强度等级不应小于C20

【答案】A

【说明】参见《建筑地面工程施工质量验收规范》（GB 50209—2010）：

    5.2.2　水泥混凝土面层不得留施工缝。当施工间隙超过允许时间规定时，应对接槎处进行处理。

    5.2.5　面层的强度等级应符合设计要求，且面层强度等级不应小于C20。

14-33. 地面工程中，关于水泥混凝土整体面层，下述做法哪项不正确？（2007，58）（2008，60）

A. 强度等级不应小于C20　　　　　　B. 铺设时不得留施工缝

C. 养护时间不少于7d　　　　　　　　D. 抹平应在水泥终凝前完成

【答案】D

【说明】参见《建筑地面工程施工质量验收规范》（GB 50209—2010）：

    5.1.4　整体面层施工后，养护时间不应小于7d。

    5.1.6　水泥类整体面层的抹平工作应在水泥初凝前完成，压光工作应在水泥终凝前完成。

    其余参见第14-32题。

防水地面工程

14-34. 有防水要求的建筑地面（含厕浴间），下列哪条是错误的？（2003，56）

A. 设置了防水隔离层

B. 采用了现浇混凝土楼板

C. 楼板四周（出门洞外）做了不小于60mm高的混凝土翻边

D. 楼板混凝土强度等级不小于C20

【答案】C

【说明】参见《建筑地面工程施工质量验收规范》（GB 50209—2010）第4.10.11条，厕浴间和有防水要求的建筑地面必须设置防水隔离层。楼层结构必须采用现浇混凝土或整块预制混凝土板，混凝土强度等级不应小于C20；房间的楼板四周除门洞外应做混凝土翻边，高度不应小于200mm，宽同墙厚，混凝土强度等级不应小于C20。施工时结构层标高和预留孔洞位置应准确，严禁乱凿洞。

14-35. 有防水要求的建筑地（楼）面工程，防水材料铺设后，必须蓄水检验。其蓄水深度和蓄水时间应分别为：（2004，56）（2006，41）

A. 10~20mm，24h　　　B. 20~30mm，24h　　　C. 10~20mm，48h　　　D. 20~30mm，48h

【答案】A

【说明】参见《建筑地面工程施工质量验收规范》（GB 50209—2010）第 3.0.24 条，检查防水隔离层应采用蓄水方法，蓄水深度最浅处不得小于 10mm，蓄水时间不得少于 24h；检查有防水要求的建筑地面的面层应采用泼水方法。

14-36. 必须设置地面防水隔离层的建筑部位是：（2011，58）

A. 更衣室   B. 厕浴间   C. 餐厅   D. 客房

【答案】B

【说明】参见《建筑地面工程施工质量验收规范》（GB 50209—2010）第 4.10.11 条，厨浴间和有防水要求的建筑地面必须设置防水隔离层。

14-37. 建筑地面工程施工中，铺设防水隔离层时，下列施工要求哪项是错误的？（2012，62）

A. 穿过楼板面的管道四周，防水材料应向上铺涂，并超过套管的上口

B. 在靠近墙面处，高于面层的铺涂高度为 100mm

C. 阴阳角应增加铺涂附加防水隔离层

D. 管道穿过楼板面的根部应增加铺涂附加防水隔离层

【答案】B

【说明】参见《建筑地面工程施工质量验收规范》（GB 50209—2010）。第 4.10.5 条 铺设隔离层时，在管道穿过楼板面四周，防水、防油渗材料应向上铺涂，并超过套管的上口；在靠近柱、墙处，应高出面层 200~300mm 或按设计要求的高度铺涂。阴阳角和管道穿过楼板面的根部应增加铺涂附加防水、防油渗隔离层。

活动地板地面工程

14-38. 关于地面工程施工中活动地板的表述，下列哪项不正确？（2008，61）

A. 活动地板所有的支架柱和横梁应构成框架一体，并与基层连接牢固

B. 活动地板块应平整、坚实

C. 当活动地板不符合模数时，可在现场根据实际尺寸将板块切割后镶补，切割边必须经处理

D. 活动地板在门口或预留洞口处，其四周侧边应用同色木质板材封闭

【答案】D

【说明】参见《建筑地面工程施工质量验收规范》（GB 50209—2010）：

    6.7.2 活动地板所有的支座柱和横梁应构成框架一体，并与基层连接牢固；支架抄平后高度应符合设计要求。

    6.7.6 活动板块与横梁接触搁置处应达到四角平整、严密。

    6.7.7 当活动地板不符合模数时，其不足部分可在现场根据实际尺寸将板块切割后镶补，并应配装相应的可调支撑和横梁。切割边不经处理不得镶补安装，并不得有局部膨胀变形情况。

6.7.8 活动地板在门口处或预留洞口处应符合设置构造要求，四周侧边应用耐磨硬质板材封闭或用镀锌钢板包裹，胶条封边应符合耐磨要求。

14-39. 关于活动地板的构造做法错误的是：（2010，59）

A. 活动地板所有的支座柱和横梁应构成框架一体，并与基层连接牢固

B. 活动地板块应平整、坚实，面层承载力不得小于规定数值

C. 当活动地板不符合模数时，在现场根据实际尺寸切割板块后即可镶补安装

D. 在预留洞口处，活动地板块四周侧边应用耐磨硬质板材封闭或用镀锌钢板包裹，胶条封边应符合耐磨要求

【答案】C

【说明】参见《建筑地面工程施工质量验收规范》（GB 50209—2009）：

6.7.2 活动地板所有的支座柱和横梁应构成框架一体，并与基层连接牢固；支架抄平后高度应符合设计要求。

6.7.3 活动地板面层包括标准地板、异形地板和地板附件（即支架和横梁组件）。采用的活动地板块应平整、坚实，面层承载力不得小于7.5MPa，其系统电阻：A级板为$1.0 \times 10^5 \sim 1.0 \times 10^8 \Omega$；B级板为$1.0 \times 10^5 \sim 1.0 \times 10^8 \Omega$。

6.7.7 当活动地板不符合模数时，其不足部分在现场根据实际尺寸板块切割后镶补，并应配装相应的可调支撑和横梁。切割边不经处理不得镶补安装，并不得有局部膨胀变形情况。

6.7.8 活动地板在门口处或预留洞口处应符合设置构造要求，四周侧边应用耐磨硬质板材封闭或用镀锌钢板包裹，胶条封边应符合耐磨要求。

14-40. 一般情况下，有防尘和防静电要求的专业用房的建筑地面工程最好采用：（2011，61）

A. 活动地板面层　　　　B. 塑料板面层　　　　C. 大理石面层　　　　D. 花岗石面层

【答案】A

【说明】参见《建筑地面工程施工质量验收规范》（GB 50209—2010）第6.7.1条，活动地板面层用于有防尘和防静电要求的专业用房的建筑地面工程，采用特制的平压刨花板为基材，表面饰以装饰板，底层用镀锌板经黏结胶合组成活动地板块，配以横梁、橡胶垫条和可供调节高度的金属支架，组装成架空板铺设在水泥类面层（或基层）上。

14-41. 下列活动地板施工质量要求的说法中，错误的是：（2013，59）

A. 面层应排列整齐，接缝均匀，周边顺直

B. 与柱、墙面接缝处的处理应符合设计要求

C. 面层应采用标准地板，不得镶拼

D. 在门口或预留洞口处应按构造要求做加强处理

【答案】C

【说明】参见《建筑地面工程施工质量验收规范》（GB 50209—2010）：

6.7.13 活动地板面层应排列整齐、表面洁净、色泽一致、接缝均匀、周边顺直。

6.7.9 活动地板与柱、墙面接缝处的处理应符合设计要求。设计无要求时应做木踢脚线；通风口处，应选用异形活动地板铺贴。

6.7.7 当活动地板不符合模数时，其不足部分可在现场根据实际尺寸将板块切割后镶补，并应配装相应的可调支撑和横梁。切割边不经处理不得镶补安装，并不得有局部膨胀变形情况。

6.7.8 活动地板在门口处或预留洞口处应符合设置构造要求，四周侧边应用耐磨硬质板材封闭或用镀锌钢板包裹，胶条封边应符合耐磨要求。

施工温度

14-42. 地面工程的结合层采用以下哪种材料时施工环境最低温度不应低于5℃？（2011，56）

A. 水泥拌和料　　　　B. 砂料　　　　C. 石料　　　　D. 有机胶粘剂

【答案】A

【说明】参见《建筑地面工程施工质量验收规范》（GB 50209—2010）第3.0.11条，建筑地面工程施工时，各层环境温度的控制应符合材料或产品的技术要求，并应符合下列规定：

（1）采用掺有水泥、石灰的拌和料铺设以及用石油沥青胶结料铺贴时，不应低于5℃；

（2）采用有机胶粘剂粘贴时，不应低于10℃；

（3）采用砂、石材料铺设时，不应低于0℃；

（4）采用自流平、涂料铺设时，不应低于5℃，也不应高于30℃。

14-43. 建筑地面工程施工中，下列各材料铺设时环境温度的控制规定不正确的是：（2012，58）

A. 采用掺有水泥、石灰的拌和料铺设时不应低于5℃

B. 采用石油沥青胶结料铺贴时不应低于5℃

C. 采用有机胶粘剂粘贴时不应低于10℃

D. 采用砂、石材料铺设时，不应低于10℃

【答案】D

【说明】参见第14-42题。

整体地面面层

14-44. 地面工程施工中，铺设整体面层时，水泥类基层的抗压强度不得小于:（2007，61）（2009，39）（2010，48）

A. 6MPa　　　　B. 1.0MPa　　　　C. 1.2MPa　　　　D. 2.4MPa

【答案】C

【说明】参见《建筑地面工程施工质量验收规范》（GB 50209—2010）第5.1.2条，铺设整体面层时，水泥类基层的抗压强度不得小于1.2MPa。

14-45. 建筑地面工程施工及质量验收时，整体面层地面属于：（2012，57）

A. 分部工程　　　　B. 子分部工程　　　　C. 分项工程　　　　D. 没有规定

【答案】B

【说明】参见《建筑地面工程施工质量验收规范》（GB 50209—2010）第3.0.1条，建筑地面工程子分部工程、分项工程的划分应按表3.0.1（见表14-4）的规定执行。

建筑地面工程子分部工程、分项工程的划分表　　　　　　　　　　表 14-4

分部工程	子分部工程		分项工程
建筑装饰装修工程	地面	整体面层	基层：基土、灰土垫层、砂垫层和砂石垫层、碎石垫层和碎砖垫层、三合土及四合土垫层、炉渣垫层、水泥混凝土垫层和陶粒混凝土垫层、找平层、隔离层、填充层、绝热层
			面层：水泥混凝土面层、水泥砂浆面层、水磨石面层、硬化耐磨面层、防油渗面层、不发火（防爆）面层、自流平面层、涂料面层、塑胶面层、地面辐射供暖的整体面层
		板块面层	基层：基土、灰土垫层、砂垫层和砂石垫层、碎石垫层和碎砖垫层、三合土及四合土垫层、炉渣垫层、水泥混凝土垫层和陶粒混凝土垫层、找平层、隔离层、填充层、绝热层
			面层：砖面层（陶瓷锦砖、缸砖、陶瓷地砖和水泥花砖面层）、大理石面层和花岗石面层、预制板块面层（水泥混凝土板块、水磨石板块、人造石板块面层）、料石面层（条石、块石面层）、塑料板面层、活动地板面层、金属板面层、地毯面层、地面辐射供暖的板块面层
		木、竹面层	基层：基土、灰土垫层、砂垫层和砂石垫层、碎石垫层和碎砖垫层、三合土及四合土垫层、炉渣垫层、水泥混凝土垫层和陶粒混凝土垫层、找平层、隔离层、填充层、绝热层
			面层：实木地板、实木集成地板、竹地板面层（条封、块材面层）、实木复合地板面层（条材、块材面层）、浸渍纸层压木质地板面层（条材、块材面层）、软木类地板面层（条材、块材面层）、地面辐射供暖的木板面层

14-46. 在面层中不得敷设管线的整体地面面层是：（2013，57）

A. 硬化耐磨面层　　　　　　　　　　B. 防油渗混凝土面层

C. 水泥混凝土面层　　　　　　　　　D. 自流平面层

【答案】B

【说明】参见《建筑地面工程施工质量验收规范》（GB 50209—2010）第5.6.5条，防油渗混凝土面层内不得敷设管线。露出面层的电线管、接线盒、预埋套管和地脚螺栓等的处理，以及与墙、柱、变形缝、孔洞等连接处泛水均应采取防油渗措施并应符合设计要求。

水泥砂浆

14-47. 地面工程施工时，铺设板块面层的结合层应采用：（2007，62）

A. 水泥砂浆　　　　B. 水泥混合砂浆　　　　C. 石灰砂浆　　　　D. 水泥石灰砂浆

【答案】A

【说明】参见《建筑地面工程施工质量验收规范》（GB 50209—2010）第6.1.3条，铺设板块面层的结合层和板块间的填缝采用水泥砂浆时，应符合下列规定：

（1）配制水泥砂浆应采用硅酸盐水泥、普通硅酸盐水泥或矿渣硅酸盐水泥。

（2）配制水泥砂浆的砂应符合现行行业标准《普通混凝土用砂、石质量及检验方法标准》JGJ 52 的有关规定。

（3）水泥砂浆的体积比（或强度等级）应符合设计要求。

14-48. 铺设板块地面的结合层和板块间的填缝应采用：（2009，60）

A. 水泥砂浆　　　　　B. 混合砂浆　　　　　C. 嵌缝膏泥　　　　　D. 细石混凝土

【答案】A

【说明】参见第 14-47 题。

楼地面施工质量

14-49. 在细石混凝土地面面层施工中，下列哪条要求是不正确的？（2001，66）

A. 混凝土坍落度不宜大于 30mm

B. 混凝土强度等级不小于 C20

C. 混凝土石子粒径不大于 15mm

D. 混凝土面层表面出现泌水时，可加干拌的 1 : 2~1 : 2.5 水泥和细砂进行撒匀并进行抹平和压光

【答案】D

【说明】参见《细石混凝土地面施工工艺标准》：

2.1.3　石子：粗骨料用石子最大颗粒粒径不应大于面层厚度的 2/3。细石混凝土面层采用的石子粒径不应大于 15mm。

3.1.7.1　细石混凝土搅拌：细石混凝土面层的强度等级应按设计要求做试配，如设计无要求时，不应小于 C20，由试验室根据原材料情况计算出配合比，应用搅拌机进行搅拌均匀，坍落度不宜大于 3mm。如果面层有泌水现象，要立即撒水泥砂（1 : 1= 水泥 : 砂）干拌和料，撒均匀，薄厚一致，木抹子搓压时要用力，使面层与混凝土紧密结合成整体。

14-50. 板块类踢脚线施工时不得采用石灰砂浆打底，是为了防止板块类踢脚线出现下述哪种现象？（2005，60）

A. 泛碱　　　　　B. 空鼓　　　　　C. 翘曲　　　　　D. 脱落

【答案】B

【说明】参见《建筑地面工程施工质量验收规范》（GB 50209—2010）：

6.1.7　板块类踢脚线施工时，不得采用石灰砂浆打底

6.1.7　说明：本条主要是为防治板块类踢脚线的空鼓。

注意：原题目是不得采用石灰砂浆打底，现规范已改为混合砂浆。

14-51. 建筑地面工程施工中，塑料板面层采用焊接接缝时，其焊缝的抗拉强度不得小于塑料板强度的百分比为：（2005，61）

A. 75%   B. 80%   C. 85%   D. 90%

【答案】A

【说明】参见《建筑地面工程施工质量验收规范》（GB 50209—2010）第6.6.7条，板块的焊接焊缝应平整、光洁，无焦化变色、斑点、焊瘤和起鳞等缺陷，其凹凸允许偏差不应大于0.6mm。焊缝的抗拉强度应不小于塑料板强度的75%。

14-52. 建筑地面工程的分项工程施工质量检验时，关于认定为合格的质量标准的叙述，下列哪一项是错误的？（2006，54）

A. 主控项目80%以上的检查点（处）符合规定的质量标准

B. 一般项目80%以上的检查点（处）符合规定的质量要求

C. 其他检查点（处）不得有明显影响使用的质量缺陷

D. 其他检查点（处）的质量缺陷不得大于允许偏差值的50%

【答案】A

【说明】参见《建筑地面工程施工质量验收规范》（GB 50209—2010）第3.0.22条，建筑地面工程的分项工程施工质量检验的主控项目，应达到本规范规定的质量标准，认定为合格；一般项目80%以上的检查点（处）符合本规范规定的质量要求，其他检查点（处）不得有明显影响使用，且最大偏差值不超过允许偏差值的50%为合格。凡达不到质量标准时，应按现行国家标准《建筑工程施工质量验收统一标准》（GB 50300）的规定处理。

14-53. 建筑地面基层土应均匀密实，压实系数应符合设计要求，设计无要求时，不应小于：（2008，58）

A. 0.6   B. 0.7   C. 0.8   D. 0.9

【答案】D

【说明】参见《建筑地面工程施工质量验收规范》（GB 50209—2010）第4.2.7条，基土应均匀密实，压实系数应符合设计要求，设计无要求时，不应小于0.9。

14-54. 建筑地面工程施工中，在预制钢筋混凝土板上铺设找平层前，应当进行的下列填嵌板缝施工要求中哪项是错误的？（2012，61）

A. 板缝最小底宽不应小于30mm

B. 当板缝底宽大于40mm时应按设计要求配置钢筋

C. 填嵌采用强度等级不低于C20的细石混凝土

D. 填嵌时板缝内应清理干净并保持湿润

【答案】A

【说明】参见《建筑地面工程施工质量验收规范》（GB 50209—2010）第4.9.4条，在预制钢筋混凝土板上铺设找平层前，板缝填嵌的施工应符合下列要求：

（1）预制钢筋混凝土板相邻缝底宽不应小于20mm。

（2）填嵌时，板缝内应清理干净，保护湿润。

（3）填缝应采用细石混凝土，其强度等级不应小于C20。填缝高度应低于板面10~20mm，且振捣密实；填缝后应养护。当填缝混凝土的强度等级达到C15后方可继续施工。

（4）当板缝底宽大于40mm时，应按设计要求配置钢筋。

14-55. 下列楼地面施工做法的说法中，错误的是：（2013，56）

A. 有防水要求的地面工程应对立管、套管、地漏与楼板节点之间进行密封处理，并应进行隐蔽验收

B. 有防静电要求的整体地面工程，应对导电地网系统与接地引下线的连接进行隐蔽验收

C. 找平层采用碎石或卵石的粒径不应大于其厚度的2/3

D. 预制板相邻板缝应采用水泥砂浆嵌填

【答案】D

【说明】参见《建筑地面工程施工质量验收规范》（GB 50209—2010）：

4.9.3 有防水要求的建筑地面工程，铺设前必须对立管、套管和地漏与楼板节点之间进行密封处理，并应进行隐蔽验收；排水坡度应符合设计要求。

4.9.9 在有防静电要求的整体面层的找平层施工前，其下敷设的导电地网系统应与接地引下线和地下接电体有可靠连接，经电性能检测且符合相关要求后进行隐蔽工程验收。

4.9.6 找平层采用碎石或卵石的粒径不应大于其厚度的2/3，含泥量不应大于2%；砂为中粗砂，其含泥量不应大于3%。

4.9.4 在预制钢筋混凝土板上铺设找平层面，板缝填嵌的施工应符合下列要求：

（1）预制钢筋混凝土板相邻缝底宽不应小于20mm。

（2）填嵌时，板缝内应清理干净，保持湿润。

（3）填缝应采用细石混凝土，其强度等级不应小于C20。填缝高度应低于板面10~20mm，且振捣密实；填缝后应养护。当填缝混凝土的强度等级达到C15后方可继续施工。

实木地板地面工程

14-56. 铺设中密度（强化）复合地板面层时，下列哪条是不正确的？（2003，58）

A. 相邻条板端头应错开不小于300mm距离

B. 面层与墙之间应留不小于10mm空隙

C. 表面平整度控制在3mm内

D. 板缝拼缝平直控制在3mm内

【答案】C

【说明】参见《建筑地面工程施工质量验收规范》（GB 50209—2010），实木复合地板面层铺设时，

相邻板材接头位置应错开不小于 300mm 的距离；与柱、墙之间应留不小于 10mm 的空隙。表面平整度控制在 2mm 内。板缝拼缝平直控制在 3mm 内。

14-57. 实木地板施工时，下列哪条是不正确的？（2003，59）

A. 毛地板铺设时板间缝隙不大于 3mm

B. 毛地板与墙之间留有 8~12mm 空隙

C. 面层铺设时，面板与墙之间留有 8~12mm 空隙

D. 木踢脚线与面层的接缝允许有 3mm 偏差值

【答案】D

【说明】参见《建筑地面工程施工质量验收规范》（GB 50209—2010）：

7.2.4 当面层下铺设垫层地板时，垫层地板的髓心应向上，板间缝隙不应大于 3mm，与柱、墙之间应留 8~12mm 的空隙，表面应刨平。

7.2.5 实木地板、实木集成地板、竹地板面层铺设时，相邻板材接头位置应错开不小于 300mm 的距离；与柱、墙之间应留 8~12mm 的空隙。

14-58. 硬木实木地板面层的表面平整度，下列哪项符合规范要求？（2004，59）

A. 2.0mm（用 2m 靠尺和楔形塞尺检查）   B. 3.0mm（用 2m 靠尺和楔形塞尺检查）

C. 4.0mm（用 5m 通线和钢尺检查）   D. 5.0mm（用 5m 通线和钢尺检查）

【答案】A

【说明】参见《建筑地面工程施工质量验收规范》（GB 50209—2010）第 7.1.8 木、竹面层的允许偏差和检验方法应符合表 7.1.8（见表 14-5）的规定。

木、竹面层的允许偏差和检验方法   表 14-5

项次	项目	允许偏差 /mm				检验方法
		实木地板、实木集成 地板、竹地板面层			浸渍纸层压木质地板、实木复合地板、软木类地板面层	
		松木地板	硬木地板、竹地板	拼花地板		
1	板面缝隙宽度	1.0	0.5	0.2	0.5	用钢尺检查
2	表面平整度	3.0	2.0	2.0	2.0	用 2m 靠尺和楔形塞尺检查
3	踢脚线上口平齐	3.0	3.0	3.0	3.0	拉 5m 线和用钢尺检查
4	板面拼缝平直	3.0	3.0	3.0	3.0	
5	相邻板材高差	0.5	0.5	0.5	0.5	用钢尺和楔形塞尺检查
6	踢脚线与面层的接缝	1.0				楔形塞尺检查

14-59. 毛地板和实木地板面层铺设时，与墙之间应留多大的空隙？（2005，62）

A. 3~10mm   B. 5~10mm   C. 6~10mm   D. 8~12mm

【答案】D

【说明】参见《建筑地面工程施工质量验收规范》（GB 50209—2010）：

7.2.4 当面层下铺设垫层地板时，垫层地板的髓心应向上，板间缝隙不应大于3mm，与柱、墙之间应留8~12mm的空隙，表面应刨平。

7.2.5 实木地板、实木集成地板、竹地板面层铺设时，相邻板材接头位置应错开不小于300mm的距离；与柱、墙之间应留8~12mm的空隙。

14-60. 地面工程施工中，竹地板面层必须进行的处理不包括：（2008，62）

A. 硫化　　　　　　　B. 防火　　　　　　　C. 防腐　　　　　　　D. 防蛀

【答案】B

【说明】竹子具有纤维硬、密度大、水分少、不易变形等优点。竹地板应经严格选材、硫化、防腐、防蛀处理，并采用具有商品检验合格证的产品，其技术等级及质量要求均应符合国家现行行业标准《竹地板》（LY/T 1573）的规定。

14-61. 在木竹地板中，应进行防腐和防蛀处理的是：（2009，59）

A. 实木地板面层　　　　　　　　　　B. 实木复合地板面层

C. 竹地板面层　　　　　　　　　　　D. 面层下的木龙骨、垫木、毛地板

【答案】D

【说明】参见《建筑地面工程施工质量验收规范》（GB 50209—2010）第7.1.2条，木、竹地板面层下的木搁栅、垫木、毛地板等采用木材的树种、选材标准和铺设时木材含水率以及防腐、防蛀处理等，均应符合《木结构工程施工质量验收规范》（GB 50206）的有关规定。所选用的材料，进场时应对其断面尺寸、含水率等主要技术指标进行抽检，抽检数量应符合产品标准的规定。

14-62. 经过严格选材、硫化、防腐、防蛀处理的地面面层是：（2010，60）

A. 实木地板　　　　　　B. 竹地板　　　　　　C. 实木复合地板　　　　　D. 中密度复合地板

【答案】B

【说明】竹子具有纤维硬、密度大、水分少、不易变形等优点。竹地板应经严格选材、硫化、防腐、防蛀处理。

14-63. 实木地板面层铺设时必须符合设计要求的项目是：（2011，62）

A. 木材的强度　　　　B. 木材的含水率　　　C. 木材的防火性能　　　D. 木材的防蛀性能

【答案】B

【说明】参见《建筑地面工程施工质量验收规范》（GB 50209—2010）第7.2.8条，实木地板、实木集成地板、竹地板面层采用的地板、铺设时的木（竹）材含水率、胶粘剂等应符合设计要求和国家现行有关标准的规定。

14-64. 下列实木复合地板的说法中，正确的是：（2013，60）

A. 大面积铺设时应连续铺设　　　　　　B. 相邻板材接头位置应错开，间距不小于300

C. 不应采用粘贴法铺设   D. 不应采用无龙骨空铺法铺设

【答案】B

【说明】参见《建筑地面工程施工质量验收规范》（GB 50209—2010）：

　　7.3.5　大面积铺设实木复合地板面层时，应分段铺设，分段缝的处理应符合设计要求。

　　7.3.4　实木复合地板面层铺设时，相邻板材接头位置应错开不小于300mm的距离；与柱、墙之间应留不小于10mm的空隙。当面层采用无龙骨的空铺法铺设时，应在面层与柱、墙之间的空隙内加设金属弹簧卡或木楔子，其间距宜为200~300mm。

　　7.3.2　实木复合地板面层应采用空铺法或粘贴法（满粘或点粘）铺设。采用粘贴法铺设时，粘贴材料应按设计要求选用，并应具有耐老化、防水、防菌、无毒等性能。

第三部分　设计业务管理

第十五章 建筑工程法规规范

建设工程合同

15-1. 凡发生下列情况之一者，允许变更或解除经济合同，其错误答案是：（2001，78）

A. 当事人一方不能按期履行合同　　　B. 由于不可抗力使合同2/3以上义务不能履行

C. 当事人双方协商同意　　　　　　　D. 由于不可抗力使合同的全部义务不能履行

【答案】B

【说明】参见《中华人民共和国合同法》第二十七条，凡发生下列情况之一者，允许变更或解除经济合同：一、当事人双方经过协商同意，并且不因此损害国家利益和影响国家计划的执行；二、订立经济合同所依据的国家计划被修改或取消；三、当事人一方由于关闭、转产而确实无法履行经济合同；四、由于不可抗力或由于一方当事人虽无过失但无法防止的外因，致使经济合同无法履行；五、由于一方要求变更或解除经济合同时，应及时通知对方。因变更或解除经济合同使一方遭受损失的，除依法可以免除责任的外，应由责任方负责赔偿。当事人一方发生合并、分立时，由变更后的当事人承担或分别承担履行合同的义务和享受应有的权利。

15-2. 具备下列情况之一的有资格签订勘察设计合同，其中错误的是：（2001，79）

A. 承接方是持有证书的勘察设计单位　　B. 双方必须具有法人地位

C. 承接方是持有证书的注册建筑师　　　D. 委托方是建设单位或有关单位

【答案】C

【说明】参见《建设工程勘察设计合同条例》第三条，建设工程勘察设计合同的双方必须具有法人地位。委托方是建设单位或有关单位，承包方是持有勘察设计证书的勘察设计单位。

15-3. 下列关于建设工程合同的说法，错误的是：（2003，71）

A. 建设工程合同包括勘察、设计和施工合同

B. 勘察、设计、施工承包人可以自主将所承包的部分工作交由第三人完成

C. 勘察、设计、施工承包人不得将其承包的全部工程转包给第三人

D. 勘察设计合同的内容包括提交有关基础资料和文件的期限等

【答案】B

【说明】参见《中华人民共和国合同法（建设工程合同）》：

第二百六十九条　建设工程合同是承包人进行工程建设，发包人支付价款的合同。建设工程合同包括工程勘察、设计、施工合同。

第二百七十二条　发包人可以与总承包人订立建设工程合同，也可以分别与勘察人、设计人、施工人订立勘察、设计、施工承包合同。发包人不得将应当由一个承包人完成的建设工程肢解成若干部分发包给几个承包人。总承包人或者勘察、设计、施工承包人经发包人同意，可以将自己承包的部分工作交由第三人完成。第三人就其完成的工作成果与总承包人或者勘察、设计、施工承包人向发包人承担连带责任。承包人不得将其承包的全部建设工程转包给第三人或者将其承包的全部建设工程肢解以后以分包的名义分别转包给第三人。

第二百七十四条　勘察、设计合同的内容包括提交有关基础资料和文件（包括概预算）的期限、质量要求、费用以及其他协作条件等条款。

15-4.下列关于建设工程合同的说法，错误的是：（2003，72）

A.建设工程合同可以采取合同书、信件、电子邮件等形式

B.建设工程合同可以采取电报、传真、口头合同等形式

C.建设工程合同包括勘察、设计和施工合同

D.建设工程合同不得与法律、法规相违背

【答案】B

【说明】参见《中华人民共和国合同法（建设工程合同）》：

第二百六十九条　建设工程合同是承包人进行工程建设，发包人支付价款的合同。建设工程合同包括工程勘察、设计、施工合同。

第二百七十条　建设工程合同应当采用书面形式。

第二百七十一条　建设工程的招标投标活动，应当依照有关法律的规定公开、公平、公正进行。

15-5.下列关于建设工程合同的说法，错误的是：（2004，71）

A.建设工程合同是发包人进行发包，承包人进行投标的合同

B.建设工程合同应当采用书面形式

C.订立建设工程合同，不得与法律法规相违背

D.发包人可以与总承包人订立建设工程合同

【答案】A

【说明】参见第15-3题。

15-6.下列关于建设工程合同的说法，错误的是：（2004，72）

A.建设工程合同包括勘察、设计和施工合同

B.勘察设计合同的内容包括提交有关基础资料和文件的期限等

C.施工合同的内容包括质量保修范围和质量保证期等

D.勘察、设计、施工等承包人可以将其承包的全部工程分别转包给一至两个分承包商

【答案】D

【说明】参见《中华人民共和国合同法》:

第二百六十九条 建设工程合同是承包人进行工程建设,发包人支付价款的合同。建设工程合同包括工程勘察、设计、施工合同。

第二百七十四条 勘察、设计合同的内容包括提交有关基础资料和文件(包括概预算)的期限、质量要求、费用以及其他协作条件等条款。

第二百七十五条 施工合同的内容包括工程范围、建设工期、中间交工工程的开工和竣工时间、工程质量、工程造价、技术资料交付时间、材料和设备供应责任、拨款和结算、竣工验收、质量保修范围和质量保证期、双方相互协作等条款。

第二百七十二条 承包人不得将其承包的全部建设工程转包给第三人或者将其承包的全部建设工程肢解以后以分包的名义分别转包给第三人。

15-7.《合同法》规定的建设工程合同,是指以下哪几类合同?(2005,73)(2011,71)

Ⅰ.勘察合同   Ⅱ.设计合同   Ⅲ.施工合同   Ⅳ.监理合同

Ⅴ.采购合同

A. Ⅰ、Ⅱ、Ⅲ   B. Ⅱ、Ⅲ、Ⅳ   C. Ⅲ、Ⅳ、Ⅴ   D. Ⅱ、Ⅲ、Ⅴ

【答案】A

【说明】参见《中华人民共和国合同法》第二百六十九条,建设工程合同是承包人进行工程建设,发包人支付相应价款的合同。建设工程合同包括工程勘察、设计、施工合同。

15-8.《合同法》规定,设计单位未按照期限提交设计文件,给建设单位造成损失的,除应继续完善设计外,还应:(2005,74)

A.只减收设计费   B.只免收设计费

C.全额收取设计费后视损失情况给予全额赔偿 D.减收或免收设计费并赔偿损失

【答案】D

【说明】参见《中华人民共和国合同法》第三十四条,因勘察设计质量低劣引起返工或未按期提交勘察设计文件拖延工期造成损失,由勘察设计单位继续完善设计,并减收或免收勘察设计费,直至赔偿损失。

15-9. 依据《合同法》中的建设工程合同部分,以下哪一项叙述是不正确的?(2006,67)

A.建设工程合同应当采用书面形式

B.建设工程合同是承包人进行工程建设、发包人支付价款的合同

C.建设工程合同包括设备和建筑材料采购合同

D.勘察、设计、施工承包人经发包人同意,可以将自己承包的部分工作交由第三人完成

【答案】C

【说明】参见《中华人民共和国合同法》:

第二百七十条 建设工程合同应当采用书面形式。

第二百六十九条 建设工程合同是承包人进行工程建设,发包人支付相应价款的合同。

建设工程合同包括工程勘察、设计、施工合同。

第二百七十二条　总承包人或者勘察、设计、施工承包人经发包人同意，可以将自己承包的部分工作交由第三人完成。

15-10. 因发包人变更计划而造成设计的停工，发包人应当：（2006，69）

A. 撤销原合同，签订新合同　　　　　　B. 说明原因后不增付费用

C. 按照设计人实际消耗的工作量增付费用　D. 支付合同约定的全部设计费

【答案】C

【说明】参见《中华人民共和国合同法》第二百八十五条，因发包人变更计划、提供的资料不准确，或者未按照期限提供必需的勘察、设计工作条件而造成勘察、设计的返工、停工或者修改设计，发包人应当按照勘察人、设计人实际消耗的工作量增付费用。

15-11. 建设工程合同包括的内容，下列哪条是正确的？（2009，72）

A. 工程勘察、施工、监理合同　　　　　　B. 工程勘察、设计、施工合同

C. 工程勘察、设计、监理合同　　　　　　D. 工程设计、施工、监理合同

【答案】B

【说明】参见《中华人民共和国合同法》第二百六十九条，建设工程合同是承包人进行工程建设，发包人支付相应价款的合同。建设工程合同包括工程勘察、设计、施工合同。

15-12. 下列关于设计分包的叙述，哪条是正确的？（2009，73）（2011，76）

A. 设计承包人可以将自己的承包工程交由第三人完成，第三人为具备相应资质的设计单位

B. 设计承包人经发包人同意，可以将自己承包的部分工程设计分包给自然人

C. 设计承包人经发包人同意，可以将自己承包的部分工作分包给具备相应资质的第三人

D. 设计承包人经发包人同意，可以将自己的全部工作分包给具有相应资质的第三人

【答案】C

【说明】根据《中华人民共和国合同法》第二百七十二条，总包与分包：发包人可以与总承包人订立建设工程合同，也可以分别与勘察人、设计人、施工人订立勘察、设计、施工承包合同。发包人不得将应当由一个承包人完成的建设工程肢解成若干部分发包给几个承包人。

总承包人或者勘察、设计、施工承包人经发包人同意，可以将自己承包的部分工作交由第三人完成。第三人就其完成的工作成果与总承包人或者勘察、设计、施工承包人向发包人承担连带责任。承包人不得将其承包的全部建设工程转包给第三人或者将其承包的全部建设工程肢解以后以分包的名义分别转包给第三人。

禁止承包人将工程分包给不具备相应资质条件的单位。禁止分包单位将其承包的工程再分包。建设工程主体结构的施工必须由承包人自行完成。

15-13. 下列哪一条表述与《中华人民共和国合同法》不符？（2010，72）（2013，70）

A. 当事人采用合同书形式订立合同的，自双方当事人签字或者盖章时合同成立

B. 采用合同书形式订立合同，在签字或者盖章之前，当事人一方已经履行主要义务且对方接受的，该合同也不能成立

C. 当事人采用信件、数据电文等形式订立合同的，可以在合同成立之前要求签订确认书，签订确认书时合同成立

D. 采用合同书形式订立合同的双方当事人签字或者盖章的地点为合同成立的地点

【答案】B

【说明】参见《中华人民共和国合同法》：

第三十二条　当事人采用合同书形式订立合同的，自双方当事人签字或者盖章时合同成立。

第三十三条　当事人采用信件、数据电文等形式订立合同的，可以在合同成立之前要求签订确认书。签订确认书时合同成立。

第三十五条　当事人采用合同书形式订立合同的，双方当事人签字或者盖章的地点为合同成立的地点。

第三十七条　采用合同书形式订立合同，在签字或者盖章之前，当事人一方已履行主要义务，对方接受的，该合同成立。

15-14. 竣工结算应依据的文件是：（2012，9）

A. 施工合同   B. 初步设计图纸

C. 承包方申请的签证   D. 投资估算

【答案】A

【说明】工程施工合同是建设单位与施工单位依法签订的，是施工期间合同双方共同遵守的合同，也是工程竣工结算的主要依据。

要约

15-15. 根据《合同法》，下列哪种情形要约失效？（2007，70）

A. 要约人没有收到拒绝要约的通知   B. 承诺期限届满，受要约人又做出承诺

C. 受要约人对要约的内容做出变更   D. 要约人依法撤销要约

【答案】D

【说明】参见《中华人民共和国合同法》第二十条，有下列情形之一的，要约失效：

（一）拒绝要约的通知到达要约人。

（二）要约人依法撤销要约。

（三）承诺期限届满，受要约人未做出承诺。

（四）受要约人对要约的内容做出实质性变更。

15-16. 债务人以明显不合理的低价转让财产，对债权人造成损害，并且受让人知道该情形的，债权人可以请求哪个机构撤销债务人的行为？（2007，71）

A. 人民法院　　　　　B. 仲裁机构　　　　　C. 检察院　　　　　D. 政府部门

【答案】A

【说明】参见《中华人民共和国合同法》第七十四条，债务人以明显不合理的低价转让财产，对债权人造成损害，并且受让人知道该情形的，债权人也可以请求人民法院撤销债务人的行为。

15-17. 撤销要约的通知应当在受要约人发出承诺通知前后的什么时间要约可以撤销？（2007，72）（2008，69）

A. 之前　　　　　B. 当日　　　　　C. 后五日　　　　　D. 后十日

【答案】A

【说明】参见《中华人民共和国合同法》第十八条，要约可以撤销。撤销要约的通知应当在受要约人发出承诺通知之前到达受要约人。

15-18. 有关合同标的数量、质量、价款或者报酬、履行期限、履行地点和方式、违约责任和解决争议方法等的变更，是对要约内容什么性质的变更？（2008，70）

A. 重要性　　　　　B. 必要性　　　　　C. 实质性　　　　　D. 一般性

【答案】C

【说明】参见《中华人民共和国合同法》第三十条，承诺的内容应当与要约的内容一致。受要约人对要约的内容做出实质性变更的，为新要约。有关合同标的、数量、质量、价款或者报酬、履行期限、履行地点和方式、违约责任和解决争议方法等的变更，是对要约内容的实质性变更。

15-19. 承诺通知到达要约人时生效，承诺不需要通知的，根据什么行为生效？（2008，71）

A. 通常习惯或者要约的要求　　　　　B. 交易习惯或者要约的要求做出承诺行为

C. 要约的要求　　　　　D. 通常习惯

【答案】B

【说明】参见《中华人民共和国合同法》第二十六条，承诺通知到达要约人时生效。承诺不需要通知的，根据交易习惯或者要约的要求做出承诺的行为时生效。

15-20. 下列关于联合体投标的叙述，哪条是正确的？（2009，70）

A. 法人、组织和自然人可以组成联合体，以一个投标人的身份共同投标

B. 由同一个专业的单位组成的联合体，可按照资质等级较高的单位确定资质等级

C. 当投标家数较多时，招标人可以安排投标人组成联合体共同投标

D. 联合体各方应当签订共同投标协议，明确约定各方工作和责任，并将该协议连同投标文件一并提交招标人

【答案】D

【说明】参见《中华人民共和国招标投标法》第三十一条，两个以上法人或者其他组织可以组成一个联合体，以一个投标人的身份共同投标。联合体各方均应当具备承担招标项目的相应能力；国家有关规定或者招标文件对投标人资格条件有规定的，联合体各方均应当具备规定的相应资

格条件。由同一专业的单位组成的联合体，按照资质等级较低的单位确定资质等级。联合体各方应当签订共同投标协议，明确约定各方拟承担的工作和责任，并将共同投标协议连同投标文件一并提交招标人。联合体中标的，联合体各方应当共同与招标人签订合同，就中标项目向招标人承担连带责任。招标人不得强制投标人组成联合体共同投标，不得限制投标人之间的竞争。

15-21. 设计公司给房地产开发公司寄送的公司业绩介绍及价目表属于：（2009，71）（2012，71）（2017，64）

A. 合同　　　　　　B. 要约邀请　　　　　C. 要约　　　　　　D. 承诺

【答案】B

【说明】要约邀请是当事人订立合同的预备行为，只是引诱他人发出要约，不能因相对人的承诺而成立合同。在发出要约邀请以后，要约邀请人撤回其邀请，只要没给善意相对人造成信赖利益的损失，要约邀请人一般不承担责任。如寄送的价目表、拍卖公告、招标公告、招股说明书、商业广告等为要约邀请。

民用建筑设计收费标准

15-22. 按承担设计任务的单项工程概算为基础取费的，应当加入或扣除以下费用，其中何项为错误答案？（2000，90）

A. 加入临时工程费　　　　　　　　　B. 扣除施工机械购置费
C. 加入联合试转运费　　　　　　　　D. 扣除施工技术装备费

【答案】A

【说明】参见《民用建筑工程设计收费标准》第十一条，按承担设计任务的单项工程概算为基础取费的，其计算基数应扣除临时工程费、施工技术装备费和施工机械购置费，加入联合试运转费。单项工程概算应以主管部门批准的初步设计概算为依据。

15-23. 在项目决策以后，下列哪项不属于大型和重要的民用建筑的设计阶段？（2001，73）

A. 初步设计阶段　　　B. 施工图设计阶段　　　C. 招标设计阶段　　　D. 方案设计优选阶段

【答案】C

【说明】在项目决策以后，建筑工程设计一般分为初步设计和施工图设计两个设计阶段。大型和重要的民用建筑工程，在初步设计前，应进行设计方案优选。小型和技术要求简单的建筑工程，可以方案设计代替初步设计。

15-24. 按我国《反不正当竞争法》以及住房和城乡建设部《勘察设计行业职业道德准则》规定，在某一设计选取某种建筑材料或设备时，制造商表示愿在账外提供一定金额回扣，应如何处理？（2001，83）

A. 不接受

B. 个人可以接受，单位不得接受

C.国有企业的回扣不得接受，外资合资企业的可以接受

D.单位可以接受，个人不得接受

【答案】A

【说明】参见《勘察设计职工职业道德准则》第五条，遵守市场管理，平等竞争，严格按规定收费，不超收、不压价，勇于抵制行业不正之风，不因收取"回扣""介绍费"等而选用价高质次的材料设备，不贬低别人，抬高自己。

15-25. 需要单独提出建筑设计方案的，其收费标准如下，哪项为错误答案？（2000，89）（2001，81）

A.特级工程建筑方案加收设计费的10%

B.一级、二级工程建筑方案加收设计费的6%

C.四级以下（含四级）工程不另收建筑方案费

D.三级工程建筑方案加收设计费的3%

【答案】B

【说明】参见《民用建筑设计收费标准说明》，需要单独提出建筑设计方案的，特级、一级工程建筑设计方案加收该项目设计费的10%；二级工程建筑设计方案加收该项目设计费的6%；三级工程建筑设计方案加收该项目设计费的3%；四级以下（含四级）工程不另收建筑设计方案费。

15-26. 按照《建设工程勘察设计合同条例》，在设计合同生效后，委托方应向承包方付给定金，该定金相当于估算设计费的百分之几？（2001，80）

A.25   B.10   C.20   D.15

【答案】C

【说明】参见《建设工程勘察设计合同条例》第七条，按规定收取费用的勘察设计合同生效后，委托方应向承包方付给定金。勘察设计合同履行后，定金抵作勘察设计费。勘察任务的定金为勘察费的30%，设计任务的定金为估算的设计费20%。

15-27. 按照《勘察设计职工职业道德准则》，以下哪项为错误答案？（2001，82）

A.不搞技术封锁   B.可以采用他人成果，但应当注明出处

C.不准采用他人成果   D.树立正派学风

【答案】C

【说明】参见《勘察设计职工职业道德准则》第三条，钻研科学技术，不断采用新技术、新工艺，推动行业技术进步；树立正派学风，不搞技术封锁，不剽窃他人成果，采用他人成果要标明出处，尊重他人的正当技术、经济权利。

15-28. 建筑设计单位的资质是依据下列哪些条件划分等级的？（2005，68）

Ⅰ.注册资本 Ⅱ.单位职工总数 Ⅲ.专业技术人员 Ⅳ.工程业绩 Ⅴ.技术装备

A. Ⅰ、Ⅱ、Ⅲ、Ⅳ   B. Ⅱ、Ⅲ、Ⅳ、Ⅴ   C. Ⅰ、Ⅲ、Ⅳ、Ⅴ   D. Ⅰ、Ⅱ、Ⅳ、Ⅴ

【答案】C

【说明】参见《中华人民共和国建筑法》第十三条，从事建筑活动的建筑施工企业、勘察单位、设计单位和工程监理单位，按照其拥有的注册资本、专业技术人员、技术装备和已完成的建筑工程业绩等资质条件，划分为不同的资质等级。

15-29. 根据《建筑法》的规定，建筑工程保修范围和最低保修期限，由下列何者规定？（2005，70）

A. 由建设方与施工方协议规定

B. 由省、自治区、直辖市建设行政主管部门规定

C. 在相关施工规程中规定

D. 由国务院规定

【答案】D

【说明】参见《中华人民共和国建筑法》第六十二条，建筑工程实行质量保修制度。建筑工程的保修范围应当包括地基基础工程、主体结构工程、屋面防水工程和其他土建工程，以及电气管线、上下水管线的安装工程，供热、供冷系统工程等项目；保修的期限应当按照保证建筑物合理寿命年限内正常使用，维护使用者合法权益的原则确定。具体的保修范围和最低保修期限由国务院规定。

建设工程招投标

15-30. 建设工程勘察、设计方案评标，应当根据下列因素进行综合评定，其中错误的是哪一种？（2003，68）

A. 投标人的业绩   B. 投标人的信誉

C. 投标人的财务状况   D. 勘察设计方案的优劣

【答案】C

【说明】参见《建设工程勘察设计管理条例》第十四条，建设工程勘察、设计方案评标，应当以投标人的业绩、信誉和勘察、设计人员的能力以及勘察、设计方案的优劣为依据，进行综合评定。

15-31. 某建筑工程设计方案投标文件作废，下列哪项不属于构成废标的理由？（2003，69）

A. 投标文件未经密封的   B. 无相应资格的注册建筑师签字的

C. 无单位法人签字的   D. 未加盖投标人公章的

【答案】B

【说明】参见《工程建设项目勘察设计招标投标办法》第三十六条，投标文件有下列情况之一的，应作废标处理或被否决：

（一）未按要求密封。

（二）未加盖投标人公章，也未经法定代表人或者其授权代表签字。

（三）投标报价不符合国家颁布的勘察设计取费标准，或者低于成本恶性竞争的。

（四）未响应招标文件的实质性要求和条件的。

（五）以联合体形式投标，未向招标人提交共同投标协议的。

15-32. 建设工程勘察、设计方案评标，应当根据下列主要因素进行综合评定，其中错误的是哪种？（2004，68）

A. 投标人的服务态度   B. 投标人的信誉

C. 投标人的业绩   D. 勘察、设计人员的能力

【答案】A

【说明】参见第 15-30 题。

15-33. 在工程设计招投标中，下列哪种情况不会使投标文件成为废标？（2004，69）

A. 投标文件未经密封   B. 无总建筑师签字

C. 未加盖投标人公章   D. 未响应招标文件的条件

【答案】B

【说明】参见第 15-31 题。

15-34. 依据工程建设项目勘察设计招标投标办法，勘察设计招标工作由下列何者负责？（2004，85）

A. 招标人

B. 招投标服务机构

C. 政府主管部门

D. 在招标人和招投标服务机构中由政府主管部门选择

【答案】A

【说明】参见《工程建设项目勘察设计招标投标办法》第五条，勘察设计招标工作由招标人负责。任何单位和个人不得以任何方式非法干涉招标投标活动。

15-35. 按规定需要政府审批的项目，有下列情形之一的，经批准可以不进行设计招标．其中错误的是哪一项？（2005，71）

A. 涉及国家秘密的

B. 抢险救灾的

C. 主要工艺采用特定专利或专有技术的

D. 专业性强，能够满足条件的设计单位少于五家的

【答案】D

【说明】参见《工程建设项目勘察设计招标投标办法》第四条，按照国家规定需要政府审批的项目，有下列情形之一的，经批准，项目的勘察设计可以不进行招标：

（一）涉及国家安全、国家秘密的；

（二）抢险救灾的；

（三）主要工艺、技术采用特定专利或者专有技术的；

（四）技术复杂或专业性强，能够满足条件的勘察设计单位少于三家，不能形成有效竞争的；

（五）已建成项目需要改、扩建或者技术改造，由其他单位进行设计影响项目功能配套性的。

15-36. 建筑设计投标文件有下列哪一种情况发生时不会被否决？（2005，72）

A. 投标报价低于成本　　　　　　　　B. 投标报价不符合国家颁布的取费标准

C. 投标文件未经注册建筑师签字　　　D. 以联合体形式投标而未提交共同投标协议

【答案】C

【说明】参见第 15-30 题。

15-37. 建筑工程招标的开标、评标、定标由哪个单位依法组织实施？（2005，78）

A. 招标公司　　　B. 公证机关　　　C. 建设单位　　　D. 施工单位

【答案】C

【说明】参见《中华人民共和国建筑法》第二十一条，建筑工程招标的开标、评标、定标由建设单位依法组织实施，并接受有关行政主管部门的监督。

15-38. 设计投标必须符合国家的招标投标法，以下哪一项叙述是不正确的？（2006，6）

A. 投标人应当按照招标文件的要求编制投标文件

B. 投标人应对招标文件提出的实质性要求和条件作出响应

C. 投标人少于三个，招标人应当依法重新招标

D. 在招标文件要求提交投标文件的截止时间后送达的投标文件，招标人可以在征得其他投标
　人同意后决定投标文件有效

【答案】D

【说明】参见《中华人民共和国招标投标法》：

　　第二十七条　投标人应当按照招标文件的要求编制投标文件。投标文件应当对招标文件提出的实质性要求和条件做出响应。

　　第二十八条　投标人应当在招标文件要求提交投标文件的截止时间前，将投标文件送达投标地点。招标人收到投标文件后，应当签收保存，不得开启。投标人少于三个的，招标人应当依照本法重新招标。在招标文件要求提交投标文件的截止时间后送达的投标文件，招标人应当拒收。

15-39. 某建设工程由招标人向特定的五家设计院发出招标邀请书，此种招标方式是：（2007，67）

A. 公开招标　　　B. 邀请招标　　　C. 议标　　　D. 内部招标

【答案】B

【说明】参见《中华人民共和国招标投标法》第十条，招标分为公开招标和邀请招标。公开招标，是指招标人以招标公告的方式邀请不特定的法人或者其他组织投标。邀请招标，是指招标人以投标邀请书的方式邀请特定的法人或者其他组织投标。

15-40. 按照《招标投标法》，有关投标人的正确说法是：（2007，68）

Ⅰ.投标的个人不适用《招标投标法》有关投标人的规定

Ⅱ.投标人应当具备承担招标项目的能力

Ⅲ.投标人应当具备规定的资格条件

Ⅳ.投标人应当按照招标文件的要求编制投标文件

A. Ⅰ、Ⅱ、Ⅲ　　　　B. Ⅰ、Ⅲ、Ⅳ　　　　C. Ⅰ、Ⅱ、Ⅳ　　　　D. Ⅱ、Ⅲ、Ⅳ

【答案】D

【说明】参见《中华人民共和国招标投标法》

　　第二十五条　投标人是响应招标、参加投标竞争的法人或者其他组织。依法招标的科研项目允许个人参加投标的，投标的个人适用本法有关投标人的规定。

　　第二十六条　投标人应当具备承担招标项目的能力；国家有关规定对投标人条件或者招标文件对投标人资格条件有规定的，投标人应当具备规定的资格条件。

　　第二十七条　投标人应当按照招标文件的要求编制投标文件。

15-41. 编制投标文件最少所需的合理时间不应少于：（2007，69）

A. 10 日　　　　　　B. 14 日　　　　　　C. 20 日　　　　　　D. 30 日

【答案】C

【说明】参见《中华人民共和国招标投标法》第二十四条和《工程建设项目施工招标投标办法》第三十一条，招标人应当确定投标人编制投标文件所需要的合理时间；但是，依法必须进行招标的项目，自招标文件开始发出之日起至投标人提交投标文件截至之日止，最短不得少于二十天。

15-42. 对建设项目方案设计招标投标活动实施监督管理的部门为：（2009，68）

A. 乡镇级以上地方人民政府　　　　　　B. 县级以上地方人民政府

C. 县级以上地方人民政府建设行政主管部门　　D. 市级以上建设行政主管部门

【答案】C

【说明】参见《建筑工程设计招标投标管理办法》第四条，国务院建设行政主管部门上负责全国建筑工程设计招标投标的监督管理。县级以上地方人民政府建设行政主管部门负责本行政区域内建筑工程设计招标投标的监督管理。

15-43. 根据国家有关规定必须进行设计招标的为哪项？（2009，69）

A. 单项合同估算价为 200 万元，须采用专有技术的某建筑工程

B. 设计单项合同估算价为 45 万元的总投资额为 2800 万元的工程

C. 部分使用国有企业事业单位自有资金，其余为私营资金共同出资投资的项目，其中国有资金占 1/3 的

D. 使用外国政府及其机构贷款资金的项目

【答案】D

【**说明**】参见《工程建设项目招标范围和规模标准规定》：

第四条　使用国有资金投资项目的范围包括：

（一）使用各级财政预算资金的项目。

（二）使用纳入财政管理的各种政府性专项建设基金的项目。

（三）使用国有企业事业单位自有资金，并且国有资产投资者实际拥有控制权的项目。

第六条　使用国际组织或者外国政府资金的项目的范围包括。

（一）使用世界银行、亚洲开发银行等国际组织贷款资金的项目。

（二）使用外国政府及其机构贷款资金的项目。

（三）使用国际组织或者外国政府援助资金的项目。

第七条　本规定第二条至第六条规定范围内的各类工程建设项目，包括项目的勘察、设计、施工、监理以及与工程建设有关的重要设备、材料等的采购，达到下列标准之一的，必须进行招标：

（一）施工单项合同估算价在200万元人民币以上的。

（二）重要设备、材料等货物的采购，单项合同估算价在100万元人民币以上的。

（三）勘察、设计、监理等服务的采购，单项合同估算价在50万元人民币以上的。

（四）单项合同估算价低于第（一）、（二）、（三）项规定的标准，但项目总投资额在3000万元人民币以上的。

15-44. 建筑工程概念性方案设计投标文件编制时间为多长？（2010，85）

A. 10d　　　　　　　B. 15d　　　　　　　C. 20d　　　　　　　D. 25d

【**答案**】C

【**说明**】参见《建筑工程方案设计招标投标管理办法》第二十四条，建筑工程概念性方案设计投标文件编制一般不少于二十日，其中大型公共建筑工程概念性方案设计投标文件编制一般不少于四十日；建筑工程实施性方案设计投标文件编制一般不少于四十五日。招标文件中规定的编制时间不符合上述要求的，建设主管部门对招标文件不予备案。

15-45. 甲级资质和乙级资质的两个设计单位拟参加某项目的工程设计，下列表述哪项是正确的？
（2011，67）

A. 可以以联合体形式按照甲级资质报名参加

B. 可以以联合体形式按照乙级资质报名参加

C. 后者可以以前者的名义参加设计投标，中标后前者将部分任务分包给后者

D. 前者与后者不能组成联合体共同投标

【**答案**】B

【**说明**】参见《中华人民共和国招标投标法》第三十一条，两个以上法人或者其他组织可以组成一个联合体，以一个投标人的身份共同投标。

联合体各方均应当具备承担招标项目的相应能力；国家有关规定或者招标文件对投标人资格条件有规定的，联合体各方均应当具备规定的相应资格条件。由同一专业的单位组成的

联合体，按照资质等级较低的单位确定资质等级。

联合体各方应当签订共同投标协议，明确约定各方拟承担的工作和责任，并将共同投标协议连同投标文件一并提交招标人。联合体中标的，联合体各方应当共同与招标人签订合同，就中标项目向招标人承担连带责任。

招标人不得强制投标人组成联合体共同投标，不得限制投标人之间的竞争。

15-46. 依法必须进行工程设计招标的项目，其评标委员会由招标人的代表和有关技术、经济等方面的专家组成，成员人数为：(2011，68)(2017，62)

A.3 人以上单数　　　　B.5 人以上单数　　　　C.7 人以上单数　　　　D.9 人以上单数

【答案】B

【说明】参见《中华人民共和国招标投标法》第三十七条，评标由招标人依法组建的评标委员会负责。依法必须进行招标的项目，其评标委员会由招标人的代表和有关技术、经济等方面的专家组成，成员人数为五人以上单数，其中技术、经济等方面的专家不得少于成员总数的三分之二。

15-47. 下列关于工程设计中标人按照合同约定履行义务完成中标项目的叙述，哪条是正确的？(2011，69)

A. 中标人经招标人同意，可以向具备相应资质条件的他人转让中标项目

B. 中标人按照合同约定，可以将中标项目肢解后分别向具备相应资质条件的他人转让

C. 中标人按照合同约定，可以将中标项目的部分非主体工作分包给具备相应资质条件的他人完成，并可以再次分包

D. 中标人经招标人同意，可以将中标项目的部分非关键性工作分包给具备相应资质条件的他人完成，并不得再次分包

【答案】D

【说明】参见《中华人民共和国招标投标法》第四十八条，中标人应当按照合同约定履行义务，完成中标项目。中标人不得向他人转让中标项目，也不得将中标项目肢解后分别向他人转让。

中标人按照合同约定或者经招标人同意，可以将中标项目的部分非主体、非关键性工作分包给他人完成。接受分包的人应当具备相应的资格条件，并不得再次分包。

中标人应当就分包项目向招标人负责，接受分包的人就分包项目承担连带责任。

15-48. 工程设计方案评标，以下可不作为综合评定依据的是：(2012，67)

A. 投标人的业绩　　　　　　　　　　B. 投标人的信誉

C. 投标人设计人员的能力　　　　　　D. 投标设计图纸的数量

【答案】D

【说明】参见《工程建设项目勘察设计招标投标办法》第三十三条，勘察设计评标一般采取综合评估法进行。评标委员会应当按照招标文件确定的评标标准和方法，结合经批准的项目建议书、可行性研究报告或者上阶段设计批复文件，对投标人的业绩、信誉和勘察设计人员的能力以及勘察设计方案的优劣进行综合评定。

招标文件中没有规定的标准和方法，不得作为评标的依据。

15-49. 建筑工程方案招标评标结束后，建设主管部门应公示相关内容，其中无须公示的是：（2013，66）

A. 中标方案　　　　　　　　　　　　B. 招标评标过程介绍

C. 评标专家名单　　　　　　　　　　D. 评标专家意见

【答案】B

【说明】参见《建筑工程方案设计招标投标管理办法》第三十四条，各级建设主管部门应在评标结束后15天内在指定媒介上公开排名顺序，并对推荐中标方案、评标专家名单及各位专家评审意见进行公示，公示期为5个工作日。

15-50. 经有关部门批准，不经过招标程序可直接设计发包的建筑工程有：（2013，67）

A. 民营企业及私人投资项目　　　　　B. 保障性住房项目

C. 政府投资的大型公建项目　　　　　D. 采用特定专利技术、专有技术的项目

【答案】D

【说明】参见《工程建设项目招标范围和规模标准规定》第三条，建筑工程的设计，采用特定专利技术、专有技术，或者建筑艺术造型有特殊要求的，经有关部门批准，可以直接发包。

建设工程设计文件内容作重大修改

15-51. 建设工程设计文件内容需要作重大修改的，建设单位应当经过下列哪项程序后方可进行？（2003，74）

A. 组织专家审查　　　　　　　　　　B. 请设计单位论证

C. 向设计单位出具书面修改要求　　　D. 报经原审批机关批准

【答案】D

【说明】参见《建设工程勘察设计管理条例》第二十八条，建设单位、施工单位、监理单位不得修改建设工程勘察、设计文件；确需修改建设工程勘察、设计文件的，应当由原建设工程勘察、设计单位修改。经原建设工程勘察、设计单位书面同意，建设单位也可以委托其他具有相应资质的建设工程勘察、设计单位修改。修改单位对修改的勘察、设计文件承担相应责任。施工单位、监理单位发现建设工程勘察、设计文件不符合工程建设强制性标准、合同约定的质量要求的，应当报告建设单位，建设单位有权要求建设工程勘察、设计单位对建设工程勘察设计文件进行补充、修改。建设工程勘察、设计文件内容需要作重大修改的，建设单位应当报经原审批机关批准后，方可修改。

15-52. 施工单位在施工过程中发现设计文件和图纸有差错的，应当采取下列哪种做法？（2004，75）

A. 及时修改设计文件和图纸　　　　　B. 及时提出意见和建议

C. 施工中自行纠正设计错误　　　　　D. 坚持按图施工

【答案】B

【说明】参见《建设工程质量管理手册》,施工单位在施工过程中发现设计文件和图纸有差错的,应当及时提出意见和建议。

15-53. 施工单位发现设计文件存在问题需要修改,应如何做才是正确的? （2005,77）

A. 向建设单位报告后由原设计单位处理　　B. 经建设单位同意自行修改设计文件

C. 经监理单位同意自行修改设计文件　　D. 与监理单位共同修改设计文件

【答案】A

【说明】参见第15-50题。

15-54. 指出下列正确的论述:（2006,72）

A. 建设单位在得到原设计单位授权后,可以修改建设工程设计文件

B. 建设单位应当委托原设计单位修改设计文件

C. 建设单位可以另外委托其他具有相应资质的设计单位修改原设计文件

D. 建设单位可以委托监理单位修改设计文件

【答案】C

【说明】参见第15-50题。

15-55. 建设工程设计文件内容需要作重大修改时,正确的做法是:（2006,73）

A. 由建设单位报经原审批机关批准后,方可修改

B. 由设计单位报经原审批机关批准后,方可修改

C. 由建设单位和设计单位双方共同协商后,方可修改

D. 由建设单位和监理单位双方共同协商后,方可修改

【答案】A

【说明】参见第15-50题。

15-56. 建筑工程的设计文件需要作重大修改的,建设单位应当报经以下哪个部门批准后,方可修改? （2007,66）

A. 原审批机关　　　　　　　　　　B. 工程监理单位

C. 施工图审查机构　　　　　　　　D. 勘察设计主管部门

【答案】A

【说明】参见《建设工程勘察设计管理条例》第二十八条,建设工程勘察、设计文件内容需要作重大修改的,建设单位应当报原审批机关批准后,方可修改。

15-57. 施工单位发现某建设工程的阳台玻璃栏杆不符合强制性标准要求,施工单位应该采取以下哪一种措施? （2007,75）

A. 修改设计文件,将玻璃栏杆换成符合强制性标准的金属栏杆

B. 报告建设单位,由建设单位要求设计单位进行修改

C.在征得建设单位同意后,将玻璃栏杆换成符合强制性标准的金属栏杆

D.签写技术核定单,并交设计单位签字认可

【答案】B

【说明】参见第15-50题。

建设工程质量管理条例

15-58. 施工单位不按照工程设计图纸或施工技术标准施工的,责令改正,处以下列哪一项罚款?(2003,75)

A. 10万元以上20万元以下   B. 20万元以上50万元以下

C. 工程合同价款的1%以上5%以下   D. 工程合同价款的2%以上4%以下

【答案】D

【说明】参见《建设工程质量管理条例》第六十四,条违反本条例规定,施工单位在施工中偷工减料的,使用不合格的建筑材料、建筑构配件和设备的,或者有不按照工程设计图纸或者施工技术标准施工的其他行为的,责令改正,处工程合同价款2%以上4%以下的罚款;造成建设工程质量不符合规定的质量标准的,负责返工、修理,并赔偿因此造成的损失;情节严重的,责令停业整顿,降低资质等级或者吊销资质证书。

15-59. 选用通用设备时,不得在设计文件中标注下列哪项内容?(2005,76)(2012,74)

A.设备规格   B.设备性能   C.设备型号   D.设备厂家

【答案】D

【说明】参见《建设工程勘察设计管理条例》第二十七条,设计文件中选用的材料、构配件、设备,应当注明其规格、型号、性能等技术指标,其质量要求必须符合国家规定的标准。除有特殊要求的建筑材料、专用设备和工艺生产线等外,设计单位不得指定生产厂、供应商。

15-60. 对建筑施工企业在施工时偷工减料行为的处罚中,下列何种处罚行为不当?(2005,85)

A. 没收违法所得   B. 责令改正

C. 情节严重的降低资质等级   D. 构成犯罪的追究刑事责任

【答案】A

【说明】参见《中华人民共和国建筑法》第七十四条,建筑施工企业在施工中偷工减料的,使用不合格的建筑材料、建筑构配件和设备的,或者有其他不按照工程设计图纸或者施工技术标准施工的行为的,责令改正,处以罚款;情节严重的,责令停业整顿,降低资质等级或者吊销资质证书;造成建设工程质量不符合规定的质量标准的,负责返工、修理,并赔偿因此造成的损失;构成犯罪的,依法追究刑事责任。

15-61. 下列哪一项不属于设计单位必须承担的质量责任和义务?(2006,68)

A. 应当依法取得相应的资质证书，并在其资质等级许可的范围内承担工程设计任务

B. 必须按照工程建设强制性标准进行设计，并对其质量负责

C. 在设计文件中选用的建筑材料和设备，应注明规格、型号、性能等技术指标，其质量应符合国家标准

D. 设计单位应指定生产设备的厂家

【答案】D

【说明】（1）参见《中华人民共和国建筑法》第十四条，从事建筑活动的专业技术人员，应当依法取得相应的执业资格证书，并在执业资格证书许可的范围内从事建筑活动。

（2）参见《建设工程质量管理条例》第十九条，勘察、设计单位必须按照工程建设强制性标准进行勘察、设计，并对其勘察、设计的质量负责。

（3）参见《中华人民共和国建筑法》第五十六条，建筑工程的勘察、设计单位必须对其勘察、设计的质量负责。勘察、设计文件应当符合有关法律、行政法规的规定和建筑工程质量、安全标准、建筑工程勘察、设计技术规范以及合同的约定。设计文件选用的建筑材料、建筑构配件和设备，应当注明其规格、型号、性能等技术指标，其质量要求必须符合国家规定的标准。

（4）参见《建设工程勘察设计管理条例》第二十七条，设计文件中选用的材料、构配件、设备，应当注明其规格、型号、性能等技术指标，其质量要求必须符合国家规定的标准。除有特殊要求的建筑材料、专用设备和工艺生产线等外，设计单位不得指定生产厂、供应商。

15-62. 设计单位指定建筑材料、建筑构配件的生产厂家和供应商的，处以下列哪一项罚款？（2006，85）

A. 10 万元以上 30 万元以下

B. 指定建筑材料或建筑构配件合同价款 2% 以上 4% 以下

C. 5 万元以上 10 万元以下

D. 指定建筑材料或建筑构配件合同价款 5% 以上 10% 以下

【答案】A

【说明】参见《建设工程质量管理条例》第六十三条，违反本条例规定，有下列行为之一的，责令改正，处 10 万元以上 30 万元以下的罚款。

（一）勘察单位未按照工程建设强制性标准进行勘察的。

（二）设计单位未根据勘察成果文件进行工程设计的。

（三）设计单位指定建筑材料、建筑构配件的生产厂、供应商的。

（四）设计单位未按照工程建设强制性标准进行设计的。有前款所列行为，造成工程质量事故的，责令停业整顿，降低资质等级，情节严重的，吊销资质证书；造成损失的，依法承担赔偿责任。

15-63. 建筑设计单位允许其他单位或者个人以本单位的名义承揽建设工程设计的，除受到责令停止违法行为处罚外，还可处以下列哪项罚款？（2007，85）

A. 合同约定的设计费 1 倍以上 2 倍以下   B. 10 万 ~30 万元

C. 违法所得 20 倍   D. 10 万元以下

【答案】A

【说明】参见《建设工程勘察设计管理条例》：

第八条 建设工程勘察、设计单位应当在其资质等级许可的范围内承揽建设工程勘察、设计业务。禁止建设工程勘察、设计单位超越其资质等级许可的范围或者以其他建设工程勘察、设计单位的名义承揽建设工程勘察、设计业务。禁止建设工程勘察、设计单位允许其他单位或者个人以本单位的名义承揽建设工程勘察、设计业务。

第三十五条 违反本条例第八条规定的，责令停止违法行为，处合同约定的勘察费、设计费 1 倍以上 2 倍以下的罚款，有违法所得的，予以没收；可以责令停业整顿，降低资质等级；情节严重的，吊销资质证书。

15-64. 设计单位指定建筑材料、建筑构配件的生产厂家和供应商的，并造成重大工程质量事故，处以下列哪一项罚款？ （2009，82）

A. 10 万元以上 30 万元以下

B. 指定建筑材料或建筑构配件合同价款 2% 以上 4% 以下

C. 5 万元以上 10 万元以下

D. 责令停业整顿，降低资质等级

【答案】D

【说明】参见《建设工程质量管理条例》第六十三条，违反本条例规定，有下列行为之一的，责令改正，处 10 万元以上 30 万元以下的罚款。

（一）勘察单位未按照工程建设强制性标准进行勘察的。

（二）设计单位未根据勘察成果文件进行工程设计的。

（三）设计单位指定建筑材料、建筑构配件的生产厂、供应商的。

（四）设计单位未按照工程建设强制性标准进行设计的。有前款所列行为，造成工程质量事故的，责令停业整顿，降低资质等级，情节严重的，吊销资质证书；造成损失的，依法承担赔偿责任。

15-65. 对于在设计文件中指定使用不符合国家规定质量标准的建筑材料造成重大事故的设计单位，应按以下哪条处理？ （2009，85）

A. 责令改正及停业整顿，处以罚款，对造成损失的应承担相应的赔偿责任

B. 责令改正及停业整顿，处以罚款，对造成损失的应承担相应的赔偿责任，降低资质等级，两年内不得升级

C. 责令停业整顿，对造成损失的应承担相应的赔偿责任，降低资质等级，两年内不得升级

D. 责令停业整顿，对造成损失的应承担相应的赔偿责任，降低资质等级，一年内不得升级

【答案】C

【说明】参见《工程建设若干违法违纪行为处罚办法》：

（二）对违反本条规定的勘察，设计单位和责任人的处理：

（1）对于在设计文件中指定使用不符合国家规定质量标准的建筑材料、构配件、设备的，责令改正，处以罚款，责令停业整顿，造成损失的应承担相应的赔偿责任。

（2）造成重大事故的，除依照前项规定处理外，降低资质等级，两年内不得升级，对执业注册人员停止执业一年；造成特大事故的，吊销资质证书和责任人的执业资格证书，个人五年内不予注册。

工程建设违法违纪行为处罚办法

15-66. 设计单位应当积极配合施工，必须承担以下哪一项工作？（2001，74）

A. 及时解决施工中设计文件出现的问题　　B. 编制施工组织设计

C. 负责施工监理　　D. 编制标书，负责施工招标

【答案】A

【说明】参见《建设工程勘察设计管理条例》第三十条，建设工程勘察、设计单位应当在建设工程施工前，向施工单位和监理单位说明建设工程勘察、设计意图，解释建设工程勘察、设计文件。建设工程勘察、设计单位应当及时解决施工中出现的勘察、设计问题。

15-67. 从事建筑工程勘察、设计和施工的企业应当具备下列条件，其中错误的是哪一条？（2003，84）

A. 有符合规定的流动资金　　B. 有法定执业资格的专业技术人员

C. 有从事相关建筑活动所应有的技术装备　　D. 法律、行政法规规定的其他条件

【答案】A

【说明】参见《中华人民共和国建筑法》第十二条，从事建筑活动的建筑施工企业、勘察单位、设计单位和工程监理单位应当具备下列条件：

（一）有符合国家规定的注册资本；

（二）有与其从事的建筑活动相适应的具有法定执业资格的专业技术人员；

（三）有从事相关建筑活动所应有的技术装备；

（四）法律、行政法规规定的其他条件。

15-68. 申请领取施工许可证，应当具备下列条件，其中错误的是哪一条？（2004，70）

A. 已经办理该建筑工程用地批准手续

B. 在城市规划区的建筑工程，已取得规划许可证

C. 需要拆迁的，已经办理拆迁批准手续

D. 已经确定建筑施工企业

【答案】C

【说明】参见《中华人民共和国建筑法》第八条，申请领取施工许可证，应当具备下列条件：

（一）已经办理该建筑工程用地批准手续；

（二）依法应当办理建设工程规划许可证的，已经取得建设工程规划许可证；

（三）需要拆迁的，其拆迁进度符合施工要求；

（四）已经确定建筑施工企业；

（五）有满足施工需要的资金安排、施工图纸及技术资料；

（六）有保证工程质量和安全的具体措施。

建设行政主管部门应当自收到申请之日起七日内，对符合条件的申请颁发施工许可证。

15-69. 下列哪一部法律、法规规定，编制施工图设计文件，应当注明建设工程合理使用年限？（2004，73）

A. 中华人民共和国建筑法　　　　　　　B. 中华人民共和国注册建筑师条例

C. 建设工程勘察设计管理条例　　　　　D. 中华人民共和国招标投标法

【答案】C

【说明】参见《建设工程勘察设计管理条例》第二十六条，编制施工图设计文件，应当满足设备材料采购、非标准设备制作和施工的需要，并注明建设工程合理使用年限。

15-70. 建设工程设计单位对施工中出现的设计问题，应当采取下列哪种做法？（2004，74）

A. 应当及时解决　　　　　　　　　　　B. 应当有偿解决

C. 应当与建设单位签订服务合同解决　　D. 没有义务解决

【答案】A

【说明】参见《建设工程勘察设计管理条例》第三十条，建设工程勘察、设计单位应当在建设工程施工前，向施工单位和监理单位说明建设工程勘察、设计意图，解释建设工程勘察、设计文件。建设工程勘察、设计单位应当及时解决施工中出现的勘察、设计问题。

15-71. 建筑工程开工前，哪一个单位应当按照国家有关规定向工程所在地县级以上人民政府建设行政主管部门申请领取施工许可证？（2006，70）

A. 建设单位　　　　B. 设计单位　　　　C. 施工单位　　　　D. 监理单位

【答案】A

【说明】参见《中华人民共和国建筑法》第七条，建筑工程开工前，建设单位应当按照国家有关规定向工程所在地县级以上人民政府建设行政主管部门申请领取施工许可证；但是，国务院建设行政主管部门确定的限额以下的小型工程除外。

> **实施工程建设强制性标准监督规定**

15-72. 下列建筑工程竣工验收应当具备的条件中，哪一项是错误的？（2003，83）

A. 完成建设工程设计和合同约定的各项内容

B.有主要建筑材料、建筑构配件和设备的采购手续

C.有完整的施工管理资料

D.有施工单位签署的工程保修书

【答案】B

【说明】参见《建设工程质量管理条例》第十六条，建设工程竣工验收应当具备下列条件：

（一）完成建设工程设计和合同约定的各项内容。

（二）有完整的技术档案和施工管理资料。

（三）有工程使用的主要建筑材料、建筑构配件和设备的进场试验报告。

（四）有勘察、设计、施工、工程监理等单位分别签署的质量合格文件。

（五）有施工单位签署的工程保修书。

建设工程经验收合格的，方可交付使用。

15-73. 下列建设工程竣工验收的必要条件中，哪一项是错误的？（2004，83）

A.有施工单位签署的工程保修书

B.已向有关部门移交建设项目档案

C.有勘察、设计、施工、工程监理等单位分别签署的质量合格文件

D.有主要建筑材料、建筑构配件和设备的进场试验报告

【答案】B

【说明】参见第15-72题。

15-74. 建设工程竣工验收时，应当具备哪些单位分别签署的质量合格文件？（2008，7）

Ⅰ.建设单位　　　　　　Ⅱ.勘察单位　　　　　　Ⅲ.设计单位　　　　　　Ⅳ.施工单位

Ⅴ.监理单位

A. Ⅰ、Ⅱ、Ⅲ、Ⅳ、Ⅴ　　　　　　　　　B. Ⅰ、Ⅱ、Ⅲ、Ⅳ

C. Ⅱ、Ⅲ、Ⅳ、Ⅴ　　　　　　　　　　　D. Ⅰ、Ⅲ、Ⅳ、Ⅴ

【答案】C

【说明】参见第15-72题。

15-75. 工程建设中拟采用的新技术、新工艺、新材料，不符合现行强制性标准规定的，应当经过一定程序方可采用。这种程序所包括的内容中，下列哪一项是错误的？（2003，77）

A.提请建设单位组织专题技术论证　　　　B.请科研机构或大专院校测试

C.报批准的建设行政主管部门审定　　　　D.报国务院有关主管部门审定

【答案】B

【说明】参见《实施工程建设强制性标准监督规定》第五条，工程建设中拟采用的新技术、新工艺、新材料，不符合现行强制性标准规定的，应当由拟采用单位提请建设单位组织专题技术论证，报批准标准的建设行政主管部门或者国务院有关主管部门审定。工程建设中采用国际标准或者国外标准，现行强制标准未作规定的，建设单位应当向国务院建设行政主管部门或者国务

院有关行政主管部门备案。

15-76. 工程建设中采用国际标准或者国外标准，现行强制性标准未作规定的，建设单位应当向国务院建设行政主管部门或者国务院有关行政主管部门做下列何种工作？（2004，77）

A. 报批

B. 备案

C. 报请组织专题论证

D. 报请列入强制性标准

【答案】B

【说明】参见第15-75题。

15-77. 某工程建设中拟采用现行强制性标准未作规定的国际标准，以下哪一种做法是正确的？（2007，76）

A. 建设单位向国务院建设行政主管部门或国务院有关主管部门备案

B. 建设单位组织专题论证，报地方建设行政主管部门审定

C. 地方建设行政主管部门组织专题论证，报国务院有关主管部门审定

D. 地方建设行政主管部门审定、报国务院有关主管部门备案

【答案】A

【说明】参见第15-75题。

15-78. 工程建设中采用国际标准或者国外标准且现行强制性标准未做规定的建设单位：（2012，76）

A. 应当向国务院有关行政主管部门备案

B. 应当向省级建设行政主管部门备案

C. 应当向所在市建设行政主管部门备案

D. 可直接采用，不必备案

【答案】A

【说明】参见第15-75题。

15-79. 工程建设中拟采用的新技术、新工艺、新材料、不符合现行强制性标准规定的，应当：（2013，75）

A. 通过本地建设主管部门批准后实施

B. 由拟采用单位组织专家论证，报本单位上级主管部门批准实施

C. 由拟采用单位组织专题技术论证，报标准批准的建设行政主管部门审定

D. 由建设单位组织专题技术论证，报国务院有关行政主管部门审定

【答案】C

【说明】参见第15-75题。

15-80. 县级以上地方人民政府的什么机构负责本行政区域内实施工程建设强制性标准的监督管理工作？（2003，85）

A. 建设项目规划检查机构

B. 建设安全监督管理机构

C. 工程质量监督机构

D. 建设行政主管部门

【答案】D

【说明】参见《实施工程建设强制性标准监督规定》第六条，建设项目规划审查机构应当对工程建设规划阶段执行强制性标准的情况实施监督。施工图设计文件审查单位应当对工程建设勘察、设计阶段执行强制性标准的情况实施监督。建筑安全监督管理机构应当对工程建设施工阶段执行施工安全强制性标准的情况实施监督。工程质量监督机构应当对工程建设施工、监理、验收等阶段执行强制性标准的情况实施监督。

15-81. 下列哪个单位负责对建筑设计阶段执行强制性标准的情况实施监督？（2005，79）

A. 本设计单位的技术管理部门　　　　　　B. 相关规划管理部门

C. 相关施工图设计文件审查单位　　　　　D. 相关建设行政主管部门

【答案】C

【说明】参见第15-80题。

15-82. 对工程建设设计阶段执行强制性标准的情况实施监督的部门为:（2009，77）（2011，68）（2013，76）

A. 建设项目规划审查机构　　　　　　　　B. 施工图设计文件审查单位

C. 建筑安全监督管理机构　　　　　　　　D. 工程质量监督机构

【答案】B

【说明】参见第15-80题。

15-83. 工程质量监督机构应当对工程建设的以下哪两项执行强制性标准监督？（2012，7）

Ⅰ. 设计　　　　　Ⅱ. 勘察　　　　　Ⅲ. 施工　　　　　Ⅳ. 监理

A. Ⅰ、Ⅲ　　　　B. Ⅱ、Ⅲ　　　　C. Ⅱ、Ⅳ　　　　D. Ⅲ、Ⅳ

【答案】D

【说明】参见第15-80题。

15-84. 工程建设标准批准部门对工程项目执行强制性标准情况进行监督检查时，下列哪一种不属于监督检查的范围？（2003，76）

A. 工程中采用的计算机软件的内容是否符合强制性标准的规定

B. 工程项目的设计是否符合强制性标准的规定

C. 工程项目的管理是否符合强制性标准的规定

D. 有关工程技术人员是否熟悉掌握强制性标准

【答案】C

【说明】参见《实施工程建设强制性标准监督规定》第十条，强制性标准监督检查的内容包括：

（一）有关工程技术人员是否熟悉、掌握强制性标准。

（二）工程项目的规划、勘察、设计、施工、验收等是否符合强制性标准的规定。

（三）工程项目采用的材料、设备是否符合强制性标准的规定。

（四）工程项目的安全、质量是否符合强制性标准的规定。

（五）工程中采用的导则、指南、手册、计算机软件的内容是否符合强制性标准的规定。

15-85. 工程建设标准批准部门对工程项目执行强制性标准情况进行监督检查的下列内容中，哪种不属于规定的内容？（2004，76）

A. 工程项目的建设程序和进度是否符合强制性标准的规定

B. 工程项目采用的材料是否符合强制性标准的规定

C. 工程项目的安全、质量是否符合强制性标准的规定

D. 工程中采用的手册的内容是否符合强制性标准的规定

【答案】A

【说明】参见第15-84题。

15-86. 国家工程建设强制性条文应由下列哪种机构确定？（2006，74）

A. 国家标准化管理机关

B. 国务院有关法制主管部门

C. 国务院建设行政主管部门会同国务院其他有关行政主管部门确定

D. 国务院建设行政主管部门会同有关标准制定机构确定

【答案】C

【说明】参见《实施工程建设强制性标准监督规定》第三条，本规定所称工程建设强制性标准是指直接涉及工程质量、安全、卫生及环境保护等方面的工程建设标准强制性条文。国家工程建设标准强制性条文由国务院建设行政主管部门会同国务院有关行政主管部门确定。

15-87. 设计单位违反工程建设强制性标准进行设计的，除责令改正外，还应处以罚款，罚款数额为：（2006，75）

A. 不超过5万元　　　　　　　　　B. 5万元以上，10万元以下

C. 10万元以上，30万元以下　　　　D. 20万元以上，50万元以下

【答案】C

【说明】参见《实施工程建设强制性标准监督规定》第十七条，勘察、设计单位违反工程建设强制性标准进行勘察、设计的，责令改正，并处以10万元以上30万元以下的罚款。

15-88. 下列关于执行工程建设强制性标准范围的说法，错误的是：（2006，76）

A. 中华人民共和国境内外的新建、改建、扩建等工程建设活动

B. 中华人民共和国境内的新建工程

C. 中华人民共和国境内的扩建工程

D. 中华人民共和国境内的改建工程

【答案】A

【说明】参见《实施工程建设强制性标准监督规定》第二条，在中华人民共和国境内从事新建、扩建、改建等工程建设活动，必须执行工程建设强制性标准。

15-89. 对工程建设标准强制性条文所直接涉及的范围论述准确、全面的是：(2007，7)

A. 工程质量、安全

B. 工程质量、卫生及环境保护

C. 工程质量、安全、卫生及环境保护

D. 安全、卫生及环境保护

【答案】C

【说明】参见《实施工程建设强制性标准监督规定》第三条，本规定所称工程建设强制性标准是指直接涉及工程质量、安全、卫生及环境保护等方面的工程建设标准强制性条文。

15-90. 下列哪些单位需掌握工程建设强制性标准规范？(2010，81)

（1）建设项目规划审查机关

（2）施工图设计文件审查单位

（3）建筑安全监督管理机构

（4）工程质量监督机构

A.（1）（2）（3）

B.（2）（3）（4）

C.（1）（2）（3）（4）

D.（1）（3）（4）

【答案】C

【说明】参见《实施工程建设强制性标准监督规定》第七条，建设项目规划审查机关、施工图设计文件审查单位、建筑安全监督管理机构、工程质量监督机构的技术人员必须熟悉、掌握工程建设强制性标准。

15-91. 工程建设强制性标准的解释由谁负责？(2010，83)

A. 工程建设标准批准部门

B. 国务院有关行政主管部门

C. 国务院建设行政主管部门

D. 建筑安全监督管理机构

【答案】A

【说明】参见《实施工程建设强制性标准监督规定》第十二条，工程建设强制性标准的解释由工程建设标准批准部门负责。

15-92. 对工程项目执行强制性标准情况进行监督检查的单位为：(2011，76)

A. 建设项目规划审查机构

B. 工程建设标准批准部门人

C. 施工图设计文件审查单位

D. 工程质量监督机构

【答案】B

【说明】参见《实施工程建设强制性标准监督规定》第九条，工程建设标准批准部门应当对工程项目执行强制性标准情况进行监督检查。监督检查可以采取重点检查、抽查和专项检查的方式。

15-93. 以下哪个单位的人员必须熟悉、掌握工程建设强制性标准？(2011，77)

Ⅰ.建设单位　Ⅱ.建设项目规划审查机关　Ⅲ.施工图设计文件审查单位

Ⅳ.建筑安全监督管理机构　Ⅴ.工程质量监督机构

A. Ⅰ、Ⅱ、Ⅲ、Ⅳ　　　B. Ⅰ、Ⅱ、Ⅲ、Ⅴ　　　C. Ⅰ、Ⅲ、Ⅳ、Ⅴ　　　D. Ⅱ、Ⅲ、Ⅳ、Ⅴ

【答案】D

【说明】参见《实施工程建设强制性标准监督规定》第七条，建设项目规划审查机关、施工图设计文件审查单位、建筑安全监督管理机构、工程质量监督机构的技术人员必须熟悉、掌握工程建设强制性标准。

15-94. 工程建设强制性标准不涉及以下哪个方面的条文？（2012，75）

A. 安全　　　　　　　B. 美观　　　　　　　C. 卫生　　　　　　　D. 环保

【答案】B

【说明】参见《实施工程建设强制性标准监督规定》第三条，本规定所称工程建设强制性标准是指直接涉及工程质量、安全、卫生及环境保护等方面的工程建设标准强制性条文。

15-95. 勘察、设计单位未按照工程建设强制性标准进行勘察、设计的，除责令改正外，处以下列哪一项罚款？（2012，85）（2013，83）

A. 1 万元以上 3 万元以下的罚款　　　　　B. 5 万元以上 10 万元以下的罚款

C. 10 万元以上 30 万元以下的罚款　　　　D. 30 万元以上 50 万元以下的罚款

【答案】C

【说明】参见《实施工程建设强制性标准监督规定》第十七条，勘察、设计单位违反工程建设强制性标准进行勘察、设计的，责令改正，并处以 10 万元以上 30 万元以下的罚款。有前款行为，造成工程质量事故的，责令停业整顿，降低资质等级；情节严重的，吊销资质证书；造成损失的，依法承担赔偿责任。

建设工程勘察设计管理条例

15-96. 下列建设工程的勘察费、设计费，经过批准可以直接发包，其中错误的是哪一种？（2003，67）（2004，67）

A. 采用特定专利的　　　　　　　　　B. 采用特定专有技术的

C. 采用特定机器设备的　　　　　　　D. 建筑艺术造型有特殊要求的

【答案】C

【说明】参见《建设工程勘察设计管理条例》第十六条，下列建设工程的勘察、设计，经有关主管部门批准，可以直接发包：

　　（一）采用特定的专利或者专有技术的；

　　（二）建筑艺术造型有特殊要求的；

　　（三）国务院规定的其他建设工程的勘察、设计。

15-97. 编制建设工程勘察、设计文件的依据不包括以下哪一项？（2007，73）

A. 项目批准文件　　　　　　　　　　B. 城市规划要求

C. 工程监理单位要求　　　　　　　　D. 国家规定的建设工程勘察、设计深度要求

【答案】C

【说明】参见《建设工程勘察设计管理条例》第二十五条，编制建设工程勘察、设计文件，应

当以下列规定为依据：

（一）项目批准文件。

（二）城市规划。

（三）工程建设强制性标准。

（四）国家规定的建设工程勘察、设计深度要求。

15-98. 在城市规划区内的建设工程，设计任务书报请批准时，必须附有哪个行政主管部门的选址意见书？（2008，73）

A. 建设主管都门　　　　B. 规划主管部门　　　　C. 房地产主管部门　　　D. 国土资源主管部门

【答案】B

【说明】城市规划区内建设工程的选址和布局必须符合城市规划。设计任务书报请批准时，必须附有城市规划行政主管部门的选址意见。

15-99. 某工程设计施工图即将出图时，国家颁布实施了有关新的设计规范，下列哪种说法是正确的？（2008，75）

A. 取得委托方同意后设计单位按新规范修改设计

B. 设计单位按委托合同执行原规范，不必修改设计

C. 设计单位按新规范修改设计应视为违约行为

D. 设计单位应按新规范修改设计

【答案】D

【说明】某工程设计施工图即将出图时，国家颁布实施了有关新的设计规范，设计单位按新规范修改设计是应尽的职责和义务。

15-100. 根据《建设工程质量管理条例》，在正常使用条件下，建设工程的给排水管道最低保修期限为几年？（2008，76）

A. 1年　　　　　　　B. 2年　　　　　　　C. 3年　　　　　　　D. 4年

【答案】B

【说明】参见《建筑工程质量管理条例》第四十条，在正常使用条件下，建设工程的最低保修期限为：供热与供冷系统为2个采暖期、供冷期；电气管线、给排水管道、设备安装和装修工程为2年。

15-101. 城市规划区内的建设工程，建设单位应当在竣工验收后多长时间内，向城市规划行政主管部门报送有关竣工资料？（2008，78）（2011，79）

A. 1个月　　　　　　B. 3个月　　　　　　C. 6个月　　　　　　D. 1年

【答案】C

【说明】参见《中华人民共和国城乡规划法》第四十五条，建设单位应当在竣工验收后六个月内向城乡规划主管部门报送有关竣工验收资料。

15-102.《建设工程质量管理条例》规定，建设单位付工程款需经什么人签字？（2008，83）

A. 总经理　　　　　　B. 总经济师　　　　　C. 总工程师　　　　　D. 总监理工程师

【答案】D

【说明】参见《建设工程质量管理条例》第三十七条，工程监理单位应当选派具备相应资格的总监理工程师和监理工程师进驻施工现场。未经监理工程师签字，建筑材料、建筑构配件和设备不得在工程上使用或者安装，施工单位不得进行下一道工序的施工。未经总监理工程师签字，建设单位不拨付工程款，不进行竣工验收。

15-103. 工程勘察设计单位超越其资质等级许可的范围承揽建设工程勘察设计业务的，将责令停止违法行为，处罚款额为合同约定的勘察费、设计费的多少倍？（2008，84）

A. 1倍以下　　　　　　　　　　　B. 1倍以上，2倍以下

C. 2倍以上，5倍以下　　　　　　　D. 5倍以上，10倍以下

【答案】B

【说明】参见《建设工程勘察设计管理条例》：

　　第八条　建设工程勘察、设计单位应当在其资质等级许可的范围内承揽建设工程勘察、设计业务。禁止建设工程勘察、设计单位超越其资质等级许可的范围或者以其他建设工程勘察、设计单位的名义承揽建设工程勘察、设计业务。禁止建设工程勘察、设计单位允许其他单位或者个人以本单位的名义承揽建设工程勘察、设计业务。

　　第三十五条　违反本条例第八条规定的，责令停止违法行为，处合同约定的勘察费、设计费1倍以上2倍以下的罚款，有违法所得的，予以没收；可以责令停业整顿，降低资质等级；情节严重的，吊销资质证书。

15-104. 施工现场安全由以下哪家单位负责？（2010，71）

A. 建设单位　　　　　B. 设计单位　　　　　C. 施工单位　　　　　D. 监理单位

【答案】C

【说明】施工现场安全由建筑施工企业负责。

15-105. 关于建设工程设计发包与承包，以下做法正确的是：（2010，73）

A. 经主管部门批准，发包方将采用特定专利或专有技术的建设工程设计直接发包

B. 发包方将建设工程设计直接发包给某注册建筑师

C. 承包方将所承揽的建设工程设计转包其他具有相应资质等级的设计单位

D. 经发包方书面同意，承包方将建设工程设计主体部分分包给其他设计单位

【答案】A

【说明】参见《建设工程勘察设计管理条例》：

　　第十六条　下列建设工程的勘察、设计，经有关主管部门批准，可以直接发包：

　　（一）采用特定的专利或者专有技术的；

　　（二）建筑艺术造型有特殊要求的；

（三）国务院规定的其他建设工程的勘察、设计。

第十九条　除建设工程主体部分的勘察、设计外，经发包方书面同意，承包方可以将建设工程其他部分的勘察、设计再分包给其他具有相应资质等级的建设工程勘察设计单位。

第二十条　建设工程勘察、设计单位不得将所承揽的建设工程勘察、设计转包。

15-106. 设计单位超越其资质等级或以其他单位名义承揽建筑设计业务的，除责令停止违法行为、没收违法所得外，还要处合同约定设计费多少倍的罚款？（2010，85）

A. 1 倍以下　　　B. 1 倍以上 2 倍以下　　　C. 2 倍以上 3 倍以下　　　D. 3 倍以上 4 倍以下

【答案】B

【说明】参见《建设工程质量管理条例》第六十条，违反本条例规定，勘察、设计、施工、工程监理单位超越本单位资质等级承揽工程的，责令停止违法行为，对勘察、设计单位或者工程监理单位处合同约定的勘察费、设计费或者监理酬金 1 倍以上 2 倍以下的罚款；对施工单位处以合同价款 2% 以上 4% 以下的罚款，可以责令停业整顿，降低资质等级；情节严重的，吊销资质证书；有违法所得的，予以没收。

15-107. 工程施工质量出问题时负责提出解决方案的是：（2011，69）

A. 施工单位　　　　B. 设计单位　　　　C. 建设单位　　　　D. 监理单位

【答案】B

【说明】工程施工质量出问题时，可以由施工方或参建方之一提出解决方案稿，或参建方共同商议形成方案稿，最后必须由设计单位提出技术处理方案。依据一，《建设工程质量管理条例》第二十四条；依据二，《建筑工程施工质量验收统一标准》（GB 50300—2001）第 5.0.6 条。

15-108. 申请领取施工许可证要由以下哪家单位办理？（2011，70）

A. 建设单位　　　　B. 设计单位　　　　C. 施工单位　　　　D. 监理单位

【答案】A

【说明】建设单位的建筑工程在开工前应当按规定，向工程所在地的县级以上人民政府建设行政主管部门申请领取施工许可证。

15-109. 工程量清单应由哪个部门对其准确性负责？（2011，72）

A. 招标人　　　　B. 承包人　　　　C. 发包人　　　　D. 设计人

【答案】A

【说明】参见《建设工程工程量清单计价规范》（GB 50500—2013）第 4.1.2 条，招标工程量清单必须作为招标文件的组成部分，其准确性和完整性由招标人负责。

15-110. 修改建设工程设计文件的正确做法是：（2011，74）

A. 无须委托原设计单位而由原设计人员修改

B. 由原设计单位修改

C. 无须征询原设计单位同意而由具有相应资质的设计单位修改

D. 由施工单位修改，设计人员签字认可

【答案】B

【说明】参见《建设工程勘察设计管理条例》第二十八条，建设单位、施工单位、监理单位不得修改建设工程勘察、设计文件，确需修改建设工程勘察、设计文件的，应当由原建设工程勘察、设计单位修改。

15-111. 可满足设备材料采购需要的建设工程设计文件是：（2011，75）

A. 可行性研究报告　　　　B. 方案设计文件　　　　C. 初步设计文件　　　　D. 施工图设计文件

【答案】D

【说明】参见《建设工程勘察设计管理条例》第二十六条，编制建设工程勘察文件，应当真实、准确，满足建设工程规划、选址、设计、岩土治理和施工的需要。编制方案设计文件，应当满足编制初步设计文件和控制概算的需要。编制初步设计文件，应当满足编制施工招标文件、主要设备材料订货和编制施工图设计文件的需要。编制施工图设计文件，应当满足设备材料采购、非标准设备制作和施工的需要，并注明建设工程合理使用年限。

15-112. 城市规划区内建设工程在设计任务书报请批准时，必须附有哪个行政主管部门的选址意见书？（2011，78）

A. 建设主管部门　　　　B. 规划主管部门　　　　C. 房地产主管部门　　　　D. 国土资源主管部门

【答案】B

【说明】参见《中华人民共和国城市规划法》第三十条，城市规划区内的建设项目的选址和布局必须符合城市规划。设计任务报请批准时，必须附有城市规划行政主管部门的选址意见书。

15-113. 某住宅开发项目为了建筑立面的美观和吸引购房者，开发公司要求设计卧室飘窗距地面 400mm，飘窗设置普通玻璃且不设栏杆，建设行政主管部门对其做出的如下做法哪项正确？（2011，85）

A. 责令开发公司改正，并处以 20 万元以上 50 万元以下的罚款

B. 责令开发公司改正，并处以 10 万元以上 30 万元以下的罚款

C. 责令设计单位改正，并处以 20 万元以上 50 万元以下的罚款

D. 责令设计单位改正，并处以 10 万元以上 30 万元以下的罚款

【答案】A

【说明】参见《建设工程安全生产管理条例》第五十五条，违反本条例的规定，建设单位有下列行为之一的，责令限期改正，处 20 万元以上 50 万元以下的罚款；造成重大安全事故，构成犯罪的，对直接责任人员，依照刑法有关规定追究刑事责任；造成损失的，依法承担赔偿责任：

　　（一）对勘察、设计、施工、工程监理等单位提出不符合安全生产法律、法规和强制性标准规定的要求的；

　　（二）要求施工单位压缩合同约定的工期的；

　　（三）将拆除工程发包给不具有相应资质等级的施工单位的。

15-114. 以下设计行为中违法的是：(2012，66)

I. 已从建筑设计院退休的王高工，组织有工程师技术职称的基督教徒完成一座基督教堂的施工图设计

II. 学校总务处李老师为节省学校开支，免费为学校设计了一个临时库房

III. 某人防专业设计院郑工为其他设计院负责设计了多个人防工程施工图纸

IV. 某农民未进行设计自建两层6间楼房

A. I、II   B. I、III   C. II、III   D. III、IV

【答案】B

15-115. 某省甲级设计院中标一个包括四星级酒店商业中心与75m高层住宅的综合建设项目，经建设单位同意，以下行为合法的是？(2012，68)

A. 高层住宅分包给其他甲级设计院设计   B. 商业中心分包给某乙级设计院设计

C. 酒店节能设计分包给其他甲级设计院设计   D. 地下人防安排省人防工程师设计

【答案】C

【说明】合法的分包须满足以下条件：

（1）分包必须取得发包人的同意；

（2）分包只能是一次分包，即分包单位不得再将其承包的工程分包出去；

（3）分包必须是分包给具备相应资质条件的单位；

（4）总承包人可以将承包工程中的部分工程发包给具有相应资质条件的分包单位，但不得将主体工程分包出去。

选项中D是直接包给个人，错。而A和B连主体都分包了，而且分包单位还有资质不够的嫌疑。答案应该为C。

15-116. 建设工程竣工验收应当具备的下列条件中，错误的是：(2012，69)(2017，72)

A. 完成建设工程设计和合同约定的各项内容

B. 有完整的技术档案和施工管理资料

C. 有工程使用的主要建筑材料、构配件和设备的进场试验报告

D. 有勘察、设计、施工、工程监理单位签署的工程保修书

【答案】D

【说明】参见《建设工程质量管理条例》第十六条，竣工验收由建设单位负责，必须按程序进行。竣工验收必须具备下列条件：一是完成建设工程设计和合同约定的各项内容；二是有完整的技术档案和施工管理资料；三是有工程使用的主要建筑材料、构配件和设备的进场试验报告；四是有勘察、设计、施工、工程监理等单位分别签署的质量合格文件；五是有施工单位签署的工程保修书。

15-117. 下列哪条可不作为编制建设工程勘察、设计文件的依据？(2012，72)

A. 项目批准文件   B. 城市规划要求

C. 工程建设强制性标准   D. 建筑施工总包方对工程有关内容的规定

【答案】D

【说明】参见《建设工程勘察设计管理条例》第二十五条，编制建设工程勘察、设计文件，应当以下列规定为依据：

(1) 项目批准文件；

(2) 城乡规划；

(3) 工程建设强制性标准；

(4) 国家规定的建设工程勘察、设计深度要求。

15-118. 工程设计收费实行政府指导价的建设项目，其总投资估算额至少：（2013，68）

A. 300 万元　　　　　B. 500 万元　　　　　C. 800 万元　　　　　D. 1000 万元

【答案】B

【说明】参见《工程勘察设计收费管理规定》第五条，工程勘察和工程设计收费根据建设项目投资额的不同情况，分别实行政府指导价和市场调节价。建设项目总投资估算额 500 万元及以上的工程勘察和工程设计收费实行政府指导价；建设项目总投资估算额 500 万元以下的工程勘察和工程设计收费实行市场调节价。

15-119. 实行政府指导价的工程设计收费，其基准价根据《工程勘察设计收费标准》计算，浮动幅度为上下：（2013，69）

A. 10%　　　　　B. 15%　　　　　C. 20%　　　　　D. 25%

【答案】C

【说明】参见《工程勘察设计收费管理规定》第六条，实行政府指导价的工程勘察和工程设计收费，其基准价根据《工程勘察收费标准》或者《工程设计收费标准》计算，除本规定第七条另有规定者外，浮动幅度为上下 20%。发包人和勘察人、设计人应当根据建设项目的实际情况在规定的浮动幅度内协商确定收费额。

15-120. 执行政府定价或政府指导价的，在合同约定的交付期限内政府价格调整时应如何计价？（2013，71）

A. 按照原合同定的价格计价　　　　　B. 按照重新协商价格计价

C. 按照"就高不就低"的价格计价　　　D. 按照交付时的价格计价

【答案】D

【说明】参见《合同法》第六十三条，执行政府定价或者政府指导价的，在合同约定的交付期限内政府价格调整时，按照交付时的价格计价。逾期交付标的物的，遇价格上涨时，按照原价格执行；遇价格下降时，按照新价格执行。逾期提取标的物或者逾期付款的，遇价格上涨时，按照新价格执行；遇价格下降时，按照原价格执行。

15-121. 某工程设计采用新工艺而提高了建设项目的经济效益，按规定，设计机构可以在政府指导价的基础上上浮百分之多少的幅度内和甲方商洽设计收费额？（2013，72）

A. 15%　　　　　B. 20%　　　　　C. 25%　　　　　D. 30%

【答案】C

【说明】参见《工程勘察设计收费管理规定》第七条，工程勘察费和工程设计费，应当体现优质优价的原则。工程勘察和工程设计收费实行政府指导价的，凡在工程勘察设计中采用新技术、新工艺、新设备、新材料，有利于提高建设项目经济效益、环境效益和社会效益的，发包人和勘察人、设计人可以在上浮25%的幅度内协商确定收费额。

15-122. 下列对编制初步设计文件的要求，哪项是错误的？（2005，75）（2006，71）

A. 满足编制施工图设计文件的需要
B. 满足控制决算的需要
C. 满足编制施工招标文件的需要
D. 满足主要设备材料订货的需要

【答案】B

【说明】参见《建设工程勘察设计管理条例》第二十六条，编制方案设计文件，应当满足编制初步设计文件和控制概算的需要。编制初步设计文件，应当满足编制施工招标文件、主要设备材料订货和编制施工图设计文件的需要。

15-123. 以下选项中哪一项不属于施工图设计文件编制深度要求？（2007，74）

A. 能据以编制施工图预算
B. 能据以安排材料、设备订货和非标准设备制作
C. 落实工程项目建设资金
D. 能据以进行施工验收

【答案】C

【说明】参见《建筑工程设计文件编制深度的规定》，施工图设计文件的深度应满足下列要求：

（1）能据以编制施工图预算。

（2）能据以安排材料、设备订货和非标准设备的制作。

（3）能据以进行施工和安装。

（4）能据以进行工程验收。

设计文件编制深度规定

15-124. 编制建设工程初步设计文件时，应当满足下列哪些需要？（2008，72）（2012，73）

Ⅰ. 编制工程预算
Ⅱ. 编制施工图设计文件
Ⅲ. 主要设备材料订货
Ⅳ. 非标准设备制作

A. Ⅰ、Ⅱ、Ⅲ、Ⅳ
B. Ⅰ、Ⅲ、Ⅳ
C. Ⅱ、Ⅲ、Ⅳ
D. Ⅰ、Ⅱ、Ⅲ

【答案】D

【说明】参见《建设工程勘察设计管理条例》第二十六条，编制初步设计文件，应当满足编制施工招标文件、主要设备材料订货和编制施工图设计文件的需要；编制施工图设计文件，

应当满足设备材料采购、非标准设备制作和施工的需要，并注明建设工程合理使用年限。

15-125. 民用建筑和一般工业建筑的初步设计文件包括内容有：（2008，74）

Ⅰ.设计说明书　　　　　　　　　　　　Ⅱ.设计图纸

Ⅲ.主要设备及材料表　　　　　　　　　Ⅳ.工程预算书

A.Ⅰ、Ⅱ　　　　　　B.Ⅰ、Ⅱ、Ⅲ　　　　　　C.Ⅱ、Ⅲ、Ⅳ　　　　　　D.Ⅰ、Ⅱ、Ⅲ、Ⅳ

【答案】D

【说明】民用建筑和一般的工业建筑工程的初步设计文件包括设计说明书、设计图纸、主要设备及材料表、工程概算书。

15-126. 当建筑装修确定后，关于通风、空调平面施工图的绘制要求，以下叙述正确的是：（2009，74）

A.通风、空调平面用双线绘出风管、单线绘出空调冷热水、凝结水等管道

B.通风、空调平面用单线绘出风管、双线绘出空调冷凝水、凝结水等管道

C.通风、空调平面均用双线绘出风管、空调冷凝水、凝结水等管道

D.通风、空调平面均用单线绘出风管、空调冷凝水、凝结水等管道

【答案】A

【说明】参见《建筑工程设计文件编制深度规定》，通风、空调平面用双线绘出风管，单线绘出空调冷热水、凝结水等管道。

15-127. 初步设计阶段，设计单位经济专业应提供：（2009，75）

A.经济分析表　　　　　B.投资估算表　　　　　C.工程概算书　　　　　D.工程预算书

【答案】C

【说明】初步设计阶段，设计单位经济专业应提供工程概算书。

15-128. 抗震设防烈度为多少度的地区的建筑，必须进行抗震设计？（2009，79）

A.6、7、8、9　　　　　B.6、7、8　　　　　C.7、8、9　　　　　D.8、9

【答案】A

【说明】参见《建筑抗震设计规范》（GB 50011—2010）第1.0.2条，抗震设防烈度为6度及以上地区的建筑，必须进行抗震设计。

15-129. 初步设计文件扉页上应签署或授权盖章下列哪一组人？（2010，74）

A.法定代表人、技术总负责人、项目总负责人、各专业审核人

B.法定代表人、项目总负责人、各专业审核人、各专业负责人

C.法定代表人、技术总负责人、项目总负责人、各专业负责人

D.法定代表人、项目总负责人、部门负责人、各专业负责人

【答案】C

【说明】参见《建筑工程设计文件编制深度规定》（2016版）第3.1.2条，初步设计文件的编排顺序。

1 封面：项目名称、编制单位、编制年月；

2 扉页：编制单位法定代表人、技术总负责人、项目总负责人和各专业负责人的姓名，并经上述人员签署或授权盖章；

3 设计文件目录；

4 设计说明书；

5 设计图纸（可单独成册）；

6 概算书（应单独成册）。

15-130.《建筑工程设计文件编制深度规定》中明确民用建筑工程方案设计文件应满足：（2010，75）

A. 编制项目建议书的需要

B. 编制可行性研究报告的需要

C. 编制初步设计文件的需要

D. 编制施工图设计文件的需要

【答案】C

【说明】参见《建筑工程设计文件编制深度规定》（2016版）：

3.2.1 工程设计依据。

1 政府有关主管部门的批文，如该项目的可行性研究报告、工程立项报告、方案设计文件等审批文件的文号和名称；

2 设计所执行的主要法规和所采用的主要标准（包括标准的名称、编号、年号和版本号）；

3 工程所在地区的气象、地理条件、建设场地的工程地质条件；

4 公用设施和交通运输条件；

5 规划、用地、环保、卫生、绿化、消防、人防、抗震等要求和依据资料；

6 建设单位提供的有关使用要求或生产工艺等资料。

3.2.2 工程建设的规模和设计范围。

1 工程的设计规模及项目组成；

2 分期建设的情况；

3 承担的设计范围与分工。

3.2.3 总指标。

1 总用地面积、总建筑面积和反映建筑功能规模的技术指标；

2 其他有关的技术经济指标。

3.2.4 设计特点。

1 简述各专业的设计特点和系统组成；

2 采用新技术、新材料、新设备和新结构的情况。

3.2.5 提请在设计审批时需解决或确定的主要问题。

1 有关城市规划、红线、拆迁和水、电、蒸汽、燃料等能源供应的协作问题；

2 总建筑面积、总概算（投资）存在的问题；

3 设计选用标准方面的问题；

4 主要设计基础资料和施工条件落实情况等影响设计进度的因素；

5 明确需要进行专项研究的内容。

注：总说明中已叙述的内容，在各专业说明中可不再重复。

15-131. 根据《建筑工程设计文件编制深度规定》，民用建筑工程一般分为：（2011，73）

A. 方案设计、施工图设计二个阶段

B. 概念性方案设计、方案设计、施工图设计三个阶段

C. 可行性研究、方案设计、施工图设计三个阶段

D. 方案设计、初步设计、施工图设计三个阶段

【答案】D

【说明】参见《建筑工程设计文件编制深度规定》第1.0.3条，民用建筑工程一般应分为方案设计、初步设计和施工图设计三个阶段；对于技术要求简单的民用建筑工程，经有关主管部门同意，并且合同中有不做初步设计的约定，可在方案设计审批后直接进入施工图设计。

15-132. 下列方案设计文件扉页的签署人正确的是？（2013，73）

A. 编制单位法人代表，项目总负责人，主要设计人员

B. 编制单位法人代表，技术总负责人，主要设计人员

C. 编制单位法人代表，技术总负责人，项目总负责人

D. 编制单位技术总负责人，项目总负责人，主要设计人员

【答案】C

【说明】参见第15-128题。

15-133. 初步设计总说明应包括：（2013，74）

Ⅰ. 工程设计依据

Ⅱ. 工程建设的规模和设计范围

Ⅲ. 总指标

Ⅳ. 工程估算书

Ⅴ. 提请在设计审批时需解决或确定的主要问题

A. Ⅰ、Ⅱ、Ⅲ、Ⅳ B. Ⅰ、Ⅱ、Ⅲ、Ⅴ C. Ⅰ、Ⅲ、Ⅳ、Ⅴ D. Ⅱ、Ⅲ、Ⅳ、Ⅴ

【答案】B

【说明】参见《建筑工程设计文件编制深度规定》（2016版）：

    3.2　设计总说明

    3.2.1　工程设计依据

    3.2.2　工程建设的规模和设计范围

    3.2.3　总指标

    3.2.4　设计要点综述

    3.2.5　提请在设计审批时需解决或确定的主要问题

第十六章 注册建筑师执业

16-1. 我国注册建筑师制度的最高法律依据是：（2003，66）

A. 注册建筑师法

B. 注册建筑师条例

C. 注册建筑师管理规定

D. 注册建筑师管理暂行规定

【答案】B

【说明】1995 年，国务院第 184 号令颁布了《中华人民共和国注册建筑师条例》，这是迄今为止建设行业执业资格制度法规体系中具有最高法律效力的专门法规。

16-2.《中华人民共和国注册建筑师条例》对注册建筑师的下列哪一方面未做规定？（2005，63）

A. 考试   B. 职称   C. 注册   D. 执业

【答案】B

【说明】参见《中华人民共和国注册建筑师条例》，适用于注册建筑师的考试、注册、执业、继续教育和监督管理。

16-3. 下列哪类人员具备参加一级注册建筑师考试的资格？（2012，63）

A. 取得建筑学硕士学位，并从事建筑设计工作 2 年

B. 取得建筑技术专业硕士学位，并从事建筑设计工作 2 年

C. 取得建筑学博士学位，并从事建筑设计工作 1 年

D. 取得高级工程师技术职称，并从事建筑设计相关业务 2 年

【答案】A

【说明】参见《中华人民共和国注册建筑师条例》第八条，符合下列条件之一的，可以申请参加一级注册建筑师考试：

（一）取得建筑学硕士以上学位或者相近专业工学博士学位，并从事建筑设计或者相关业务 2 年以上的；

（二）取得建筑学学士学位或者相近专业工学硕士学位，并从事建筑设计或者相关业务 3 年以上的；

（三）具有建筑学业大学本科毕业学历并从事建筑设计或者相关业务 5 年以上的，或者具有建筑学相近专业大学本科毕业学历并从事建筑设计或者相关业务 7 年以上的；

（四）取得高级工程师技术职称并从事建筑设计或者相关业务 3 年以上的，或者取得工程师技术职称并从事建筑设计或者相关业务 5 年以上的；

（五）不具有前四项规定的条件，但设计成绩突出，经全国注册建筑师管理委员会认定达到前四项规定的专业水平的。

16-4. 下面哪项是国务院条例规定的一级注册建筑师考试报考条件？（2013，62）

A. 取得建筑学硕士以上学位或者相近专业工学博士学位，并从事建筑设计或相关业务3年以上

B. 取得建筑学学士以上学位或者相近专业工学硕士学位，并从事建筑设计或相关业务4年以上

C. 具有建筑学专业本科学历并从事建筑设计或相关业务5年以上

D. 具有建筑学相近专业本科学历并从事建筑设计或相关业务5年以上

【答案】C

【说明】参见第16-4题。

16-5. 已依法审定的修建性详细规划如需修改，需由哪个机构组织听证会等形式并听取利害关系人的意见后方可修改？（2013，79）

A. 建设单位   B. 规划编制单位   C. 建设主管部门   D. 城乡规划主管部门

【答案】D

【说明】参见《中华人民共和国城乡规划法》第五十条第二款，经依法审定的修建性详细规划、建设工程设计方案的总平面图不得随意修改；确需修改的，城乡规划主管部门应当采取听证会等形式，听取利害关系人的意见；因修改给利害关系人合法权益造成损失的，应当依法给予补偿。

注册建筑师执业范围

16-6. 注册建筑师的设计范围如下，其中何项为错误答案？（2001，89）

A. 五级以下项目允许非注册建筑师设计

B. 二级注册建筑师限于民用建筑分级标准二级（含工级）以下项目

C. 一级注册建筑师不受限制

D. 二级注册建筑师限于民用建筑分级标准三级（含三级）以下项目

【答案】B

【说明】参见《中华人民共和国注册建筑师条例实施细则》第三十六条，一级注册建筑师的建筑设计范围不受建筑规模和工程复杂程度的限制。二级注册建筑师的建筑设计范围只限于承担国家规定的民用建筑工程等级分级标准三级（含三级）以下项目。五级（含五级）以下项目允许非注册建筑师进行设计。

16-7. 注册建筑师的执业范围不包括下列哪一项？（2003，65）

A. 规划设计   B. 建筑工程监理   C. 建筑雕塑设计   D. 建筑物调查与鉴定

【答案】A

【说明】参见《中华人民共和国注册建筑师条例实施细则》第二十七条，取得资格证书的人员，应当受聘于中华人民共和国境内的一个建设工程勘察、设计、施工、监理、招标代理、造价咨询、施工图审查、城乡规划编制等单位，经注册后方可从事相应的执业活动。从事建筑工程设计执业活动的，应当受聘并注册于中华人民共和国境内一个具有工程设计资质的单位。

第二十八条　注册建筑师的执业范围具体为：

（一）建筑设计；

（二）建筑设计技术咨询；

（三）建筑物调查与鉴定；

（四）对本人主持设计的项目进行施工指导和监督；

（五）国务院建设主管部门规定的其他业务。

本条第一款所称建筑设计技术咨询包括建筑工程技术咨询，建筑工程招标、采购咨询，建筑工程项目管理，建筑工程设计文件及施工图审查，工程质量评估，以及国务院建设主管部门规定的其他建筑技术咨询业务。

16-8. 下列哪一项不包括在注册建筑师的执业范围内？（2004，65）

A. 古建筑修复设计　　　　　　　　　B. 对本人主持设计的项目进行施工指导和监督

C. 室内外环境设计　　　　　　　　　D. 施工项目经理从业

【答案】D

【说明】参见第16-7题。

16-9. 下列关于注册建筑师执业范围的表述中，何者是正确的？（2005，65）（2009，78）

A. 受正式委托对建设项目进行施工管理　　B. 房地产开发

C. 建筑物调查　　　　　　　　　　　D. 地方建设行政主管部门规定的其他业务

【答案】C

【说明】参见第16-7题。

16-10. 以下哪一条不属于注册建筑师的执业范围？（2006，63）（2017，78）

A. 建筑设计　　　　　　　　　　　　B. 城市规划设计

C. 建筑物调查和鉴定　　　　　　　　D. 建筑设计技术咨询

【答案】B

【说明】参见第16-7题。

16-11. 关于注册建筑师执业，以下哪项论述是不正确的？（2008，67）

A. 注册建筑师一经注册，便可以个人名义执业

B. 一级注册建筑师执业范围不受建筑规模和工程复杂程度的限制，但要符合所加入建筑设计单位资质等级及其业务范围

C. 注册建筑师执行业务，由建筑设计单位统一接受委托，并统一收费

D. 注册建筑师的执业范围包括建筑物调查及鉴定

【答案】A

【说明】参见《中华人民共和国注册建筑师条例》：

第二十条 注册建筑师的执业范围：

（一）建筑设计；

（二）建筑设计技术咨询；

（三）建筑物调查与鉴定；

（四）对本人主持设计的项目进行施工指导和监督；

（五）国务院建设行政主管部门规定的其他业务。

第二十一条 注册建筑师执行业务，应当加入建筑设计单位。建筑设计单位的资质等级及其业务范围，由国务院建设行政主管部门规定。

第二十二条 一级注册建筑师的执业范围不受建筑规模和工程复杂程度的限制。二级注册建筑师的执业范围不得超越国家规定的建筑规模和工程复杂程度。

第二十三条 注册建筑师执行业务，由建筑设计单位统一接受委托并统一收费。

16-12. 下列关于取得注册建筑师资格证书人员进行执业活动的叙述，哪条是正确的？（2009，66）

A. 可以受聘于建筑工程施工单位从事建筑设计工作

B. 可以受聘于建设工程监理单位从事建筑设计工作

C. 可以受聘于建设工程施工图审查单位从事建筑设计技术咨询工作

D. 可以独立执业从事建筑设计并对本人主持设计的项目进行施工指导和监督工作

【答案】C

【说明】参见第 16-7 题。

16-13. 注册建筑师在执业活动中必须遵守以下哪条规定？（2010，65）

A. 可以同时受聘于两个设计单位，而注册于其中一个

B. 只要注册于一个具有工程资质的单位，受聘于几个单位都可以

C. 只要注册于一个具有工程资质的单位，不必受聘工作

D. 应当受聘并注册于一个具有工程设计资质的单位

【答案】D

【说明】参见第 16-7 题。

注册建筑师执行业务

16-14. 经一级注册建筑师考试合格，取得考试资格证书者，不得有下列何种行为？（2000，68）

A. 可执行注册建筑师业务　　　　　　　　B. 可从事建筑装修设计

C. 可从事规划设计　　　　　　　　D. 可从事古建筑设计

【答案】A

【说明】参见《中华人民共和国注册建筑师条例实施细则》第十三条，注册建筑师实行注册执业管理制度。取得执业资格证书或者互认资格证书的人员，必须经过注册方可以注册建筑师的名义执业。

16-15. 下列哪类单位未实行注册建筑师制度？（2003，64）

A. 建筑装饰设计单位　　　B. 乙级以下的建筑设计单位

C. 人防工程设计单位　　　D. 省级建设行政主管部门颁发资质证书的建筑设计单位

【答案】A

【说明】参见《建设工程勘察和设计单位资质管理规定》，甲、乙、丙三级建筑装饰设计单位均未对实行注册建筑师制度提出要求。

16-16. 一名一级注册建筑师加入了下列哪个单位后，不得执行注册建筑师的业务？（2004，64）

A. 国家规定最低资质等级的建筑设计单位

B. 省、自治区、直辖市建设行政主管部门颁发资质证书的建筑设计单位

C. 景观设计单位

D. 股份制建筑设计公司

【答案】C

【说明】参见《中华人民共和国注册建筑师条例》：

第二十一条　注册建筑师执行业务，应当加入建筑设计单位。建筑设计单位的资质等级及其业务范围，由国务院建设行政主管部门规定。

第二十二条　一级注册建筑师的执业范围不受建筑规模和工程复杂程度的限制。二级注册建筑师的执业范围不得超越国家规定的建筑规模和工程复杂程度。

16-17. 建筑设计单位承担民用建筑设计项目的条件是：（2011，64）

A. 有注册建筑师盖章即可

B. 由其他专业设计师任工程项目设计主持人或设计总负责人，注册建筑师任工程项目建筑专业负责人

C. 由其他专业设计师任工程项目设计主持人或设计总负责人，注册建筑师任工程项目建筑专业审核人

D. 由注册建筑师任工程项目设计主持人或设计总负责人

【答案】D

【说明】参见《中华人民共和国注册建筑师条例实施细则》第三十七条，建筑设计单位承担民用建筑设计项目，须由注册建筑师任项目设计经理（工程设计主持人或设计总负责人）；承担工业建筑设计项目，须由注册建筑师任建筑专业负责人。

16-18. 注册建筑师证书和专用章使用效力如下，何项为正确答案？（2000，70）

A. 一级注册建筑师证书和专用章全国通用

B. 二级注册建筑师到外省执业需在本省开具出省证明

C. 二级注册建筑师到外省执业需在当地重新办理注册手续

D. 二级注册建筑师证书和专用章本省通用

【答案】A

【说明】一级注册建筑师考试合格者，由全国注册建筑师管理委员会核发《中华人民共和国一级注册建筑师执业资格考试合格证书》。二级注册建筑师考试合格者，各省、自治区、直辖市注册建筑师管理委员会核发《中华人民共和国二级注册建筑师执业资格考试合格证书》。全国注册建筑师管理委员会对批准注册的一级注册建筑师核发《中华人民共和国一级注册建筑师证书》和《中华人民共和国一级注册建筑师执业专用章》。省自治区、直辖市注册建筑师管理委员会对批准注册的二级注册建筑师核发《中华人民共和国二级注册建筑师证书》和《中华人民共和国二级注册建筑师执业专用章》。《中华人民共和国一级注册建筑师证书》《中华人民共和国一级注册建筑师执业专用章》和《中华人民共和国二级注册建筑师证书》《中华人民共和国二级注册建筑师执业专用章》全国通用。

16-19. 关于二级注册建筑师执业印章的使用效力，以下哪项解释是不正确的？（2008，68）

A. 在国家允许的执业范围内均有效　　　　B. 可以在甲级建筑设计单位内使用

C. 限注册地的省、自治区、直辖市内使用　　D. 全国通用

【答案】C

【说明】参见第16-18题。

16-20. 注册建筑师的注册证书和执业印章由谁来保管使用？（2010，63）

A. 上级主管部门

B. 注册建筑师所在公司（设计院）

C. 注册建筑师所在公司（设计院）下属分公司（所）

D. 注册建筑师本人

【答案】D

【说明】参见《中华人民共和国注册建筑师条例实施细则》第十六条，注册证书和执业印章是注册建筑师的执业凭证，由注册建筑师本人保管、使用。

16-21. 注册建筑师有下列哪种情形时，其注册证书和执业印章继续有效？（2010，67）

A. 聘用单位申请破产保护的　　　　　　　B. 聘用单位被吊销营业执照的

C. 聘用单位相应资质证书被吊销或者撤回的　D. 与聘用单位解除聘用劳动关系的

【答案】A

【说明】参见《中华人民共和国注册建筑师条例实施细则》第二十二条，注册建筑师有下列情形之一的，其注册证书和执业印章失效：

（一）聘用单位破产的；

（二）聘用单位被吊销营业执照的；

（三）聘用单位相应资质证书被吊销或者撤回的；

（四）已与聘用单位解除聘用劳动关系的；

（五）注册有效期满且未延续注册的；

（六）死亡或者丧失民事行为能力的；

（七）其他导致注册失效的情形。

16-22. 一级注册建筑师证书和执业印章由谁负责保管？（2010，83）

A. 注册建筑师本人　　　　　　　　　B. 注册建筑师所在设计院的人力资源部

C. 注册建筑师所在的设计所　　　　　D. 注册建筑师管理委员会

【答案】A

【说明】参见《中华人民共和国注册建筑师条例实施细则》第十六条，注册证书和执业印章是注册建筑师的执业凭证，由注册建筑师本人保管、使用。

注册建筑师义务

16-23. 注册建筑师应当履行下列义务，其中错误答案为：（2000，71）

A. 在职期间可以兼任其他设计单位的董事长，但不得兼任总经理

B. 在其负责的设计图纸上签字

C. 保守在执业中知悉的单位和个人的秘密

D. 不得允许他人以本人的名义执行业务

【答案】A

【说明】注册建筑师应当履行下列义务：

（1）遵守法律、法规和职业道德，维护社会公共利益。

（2）保证建筑设计的质量，并在其负责的设计图纸上签字。

（3）保守在执业中知悉的单位和个人的秘密。

（4）不得同时受聘于两个以上建筑设计单位执行业务。

（5）不得准许他人以本人名义执行业务。

16-24. 注册建筑师应当履行下列义务，其中错误答案为：（2001，90）

A. 不得同时受聘于两个（含两个）以上设计单位执业

B. 遵守法律和职业道德

C. 在其负责的设计图纸上签字

D. 特殊情况下允许他人用本人的名义执业

【答案】D

【说明】参见第16-23题。

16-25. 依照注册建筑师条例规定，下列何者不是注册建筑师应当履行的义务？（2004，84）

A. 保守在执业中知悉的个人秘密

B. 不得同时受聘于两个以上建筑设计单位执行业务

C. 不得准许他人以本人名义执行业务

D. 服从法定代表人或其授权代表的管理

【答案】D

【说明】参见第16-23题。

16-26. 根据《中华人民共和国注册建筑师条例》，下列哪一项不属于注册建筑师应当履行的义务？（2005，66）

A. 保守在执业中知悉的个人秘密   B. 向社会普及建筑文化知识

C. 维护社会公共利益   D. 遵守法律

【答案】B

【说明】参见第16-23题。

16-27. 关于注册建筑师的权利与义务，以下哪项叙述是不准确的？（2008，63）

A. 注册建筑师有权以注册建筑师的名义执行注册建筑师业务

B. 所有房屋建筑，均应由注册建筑师设计

C. 注册建筑师应当保守在执业中知悉的单位和个人的秘密

D. 注册建筑师不得准许他人以本人名义执行业务

【答案】B

【说明】参见《中华人民共和国注册建筑师条例》：

第二十五条　注册建筑师有权以注册建筑师的名义执行注册建筑师业务。非注册建筑师不得以注册建筑师的名义执行注册建筑师业务。二级注册建筑师不得以一级注册建筑师的名义执行业务，也不得超越国家规定的二级注册建筑师的执业范围执行业务。

第二十六条　国家规定的一定跨度、跨径和高度以上的房屋建筑，应当由注册建筑师进行设计。

16-28. 关于注册建筑师应当履行的义务，错误的是：（2013，65）

A. 保证建筑设计的质量，并在其负责的图纸上签字

B. 保守在执业中知悉的单位和个人秘密

C. 不得准许他人以本人名义执行业务

D. 可以同时受聘于两个建筑设计单位执行业务

【答案】D

【说明】参见第16-23题。

16-29. 注册建筑师考试合格证书自签发之日起，经过几年不注册，且未达到继续教育标准的，其证书失效。以下何为正确答案？（2001，84）

A. 3 年　　　　　　　B. 4 年　　　　　　　C. 5 年　　　　　　　D. 6 年

【答案】C

【说明】参见《中华人民共和国注册建筑师条例》第十八条，注册建筑师执业资格考试合格证书持有者，自证书签发之日起，5 年内未经注册，且未达到继续教育标准的，其证书失效。

16-30. 注册建筑师的注册有效期为多少年？（2003，63）（2004，63）（2008，65）

A. 1 年　　　　　　　B. 2 年　　　　　　　C. 3 年　　　　　　　D. 4 年

【答案】B

【说明】参见《中华人民共和国注册建筑师条例实施细则》第十九条，注册建筑师每一注册有效期为 2 年。注册建筑师注册有效期满需继续执业的，应在注册有效期届满 30 日前，按照本细则第十五条规定的程序申请延续注册。延续注册有效期为 2 年。

16-31. 某建筑师于 2000 年参加注册建筑师执业资格考试合格，并于当年取得执业资格考试合格证书；但一直未经注册，也未参加继续教育，哪年后将不予注册？（2006，65）

A. 2002 年　　　　　　B. 2004 年　　　　　　C. 2005 年　　　　　　D. 2010 年

【答案】C

【说明】参见第 16-29 题。

16-32. 根据《中华人民共和国注册建筑师条例》，注册有效期满需要延续注册的，应当在期满前多少日内办理注册手续？（2008，64）

A. 30 日　　　　　　　B. 60 日　　　　　　　C. 180 日　　　　　　　D. 365 日

【答案】A

【说明】参见《中华人民共和国注册建筑师条例实施细则》第十九条，注册建筑师每一注册有效期为 2 年。注册建筑师注册有效期满需继续执业的，应在注册有效期届满 30 日前，按照本细则第十五条规定的程序申请延续注册。延续注册有效期为 2 年。

16-33. 一级注册建筑师考试内容分成九个科目进行考试，科目考试合格有效期为：（2009，63）

A. 5 年　　　　　　　B. 8 年　　　　　　　C. 10 年　　　　　　　D. 长期有效

【答案】B

【说明】参见《关于注册建筑师资格考试成绩管理有关问题的通知》，一级注册建筑师资格考试成绩的有效期限由原 5 年调整为 8 年。

16-34. 某建筑师在通过一级注册建筑师考试并获得一级执业资格证书后出国留学，四年后他回国想申请注册，请问他需要如何完成注册？（2009，64）（2010，66）（2011，63）（2012，65）

A. 直接向全国注册建筑师管理委员会申请注册

B. 达到继续教育要求后，向户口所在地的省、自治区、直辖市注册建筑师管理委员会申请注册

C. 达到继续教育要求后，向受聘设计单位所在地的省、自治区、直辖市注册建筑师管理委员会申请注册

D. 重新参加一级注册建筑师考试通过后申请注册

【答案】C

【说明】参见《中华人民共和国注册建筑师条例实施细则》第十八条，初始注册者可以自执业资格证书签发之日起三年内提出申请。逾期未申请者，须符合继续教育的要求后方可申请初始注册。

16-35. 建筑师初始注册者可以自执业资格证书签发之日起几年内提出注册申请？（2010，64）

A. 2年　　　　　　　B. 3年　　　　　　　C. 4年　　　　　　　D. 5年

【答案】B

【说明】参见《中华人民共和国注册建筑师条例实施细则》第十八条，初始注册者可以自执业资格证书签发之日起3年内提出申请。

16-36. 注册建筑师继续教育分为必修课和选修课，其学时要求是：（2011，66）

A. 每年各为40学时

B. 在每一注册有效期内各为40学时

C. 在每一注册有效期内任选必修课或选修课共80学时

D. 每年任选必修课或选修课共80学时

【答案】B

【说明】参见《注册建筑师继续教育实施意见》第四条，建筑师每年参加继续教育的时间累计不得少于40学时，二年注册有效期内不得少于80学时。其中40学时为必修，40学时为选修。可一次计算，也可累计计算。

16-37. 申请注册建筑师初始注册应当具备的条件中，不包括以下哪项？（2012，64）

A. 依法取得执业资格证书或者互认资格证书

B. 只受聘于中国境内一个建设工程相关单位

C. 近三年内在中国境内从事建筑设计及相关业务一年以上

D. 取得建筑设计中级技术职称

【答案】D

【说明】参见《中华人民共和国注册建筑师条例实施细则》：

第十七条　申请注册建筑师初始注册，应当具备以下条件：

（一）依法取得执业资格证书或者互认资格证书。

（二）只受聘于中华人民共和国境内的一个建设工程勘察、设计、施工、监理、招标代理、

造价咨询、施工图审查、城乡规划编制等单位（以下简称聘用单位）。

（三）近三年内在中华人民共和国境内从事建筑设计及相关业务一年以上。

（四）达到继续教育要求。

（五）没有本细则第二十一条所列的情形。

第二十一条　申请人有下列情形之一的，不予注册：

（一）不具有完全民事行为能力的。

（二）申请在两个或者两个以上单位注册的。

（三）未达到注册建筑师继续教育要求的。

（四）因受刑事处罚，自刑事处罚执行完毕之日起至申请注册之日止不满五年的。

（五）因在建筑设计或者相关业务中犯有错误受行政处罚或者撤职以上行政处分，自处罚、处分决定之日起至申请之日止不满二年的。

（六）受吊销注册建筑师证书的行政处罚，自处罚决定之日起至申请注册之日止不满五年的。

（七）申请人的聘用单位不符合注册单位要求的。

（八）法律、法规规定不予注册的其他情形。

16-38. 建筑师初始注册者自职业资格证书签发之日起几年内提出申请无须符合继续教育的要求？（2013，63）

A. 3 年　　　　　　B. 4 年　　　　　　C. 5 年　　　　　　D. 6 年

【答案】A

【说明】参见《中华人民共和国注册建筑师条例实施细则》第十八条，初始注册者可以自执业资格证书签发之日起 3 年内提出申请。逾期未申请者，须符合继续教育的要求后方可申请初始注册。

继续注册的规定

16-39. 有下列情形之一的不予办理注册手续，其中哪一项为错误答案？（2001，88）

A. 没有聘用单位出具的申请人职业道德证明

B. 注册建筑师考试合格证书自签发之日起超过 5 年

C. 没有聘用单位的聘用合同

D. 有县级或县级以上医院出具的体检证明

【答案】D

【说明】参见《中华人民共和国注册建筑师条例》第二十四条，注册建筑师注册的有效期为 2 年。有效期届满需要继续注册的，由聘用单位于期满前 30 日内，办理继续注册手续。继续注册应提交下列材料：

（一）申请人注册期内的工作业绩和遵纪守法简况；

（二）申请人注册期内达到继续教育标准的证明材料；

（三）县级或县以上医院出具的能坚持正常工作的体检证明。

16-40. 注册建筑师发生下列情形时应撤销其注册，其中何者是错误的？（2005，64）

A. 因在建筑设计中犯有错误，受到撤职行政处分的

B. 因在建筑设计中犯有错误，受到行政处罚的

C. 受刑事处罚的

D. 自行停止注册建筑师业务满一年的

【答案】D

【说明】参见《中华人民共和国注册建筑师条例》第十八条，已取得注册建筑师证书的人员，除本条例第十五条第二款规定的情形外，注册后有下列情形之一的，由准予注册的全国注册建筑师管理委员会或者省、自治区、直辖市注册建筑师管理委员会撤销注册，收回注册建筑师证书：

（一）完全丧失民事行为能力的；

（二）受刑事处罚的；

（三）因在建筑设计或者相关业务中犯有错误，受到行政处罚或者撤职以上行政处分的；

（四）自行停止注册建筑师业务满2年的。

16-41. 以下哪项不属于注册建筑师继续注册提交的材料？（2007，63）

A. 申请人注册期内无违反职业道德和身体情况说明

B. 申请人注册期内完成继续教育的证明

C. 申请人注册期内工作业绩证明

D. 聘用单位的劳动合同

【答案】D

【说明】参见第16-39题。

16-42. 注册建筑师发生了下列哪种情形不必由注册管理机构收回注册建筑师证书？（2007，65）

A. 完全丧失民事行为能力的

B. 因在相关业务中犯有错误而受到撤职以上行政处分

C. 因工作纠纷受到建设单位举报

D. 自行停止注册建筑师业务满2年

【答案】C

【说明】参见第16-40题。

16-43. 下列关于注册建筑师不予注册的叙述，哪条是与规定一致的？（2009，65）

A. 因受刑事处罚，自刑罚执行完毕之日起至申请注册之日止不满2年的

B. 因在建筑设计中犯有错误受行政处罚，自处罚决定之日起至注册之日不满2年的

C.因在建筑设计相关业务中犯有错误受撤职以上处分，自处分决定之日起至注册之日不满 5 年的

D.受吊销注册建筑师证书的行政处罚，自处罚决定之日起至申请注册之日止不满 2 年的

【答案】B

【说明】参见《中华人民共和国注册建筑师条例》第十三条，有下列情形之一的，不予注册：

（一）不具有完全民事行为能力的；

（二）因受刑事处罚，自刑罚执行完毕之日起至申请注册之日止不满 5 年的；

（三）因在建筑设计或者相关业务中犯有错误受行政处罚或者撤职以上行政处分，自处罚之日止不满 2 年的；

（四）受吊销注册建筑师证书的行政处罚，自处罚决定之日起至申请注册之日止不满 5 年；

（五）有国务院规定不予注册的其他情形。

注册建筑师违法活动惩处

16-44. 某建筑设计人员不是注册建筑师却以注册建筑师的名义从事执业活动，有关部门追究了他的法律责任，其中不当的是哪一项？（2005，67）

A.责令停止违法活动　　B.没收违法所得　　C.处以罚款　　　　D.给予行政处分

【答案】D

【说明】参见《中华人民共和国注册建筑师条例》第三十条，未经注册擅自以注册建筑师名义从事注册建筑师业务的，由县级以上人民政府建设行政主管部门责令停止违法活动，没收违法所得，并可以处以违法所得 5 倍以下的罚款；造成损失的，应当承担赔偿责任。

16-45. 因建筑设计质量而造成的经济损失应按下列哪种办法赔偿？（2007，64）

A.仅由签字注册建筑师赔偿

B.由签字注册建筑师赔偿，同时他有权向所在单位追偿

C.仅由建筑设计单位赔偿

D.由建筑设计单位赔偿，同时单位有权向签字注册建筑师追偿

【答案】D

【说明】参见《中华人民共和国注册建筑师条例》第二十四条，因设计质量造成的经济损失，由建筑设计单位承担赔偿责任；建筑设计单位有权向签字的注册建筑师追偿。

16-46. 准许他人以本人名义执行业务的注册建筑师除受到责令停止违法活动、没收违法所得处罚外，还可处以下哪项罚款？（2007，84）（2017，79）

A.10 万元以下　　　　　　　　　　B.违法所得 5 倍以下

C.违法所得 2~5 倍以下　　　　　　D.5 万元

【答案】B

【说明】参见《中华人民共和国注册建筑师条例》第三十一条，注册建筑师违反本条例规定，

有下列行为之一的，由县级以上人民政府建设行政主管部门责令停止违法活动，没收违法所得，并可以处以违法所得5倍以下的罚款；情节严重的，可以责令停止执行业务或者由全国注册建筑师管理委员会或者省、自治区、直辖市注册建筑师管理委员会吊销注册建筑师证书。

（一）以个人名义承接注册建筑师业务、收取费用的；

（二）同时受聘于二个以上建筑设计单位执行业务的；

（三）在建筑设计或者相关业务中侵犯他人合法权益的；

（四）准许他人以本人名义执行业务的；

（五）二级注册建筑师以一级注册建筑师的名义执行业务或者超越国家规定的执业范围执行业务的。

16-47. 注册建筑师有下列行为之一且情节严重的，将会被吊销注册建筑师证书，其中哪一条是错误的？（2004，66）

A. 以个人名义承接注册建筑师业务的　　B. 以个人名义收取费用的

C. 准许他人以本人名义执行业务的　　　D. 因设计质量造成经济损失的

【答案】D

【说明】参见第16-46题。

16-48. 注册建筑师以个人名义承接注册建筑师业务、收取费用的可以处以罚款，罚款数额为：（2006，64）

A. 2万元　　　　　　　　　　　　　　B. 5万元

C. 违法所得的2倍以上　　　　　　　　D. 违法所得的5倍以下

【答案】D

【说明】参见第16-46题。

16-49. 以不正当手段取得注册建筑师考试合格资格的，处以下哪一种处罚？（2006，84）（2008，66）

A. 给予行政处分　　　　　　　　　　B. 处5万元以下罚款

C. 停止申请参加考试两年　　　　　　D. 取消考试资格

【答案】D

【说明】参见《中华人民共和国注册建筑师条例》第二十九条，以不正当手段取得注册建筑师考试合格资格或者注册建筑师证书的，由全国注册建筑师管理委员会或者省、自治区、直辖市注册建筑师管理委员会取消考试合格资格或者吊销注册建筑师证书；对负有直接责任的主管人员和其他直接责任人员，依法给予行政处分。

16-50. 因设计质量造成的经济损失，承担赔偿责任的是：（2013，64）

A. 建筑设计单位，与签字注册建筑师无关

B. 签字注册建筑师，与建筑设计单位无关

C. 建筑设计单位和签字注册建筑师各承担一半

D. 建筑设计单位，该单位有权向签字注册建筑师追偿

【答案】D

【说明】参见《中华人民共和国注册建筑师条例》第二十四条，因设计质量造成的经济损失，由建筑设计单位承担赔偿责任；建筑设计单位有权向签字的注册建筑师追偿。

16-51. 对未经注册擅自以个人名义从事注册建筑师业务并收取费用的，县级以上人民政府建设行政主管部门可以处以违法所得几倍罚款？（2013，84）

A. 5 倍以下　　　　　B. 6 倍以下　　　　　C. 8 倍以下　　　　　D. 10 倍以下

【答案】A

【说明】参见《中华人民共和国注册建筑师条例》第三十条，未经注册擅自以注册建筑师名义从事注册建筑师业务的，由县级以上人民政府建设行政主管部门责令停止违法活动，没收违法所得，并可以处以违法所得 5 倍以下的罚款；造成损失的，应当承担赔偿责任。

建设主管部门监查措施

16-52. 建设主管部门履行监督检查职责时，有权采取的措施中，下列哪条是错误的？（2009，67）

A. 可以要求被检查的注册建筑师提供资格证书、注册证书、执业印章、设计文件

B. 可以进入建筑师受聘单位进行检查，查阅相关资料

C. 可以纠正违反有关法律、法规和有关规范、标准的行为

D. 可以在检查期间暂时停止注册建筑师正常的执业活动

【答案】D

【说明】参见《中华人民共和国注册建筑师条例实施细则》第三十七条，建设主管部门履行监督检查职责时，有权采取下列措施：

（一）要求被检查的注册建筑师提供资格证书、注册证书、执业印章、设计文件（图纸）；

（二）进入注册建筑师聘用单位进行检查，查阅相关资料；

（三）纠正违反有关法律、法规和本细则及有关规范和标准的行为。

第十七章　房地产开发

17-1. 城市详细规划不包含下列哪一项工作内容？（2003，78）

A. 建筑高度控制指标　　　　　　　　B. 工程管线综合规划

C. 河湖系统规划　　　　　　　　　　D. 竖向规划

【答案】C

【说明】城市详细规划应当包括：规划地段各项建设的具体用地范围，建筑密度和高度等控制指标，总平面布置、工程管线综合规划和竖向规划。

17-2. 依据市区和近郊区非农业人口数量来划分城市规模,下列哪组数据是正确的？（2005,80）（2006，77）

A. 大城市＞100万，30万＜中等城市＜100万，小城市＜30万

B. 大城市＞80万，20万＜中等城市＜80万，小城市＜20万

C. 大城市＞50万，20万＜中等城市＜50万，小城市＜20万

D. 大城市＞50万，10万＜中等城市＜50万，小城市＜10万

【答案】C

【说明】大城市是指市区和近郊区非农业人口50万以上的城市。中等城市是指市区和近郊区非农业人口20万以上、不满50万的城市。小城市是指市区和近郊区非农业人口不满20万的城市。

17-3. 下列城市总体规划与其他规划关系的说法中，何者是正确的？（2005，81）

A. 城市总体规划包括土地利用总体规划　　　B. 国土规划包括城市总体规划

C. 用城市总体规划指导城镇体系规划的编制　　D. 城市总体规划应当和江河流域规划相协调

【答案】D

【说明】城市总体规划应当和国土规划、区域规划、江河流域规划、土地利用总体规划相协调。

17-4. 城乡规划报批前应向社会公告，且公告时间不得少于多少天？（2006，41）（2013，78）

A. 10　　　　　　　B. 15　　　　　　　C. 25　　　　　　　D. 30

【答案】D

【说明】参见《中华人民共和国城乡规划法》第二十六条，城乡规划报送审批前，组织编制机关应当依法将城乡规划草案予以公告，并采取论证会、听证会或者其他方式征求专家和公众的意见。公告的时间不得少于30日。

17-5. 未编制分区规划的城市详细规划应由下列哪个部门负责审批？（2007，78）（2008，79）

A. 城市人民政府　　　　　　　　　　B. 城市规划行政管理部门

C. 区人民政府　　　　　　　　　　　D. 城市建设行政管理部门

【答案】A

【说明】未编制分区规划的城市详细规划应由城市人民政府负责审批。

17-6. 城乡规划法所称城乡规划，包括什么？（2009，74）

A. 城镇体系规划

B. 城镇体系规划、城市规划

C. 城镇体系规划、城市规划、镇规划

D. 城镇体系规划、城市规划、镇规划、乡规划和村庄规划

【答案】D

【说明】参见《中华人民共和国城乡规划法》第二条，本法所称城乡规划，包括城镇体系规划、城市规划、镇规划、乡规划和村庄规划。

17-7. 省会城市的总体规划报哪个部门审批？（2009，78）

A. 本市人民代表大会　　B. 国务院　　　　　C. 省政府　　　　　D. 市人民政府

【答案】B

【说明】省会城市总体规划由省人民政府审查同意后报国务院审批，其他城市总体规划报省人民政府审批，县、镇总体规划报上一级人民政府审批。

17-8. 城市总体规划中近期建设规划的规划期限为多少年？（2009，79）（2013，77）

A. 3 年　　　　　　　B. 5 年　　　　　　　C. 10 年　　　　　　D. 20 年

【答案】B

【说明】参见《近期建设规划工作暂行办法》第六条，近期建设规划的期限为五年，原则上与城市国民经济和社会发展计划的年限一致。

17-9. 城市总体规划的期限一般为多少年？（2010，74）

A. 15　　　　　　　　B. 20　　　　　　　　C. 10　　　　　　　　D. 25

【答案】B

【说明】参见《城市规划编制办法》，城市总体规划的期限一般为 20 年，同时可以对城市远景发展的空间布局提出设想。

17-10. 负责最终审批省会城市总体规划的是：（2011，80）（2012，80）

A. 本市人民政府　　　B. 本市人民代表大会　C. 省政府　　　　　D. 国务院

【答案】D

【说明】省会城市总体规划由省人民政府审查同意后报国务院审批，其他城市总体规划报省人民政府审批，县、镇总体规划报上一级人民政府审批。

17-11.以下哪项内容不是城市总体规划的强制性内容?（2012,78）

A.建筑控制高度 　　　　　　　　　　B.水源地、水系内容

C.基础设施、公共服务设施用地内容 　　D.防灾、减灾内容

【答案】A

【说明】参见《城市规划编制办法》第三十二条,城市总体规划的强制性内容包括:

（一）城市规划区范围。

（二）市域内应当控制开发的地域。包括:基本农田保护区,风景名胜区,湿地、水源保护区等生态敏感区,地下矿产资源分布地区。

（三）城市建设用地。包括:规划期限内城市建设用地的发展规模,土地使用强度管制区划和相应的控制指标（建设用地面积、容积率、人口容量等）;城市各类绿地的具体布局;城市地下空间开发布局。

（四）城市基础设施和公共服务设施。包括:城市干道系统网络、城市轨道交通网络、交通枢纽布局;城市水源地及其保护区范围和其他重大市政基础设施;文化、教育、卫生、体育等方面主要公共服务设施的布局。

（五）城市历史文化遗产保护。包括:历史文化保护的具体控制指标和规定;历史文化街区、历史建筑、重要地下文物埋藏区的具体位置和界线。

（六）生态环境保护与建设目标,污染控制与治理措施。

（七）城市防灾工程。包括:城市防洪标准、防洪堤走向,城市抗震与消防疏散通道,城市人防设施布局,地质灾害防护规定。

17-12.关于城市新区开发和建设,以下表述正确的是:（2012,79）

A.应新建所有市政基础设施和公共服务设施

B.应充分改造自然资源,打造特色人居环境

C.应在城市总体规划确定的建设用地范围内设立

D.应当及时调整建设规模和建设时序

【答案】C

【说明】参见《中华人民共和国城乡规划法》第三十条,城市新区的开发和建设,应当合理确定建设规模和时序,充分利用现有市政基础设施和公共服务设施,严格保护自然资源和生态环境,体现地方特色。在城市总体规划、镇总体规划确定的建设用地范围以外,不得设立各类开发区和城市新区。

照证办理

17-13.城市规划行政主管部门依据城市规划法负责核发下列哪二类许可证?（2004,78）

Ⅰ.市民规划听证许可证 　　　　　　　Ⅱ.建设工程规划许可证

Ⅲ. 建设用地规划许可证　　　　　　　　Ⅳ. 规划工程开工许可证

A. Ⅰ、Ⅱ　　　　　B. Ⅱ、Ⅲ　　　　　C. Ⅲ、Ⅳ　　　　　D. Ⅰ、Ⅳ

【答案】B

【说明】参见《城市地下空间开发利用管理规定》第十二条，独立开发的地下交通、商业、仓储、能源、通讯、管线、人防工程等设施，应持有关批准文件、技术资料，依据《城乡规划法》的有关规定，向城市规划行政主管部门申请办理选址意见书、建设用地规划许可证、建设工程规划许可证。

17-14. 设计任务书（可行性研究报告）报请批准时，必须附有城市规划行政主管部门签发的以下何种证明？（2000，75）（2011，73）

A. 建设工程规划许可证　　　　　　　　B. 建设用地选址意见书

C. 规划设计要点通知书　　　　　　　　D. 建设用地规划许可证

【答案】B

【说明】城市规划区内的建设工程的选址和布局必须符合城市规划。设计任务书报请批准时，必须附有城市规划行政主管部门的选址意见书。

17-15. 向县级以上地方人民政府土地管理部门申请建设用地，需持以下何种证件，土地管理部门方可划拨土地？（2001，68）

A. 建设用地规划许可证　　　　　　　　B. 规划设计要点通知书

C. 建设工程规划许可证　　　　　　　　D. 建设用地选址意见书

【答案】A

【说明】建设单位或者个人在取得建设用地规划许可证后，方可向县级以上人民政府审查批准后，由土地管理部门划拨土地。

17-16. 设立房地产开发企业，应当向下列哪一部门申请设立登记？（2003，82）

A. 建设行政主管部门　　　　　　　　　B. 土地管理部门

C. 房产管理部门　　　　　　　　　　　D. 工商行政管理部门

【答案】D

【说明】参见《城市房地产开发经营管理条例》（2018修正版）第七条，设立房地产开发企业，应当向县级以上人民政府工商行政管理部门申请登记。工商行政管理部门对符合本条例第五条规定条件的，应当自收到申请之日起30日内予以登记；对不符合条件不予登记的，应当说明理由。

17-17. 根据《中华人民共和国城市房地产管理法》规定，下列哪项不属于设立房地产开发企业的条件？（2006，81）

A. 有自己的名称和组织机构　　　　　　B. 有固定的经营场所

C. 有足够的技术装备　　　　　　　　　D. 有符合国务院规定的注册资金

【答案】C

【说明】参见《中华人民共和国城市房地产管理法》第二十九条，房地产开发企业是以营利为目的，从事房地产开发和经营的企业。设立房地产开发企业，应当具备下列条件：

（一）有自己的名称和组织机构；

（二）有固定的经营场所；

（三）有符合国务院规定的注册资本；

（四）有足够的专业技术人员；

（五）法律、行政法规规定的其他条件。

17-18. 设立房地产开发企业，应当向哪一个管理部门申请设立登记？（2008，81）

A. 工商行政管理部门   B. 税务行政管理部门

C. 建设行政管理部门   D. 房地产行政管理部门

【答案】A

【说明】参见第 17-16 题。

竣工验收

17-19. 房地产开发项目，具备以下何种条件，方可交付使用？（2003，81）

A. 竣工   B. 竣工，经验收合格

C. 竣工，经验收合格和房产管理部门批准   D. 竣工，经验收合格和房地产中介机构认证

【答案】B

【说明】参见《中华人民共和国城市房地产管理法》第二十六条第二款，房地产开发项目竣工，经验收合格后，方可交付使用。

17-20. 房地产开发企业在领取营业执照后的多长时间内，应当到登记机关所在地的县级以上地方人民政府规定的部门备案？（2004，82）

A. 15 天   B. 1 个月   C. 2 个月   D. 3 个月

【答案】B

【说明】参见《中华人民共和国城市房地产管理法》第二十九条，房地产开发企业在领取营业执照后的 1 个月内，应当到登记机关所在地的县级以上地方人民政府规定的部门备案。

17-21. 何单位在竣工验收后几个月内，应当向城市规划行政主管部门报送竣工资料？（2005，82）（2010，88）

A. 建设单位，3 个月   B. 建设单位，6 个月

C. 施工单位，3 个月   D. 施工单位，6 个月

【答案】B

【说明】参见《中华人民共和国城乡规划法》第四十五条，建设单位应当在竣工验收后 6 个月内向城乡规划主管部门报送有关竣工验收资料。

17-22. 建筑工程施工许可证由（谁）申请领取？（2011，69）

A. 建设单位   B. 施工单位   C. 设计单位   D. 监理单位

【答案】A

【说明】建设单位在建设工程开工前，必须到相应的建设行政主管部门申请领取施工许可证。

17-23. 建设工程竣工验收后，应在多长时间内向城乡规划主管部门报送有关竣工验收资料？（2011，79）

A.1 个月   B. 3 个月   C. 半年   D.1 年

【答案】C

【说明】参见《中华人民共和国城乡规划法》第四十五条，建设单位应当在竣工验收后 6 个月内向城乡规划主管部门报送有关竣工验收资料。

房地产管理法

17-24. 土地使用权出让有条件的必须采取拍卖、招标方式。下列哪类用地适用上述方式？（2001，71）

A. 学校用地   B. 公益事业用地   C. 超级市场用地   D. 发电厂用地

【答案】C

【说明】参见《中华人民共和国城市房地产管理法》第十二条，土地使用权出让，可以采取拍卖、招标或者双方协议的方式。商业、旅游、娱乐和豪华住宅用地，有条件的，必须采取拍卖、招标方式；没有条件，不能采取拍卖、招标方式的，可以采取双方协议的方式。

17-25. 商业、旅游和豪华住宅用地，有条件的，必须采取下列何种方式出让土地使用权？（2004，81）

A. 拍卖   B. 拍卖、招标

C. 招标或者双方协议   D. 拍卖、招标或者双方协议

【答案】B

【说明】参见第 17-24 题。

17-26. 按照土地使用权出让合同约定的动工开发期限为 2002 年 9 月，如果该房产商逾期未动工开发，政府可以在何时无偿收回土地使用权？（2006，80）

A. 2003 年 9 月   B. 2004 年 9 月   C. 2005 年 9 月   D. 2007 年 9 月

【答案】B

【说明】参见《中华人民共和国城市房地产管理法》第二十六条规定，以出让方式取得土地使用权进行房地产开发的，必须按土地使用权出让合同约定的土地用途、动工开发期限开发土地。超过出让合同约定的动工开发日期满一年未动工开发的，可以征收相当于土地使用权出让金百分之二十以下的土地闲置费；满二年未动工开发的，可以无偿收回土地使用权；但是，因不可抗力或者政府、政府有关部门的行为或者动工开发必需的前期工作造成动工开发迟延的除外。

17-27.《房地产管理法》规定，超过出让合同约定的动工开发日期满一年未动工的，可以征收土地闲置费。征收的土地闲置费相当于土地使用权出让金的比例为：（2007，81）

A. 10% 以下   B. 15% 以下   C. 20% 以下   D. 25% 以下

【答案】C

【说明】参见第 17-26 题。

17-28. 以出让方式取得土地使用权进行房地产开发的，必须按照土地使用权出让合同约定的土地用途、动工开发期限开发土地。超过出让合同约定的动工开发日期满一年未动工开发的，可以征收相当于土地使用权出让金（　　）的土地闲置费。（2008，76）

A. 10% 以下   B. 15% 以下   C. 20% 以下   D. 25% 以下

【答案】C

【说明】参见第 17-26 题。

17-29. 超过出让合同约定的动工开发日期满一年而未动工开发的，可以征收相当于土地使用权出让金的百分之多少以下的土地闲置费？（2010，82）

A. 10%   B. 20%   C. 25%   D. 30%

【答案】B

【说明】参见第 17-26 题。

房地产转让及抵押

17-30. 根据规定，有下列情况的房地产不得转让，以下何项为错误答案？（2000，85）

A. 权属有争议的   B. 未依法登记领取权属证书的

C. 共有房地产，未经其他共有人书面同意的   D. 经鉴定属于危旧房屋的

【答案】D

【说明】参见《中华人民共和国城市房地产管理法》第三十七条，下列房地产不得转让：

    （一）以出让方式取得土地使用权的，不符合本法第三十八条规定的条件的；

    （二）司法机关和行政机关依法裁定、决定查封或者以其他形式限制房地产权利的；

    （三）依法收回土地使用权的；

    （四）共有房地产，未经其他共有人书面同意的；

    （五）权属有争议的；

    （六）未依法登记领取权属证书的；

    （七）法律、行政法规规定禁止转让的其他情形。

17-31. 房地产在转让、抵押时，该房屋占用范围内的土地的处置方法，以下何为正确答案？（2001，72）

A. 继续保留使用权   B. 同时转让，抵押   C. 分别转让，抵押   D. 继续保留所有权

【答案】B

【说明】参见《中华人民共和国城市房地产管理法》第三十一条，房地产转让、抵押时，房屋的所有权和该房屋占用范围内的土地使用权同时转让、抵押。

17-32. 根据《房地产管理法》规定，下列房地产哪一项不得转让？（2007，80）

A. 以出让方式取得的土地使用权，符合本法第三十八条规定的

B. 依法收回土地使用权的

C. 依法登记领取权属证书的

D. 共有房地产、经其他共有人书面同意的

【答案】B

【说明】参见第17-30题。

17-33. 下列关于房地产抵押的条款，哪条是不完整的？（2009，81）

A. 依法取得的房屋所有权，可以设定抵押权

B. 以出让方式取得的土地使用权，可以设定抵押权

C. 房地产抵押，应当凭土地使用权证书，房屋所有权证书办理

D. 房地产抵押，抵押人和抵押权人应签订书面抵押合同

【答案】A

【说明】参见《中华人民共和国城市房地产管理法》：

第四十七条　依法取得的房屋所有权连同该房屋占用范围内的土地使用权，可以设定抵押权。以出让方式取得的土地使用权，可以设定抵押权。

第四十八条　房地产抵押，应当凭土地使用权证书、房屋所有权证书办理。

第四十九条　房地产抵押，抵押人和抵押权人应当签订书面抵押合同。

商品房预售管理办法

17-34. 下列哪一项不符合商品房预售条件？（2005，69）

A. 已支付全部土地使用权出让金，取得土地使用权证书

B. 持有建设工程规划许可证

C. 按提供预售的商品房计算，投入开发建设的资金达到工程建设总投资的20%以上

D. 取得《商品房预售许可证》

【答案】C

【说明】参见《城市商品房预售管理办法》第五条，商品房预售应当符合下列条件：

（一）已交付全部土地使用权出让金，取得土地使用权证书；

（二）持有建设工程规划许可证和施工许可证；

（三）按提供预售的商品房计算，投入开发建设的资金达到工程建设总投资的25%以上，

并已经确定施工进度和竣工交付日期。

17-35. 预售商品房已经投入开发建设的资金最低达到工程建设总投资的多少，方能作为商品房预售条件之一？（2008、80）

A. 25% 以上　　　　　B. 30% 以上　　　　　C. 35% 以上　　　　　D. 40% 以上

【答案】A

【说明】参见第 17-34 题。

17-36. 下列哪项不是商品房预售的必要条件：（2012，82）

A. 该工程已结构封顶

B. 取得建设工程规划许可证

C. 投入开发建设的资金达到工程建设总投资的 25% 以上，并已经确定施工进度和竣工交付日期

D. 取得商品房预售许可证明

【答案】A

【说明】参见第 17-34 题。

土地使用权出让方式

17-37. 下列土地使用权出让方式的表述中，何者是正确的？（2011，81）

A. 不得采取双方协议的方式　　　　　B. 只能采取拍卖的方式

C. 只能采取招标的方式　　　　　　　D. 可以采取拍卖、招标或者双方协议的方式

【答案】D

【说明】参见《城市房地产管理法》第十二条规定，"土地使用权出让，可以采取拍卖、招标或者双方协议的方式。"国土资源部 2002 年施行的《招标拍卖挂牌出让国有建设土地使用权规定》明确了一种新的出让方式：挂牌出让。因此，我国现行国有建设用地使用权的出让方式就包括四种：拍卖、招标、挂牌和协议出让。

17-38. 以下哪条不是土地使用权出让的方式？（2012，81）

A. 拍卖　　　　　B. 招标　　　　　C. 划拨　　　　　D. 双方协议

【答案】C

【说明】参见第 17-37 题。

土地使用权出让年限

17-39. 土地使用权出让的最高年限，由哪一级机构规定？（2005，83）（2017，84）

A. 国务院　　　　　　　　　　　B. 国务院土地管理部门

C. 所在地人民政府　　　　D. 省、自治区、直辖市人民政府

【答案】A

【说明】参见《中华人民共和国城市房地产管理法》第十四条，土地使用权出让最高年限由国务院规定。

17-40. 土地使用权期限一般根据土地的使用性质来决定，商业用地的土地作用权出让的最高年限为：（2009，80）

A. 40 年　　　　　　B. 50 年　　　　　　C. 60 年　　　　　　D. 70 年

【答案】A

【说明】按照《房地产管理法》的规定，土地使用权出让最高年限，根据出让土地的用途不同而不同，具体分为五种情况：

（1）居住用地 70 年；

（2）工业用地 50 年；

（3）教育、科技、文化、卫生、体育用地 50 年；

（4）商业、旅游、娱乐用地 40 年；

（5）综合或其他用地 50 年。

17-41. 某房地产开发公司 2005 年获得商业用地土地使用权并建设商铺，某业主于 2009 年初正式购得一间商铺并取得房产证，按照《城市房地产管理法》等国家法规，该业主商铺房产的土地使用年限至哪一年截止？（2010，81）

A. 2045 年　　　　　B. 2049 年　　　　　C. 2055 年　　　　　D. 2059 年

【答案】A

【说明】参见第 17-40 题。

17-42. 划拨土地的使用期限是：（2011，76）

A. 40 年　　　　　　B. 50 年　　　　　　C. 70 年　　　　　　D. 无限期

【答案】D

【说明】划拨土地也指划拨土地使用权。根据《划拨土地使用权管理暂行办法》第二条规定，划拨土地使用权，是指土地使用者通过除出让土地使用权以外的其他各种方式依法取得的国有土地使用权。《中华人民共和国城市房地产管理法》第二十三条对划拨土地使用权的取得途径进行了规定：土地使用权划拨，是指县级以上人民政府依法批准，在土地使用者缴纳补偿、安置等费用后将该幅土地交付其使用，或者将土地使用权无偿交付给土地使用者使用的行为。依照本法规定以划拨方式取得土地使用权的，除法律、行政法规另有规定外，没有使用期限的限制。

17-43. 下列以划拨方式取得土地使用权期限的表述中，何者是正确的？（2011，82）

A. 使用期限为 40 年　　B. 使用期限为 50 年　　C. 使用期限为 80 年　　D. 没有使用期限的限制

【答案】D

【说明】参见第 17-42 题。

17-44. 2000 年取得土地使用权后于 2004 年建成并投入使用的商铺，由某商人于 2006 年购得，该客户最晚应于哪年为该商铺续交土地出让金？（2013，80）

A. 2040 年   B. 2044 年   C. 2050 年   D. 2054 年

【答案】A

【说明】参见第 17-40 题。

第十八章 建筑工程监理

18-1. 以下哪一项不属于建设监理的依据？（2001，86）

A. 依法成立的工程承包合同　　　　B. 国家关于工程建设的政策、法律、法规

C. 监理单位制订的内部工作条例　　D. 政府批准的建设规划，设计文件

【答案】C

【说明】参见《工程建设监理规定》，建设工程监理是指具有相关资质的监理单位受建设单位（项目法人）的委托，依据国家批准的工程项目建设文件、有关工程建设的法律、法规和工程建设监理合同及其他工程建设合同，代替建设单位对承建单位的工程建设实施监控的一种专业化服务活动。

18-2. 下列建设工程中哪项不要求必须实行监理？（2005，84）（2010，86）

A. 某中型公用事业工程

B. 某成片开发建设的总建筑面积 10 万 m^2 的住宅小区

C. 用国际援助资金建设的总建筑面积 1000m^2 的纪念馆

D. 某私人投资的橡胶地板生产车间

【答案】D

【说明】国务院可以规定实行强制监理的建筑工程的范围。2000 年 1 月 30 日施行的《建设工程质量管理条例》第十二条规定了必须实行监理的建设工程范围。在此基础上，《建设工程监理范围和规模标准规定》（2001 年 1 月 17 日建设部令第 86 号发布）则对必须实行监理的建设工程作出了更具体的规定。

（一）国家重点建设项目

国家重点建设项目是指依据《国家重点建设项目管理办法》所确定的对国民经济和社会发展有重大影响的骨干项目。

（二）大中型公用事业工程

大中型公用事业工程是指项目总投资额在 3000 万元以上的下列工程项目：

（1）供水、供电、供气、供热等市政工程项目；

（2）科技、教育、文化等项目；

（3）体育、旅游、商业等项目；

（4）卫生、社会福利等项目；

（5）其他公用事业项目。

（三）成片开发建设的住宅小区工程

建筑面积在 5 万 m² 以上的住宅建设工程必须实行监理；5 万 m² 以下的住宅建设工程，可以实行监理，具体范围和规模标准，由省、自治区、直辖市人民政府建设行政主管部门规定。

（四）利用外国政府或者国际组织贷款、援助资金的工程

（1）使用世界银行、亚洲开发银行等国际组织贷款资金的项目；

（2）使用国外政府及其机构贷款资金的项目；

（3）使用国际组织或者国外政府援助资金的项目。

（五）国家规定必须实行监理的其他工程

（1）项目总投资额在 300 万元以上关系社会公共利益、公众安全的下列基础设施项目：

1）煤炭、石油、化工、天然气、电力、新能源等项目；

2）铁路、公路、管道、水运、民航以及其他交通运输业等项目；

3）电信枢纽、通信、信息网络等项目；

4）防洪、灌溉、排涝、发电、引（供）水、滩涂治理、水资源保护、水土保持等水利建设项目；

5）道路、桥梁、地铁和轻轨交通、污水排放及处理、垃圾处理、地下管道、公共停车场等城市基础设施项目；

6）生态环境保护项目；

7）其他基础设施项目。

（2）学校、影剧院、体育场馆项目。

18-3. 下列哪一项建设工程属于必须实行监理的范围？（2006，82）

A. 总投资在 1000 万元的公用事业工程

B. 3 万 m² 的住宅小区工程

C. 总投资在 1000 万元的其他工程

D. 利用外国政府或者国际组织贷款、援助资金的工程

【答案】D

【说明】参见第 18-2 题。

18-4. 工程监理人员发现工程设计不符合建筑工程质量标准或合同约定质量要求的，应当：（2006，83）（2013，85）

A. 要求施工企业改正   B. 要求设计单位改正

C. 报告建设单要求设计单位改正   D. 通过施工企业通知设计单位改正

【答案】C

【说明】参见《中华人民共和国建筑法》第三十二条，工程监理人员认为工程施工不符合工程设计要求、施工技术标准和合同约定的，有权要求建筑施工企业改正。工程监理人员发现工程设计不符合建筑工程质量标准或者合同约定的质量要求的，应当报告建设单位要求设计单位改正。

18-5. 关于建设工程监理，不正确的表述是：（2007，82）

A. 工程监理单位应当根据建设单位的委托，客观、公正地执行监理任务

B. 工程监理单位不得转让工程监理业务

C. 国家推行建筑工程监理制度

D. 国内的所有建筑工程都必须实行强制监理

【答案】D

【说明】参见第18-2题。

18-6. 关于工程监理企业资质的归口管理机构是：（2007，83）

A. 监理协会

B. 国家住房和城乡建设部

C. 国家发改委

D. 国家工商总局

【答案】B

【说明】参见《工程监理企业资质管理规定》第四条，国务院建设行政主管部门负责全国工程监理企业资质的归口管理工作。

18-7. 工程监理不得与下列哪些单位有隶属关系或者其他利害关系？（2008，82）

Ⅰ. 被监理工程的承包单位

Ⅱ. 建筑材料供应单位

Ⅲ. 建筑构配件供应单位

Ⅳ. 设备供应单位

A. Ⅰ、Ⅱ、Ⅲ

B. Ⅰ、Ⅱ、Ⅳ

C. Ⅱ、Ⅲ、Ⅳ

D. Ⅰ、Ⅱ、Ⅲ、Ⅳ

【答案】D

【说明】参见《建设工程质量管理条例》第三十五条，工程监理单位与被监理工程的施工承包单位以及建筑材料、建筑构配件和设备供应单位有隶属关系或者其他利害关系的，不得承担该项建设工程的监理业务。

18-8. 工程监理人员发现工程设计不符合建筑工程质量标准时，应当向哪个单位报告？（2008，85）

A. 建设单位

B. 设计单位

C. 施工单位

D. 质量监督单位

【答案】A

【说明】工程监理人员发现工程设计不符合建筑工程质量标准或者合同约定的质量要求的，应当报告建设单位要求设计单位改正。

18-9. 以下关于工程监理单位的责任和义务的叙述，哪条是正确的？（2009，82）

A. 工程监理单位与被监理工程的施工承包单位可以有隶属关系

B. 工程监理单位以独立身份依照法律、法规及有关标准、设计文件和建设工程承包合同对施工质量实施监理

C. 工程监理单位应当选派具备相应资格的总监理工程师和监理工程师进驻施工现场

D. 经过监理工程师签字，建设单位方可以拨付工程款，进行竣工验收

【答案】C

【说明】参见《建设工程质量管理条例》：

第三十五条　工程监理单位与被监理工程的施工承包单位以及建筑材料、建筑构配件和设备供应单位有隶属关系或者其他利害关系的，不得承担该项建设工程的监理业务。

第三十六条　工程监理单位应当依照法律、法规以及有关技术标准、设计文件和建设工程承包合同，代表建设单位对施工质量实施监理，并对施工质量承担监理责任

第三十七条　工程监理单位应当选派具备相应资格的总监理工程师和监理工程师进驻施工现场。未经监理工程师签字，建筑材料、建筑构配件和设备不得在工程上使用或者安装，施工单位不得进行下一道工序的施工。未经总监理工程师签字，建设单位不拨付工程款，不进行竣工验收。

18-10. 下列关于工程建设监理的主要内容，哪项是不正确的？（2009，83）

A.控制工程建设的投资、建设工期和工程质量　B.进行工程建设合同管理

C.协调工程建设有关单位间的工作关系　　　　D.负责控制施工图设计质量

【答案】D

【说明】工程建设监理的主要内容：控制工程建设的投资、建设工期、工程质量；进行安全管理、工程建设合同管理；协调有关单位之间的工作关系，即"三控、两管、一协调"。

18-11. 工程监理企业资质分为：（2009，84）

A.综合资质，专业资质，事务所资质

B.综合资质，专业资质甲级、乙级，事务所资质

C.综合资质，专业资质甲级、乙级、丙级

D.专业资质甲级、乙级、丙级，事务所资质

【答案】A

【说明】参见中华人民共和国建设部令第158号《工程监理企业资质管理规定》第六条，工程监理企业资质分为综合资质、专业资质和事务所资质。其中，专业资质按照工程性质和技术特点划分为若干工程类别。综合资质、事务所资质不分级别。专业资质分为甲级、乙级；其中，房屋建筑、水利水电、公路和市政公用专业资质可设立丙级。

18-12. 监理公司所监理的工程项目进度款的支付凭证，由下列哪位来签认？（2010，83）

A.监理公司的法定代表人　　　　　　　B.监理公司负责该项目的总监理工程师

C.监理公司负责该项目的监理工程师　　D.该项目业主的法定代表人

【答案】B

【说明】参见《建设工程监理规范》（GB/T 50319—2013）第3.2.2条，总监理工程师应履行以下职责：审核签署承包单位的申请、支付证书和竣工结算。

18-13. 必须实行监理的大中型公用事业工程是指其总投资金额为多少以上的项目？（2010，84）

A.2000万元　　　　　B.3000万元　　　　　C.4000万元　　　　　D.5000万元

【答案】B

【说明】参见《建设工程监理范围和规模标准规定》（中华人民共和国建设部令第86号）。第四条，大中型公用事业工程，是指项目总投资额在3000万元以上的下列工程项目（一）供水、供电、供气、供热等市政工程项目；（二）科技、教育、文化等项目；（三）体育、旅游、商业等项目；（四）卫生、社会福利等项目；（五）其他公用事业项目。

18-14. 下列监理单位可以从事的业务中，何者是正确的？（2011，83）

A. 转让监理业务   B. 参与工程竣工预验收

C. 经营建筑材料、构配件   D. 组织工程竣工预验收

【答案】B

【说明】监理应履行的职责：审核签认分部工程和单位工程的质量检验评定资料，审查承包单位的竣工申请，组织监理人员对待验收的工程项目进行质量检查，参与工程项目的竣工验收。

18-15. 下列关于国外公司或社团组织在中国境内独立投资工程项目选择监理单位的问题，表述正确的是：（2011，84）

A. 可以只委托国外监理单位承担建设监理业务

B. 只能聘请中国监理单位独立承担建设监理业务

C. 可以不聘请任何监理单位承担建设监理业务

D. 可以委托国外监理单位和中国监理单位进行合作监理

【答案】D

【说明】对外资、中外合资和国外贷款、赠款、捐款建设的工程建设项目的监理，我国有关法规已经作了具体规定：监理单位的选择对于外资、中外合资和外国贷款建设项目的监理，既要考虑发挥我国的优势，维护我国的经济利益，坚持以我为主实施监理的方针，也要考虑对外开放的形势，给外国投资者一定的选择权利，允许他们聘请外国监理机构承担监理业务。

（1）外国公司或者社团组织在中国境内独立投资的工程建设项目，如果需要委托外国监理单位承担监理时，应聘请中国监理单位参加，进行合作监理。

（2）中外合资的工程建设项目，凡中国监理单位能够实施监理的，应当委托中国监理单位承担监理，但可以根据需要从国外引进与该工程建设项目有关的监理技术，或者向国外监理单位进行技术、经济咨询。

（3）外国贷款的工程建设项目，原则上应当由中国监理单位承担监理。如果贷款方要求国外监理单位参加的，一般也应当以中国监理单位为主进行合作监理。

（4）国外赠款、捐款建设的工程项目，一般由中国监理单位承担工程建设监理业务。

18-16. 甲单位建设一项工程，已委托乙单位设计、丙单位施工，丁、戊单位均参与其监理工作，丙与戊同属一个企业集团，乙、丙、丁、戊均具有甲级监理资质等级，甲可以选择以下哪项中的一家监理其工程？（2012，83）

A. 乙、丙   B. 乙、丁   C. 丙、戊   D. 丁、戊

【答案】B

【说明】参见《建设工程质量管理条例》第三十五条，工程监理单位与被监理工程的施工承包单位以及建筑材料、建筑构配件和设备供应单位有隶属关系或者其他利害关系的，不得承担该项建设工程的监理业务。

18-17. 建设工程中，以下哪两项必须经总监理工程师签字后方可实施？（2012，84）

Ⅰ.进入下一道工序施工　　　Ⅱ.设备安装　　　Ⅲ.建设单位拨付工程款　　　Ⅳ.竣工验收

A. Ⅰ、Ⅱ　　　　　　B. Ⅰ、Ⅲ　　　　　　C. Ⅱ、Ⅲ　　　　　　D. Ⅲ、Ⅳ

【答案】D

【说明】参见《建设工程质量管理条例》第三十七条，工程监理单位应当选派具备相应资格的总监理工程师和监理工程师进驻施工现场。未经监理工程师签字，建筑材料、建筑构配件和设备不得在工程上使用或者安装，施工单位不得进行下一道工序的施工。未经总监理工程师签字，建设单位不拨付工程款，不进行竣工验收。

18-18. 下列不属于工程建设监理的主要内容的是：（2013，81）

A. 控制工程建设的投资　　　　　　　B. 进行工程建设合同管理

C. 协调有关单位间的工作关系　　　　D. 负责开工证的办理

【答案】D

【说明】工程建设监理的主要内容：控制工程建设的投资、建设工期、工程质量；进行安全管理、工程建设合同管理；协调有关单位之间的工作关系，即"三控、两管、一协调"。

18-19. 由国外捐赠建设的工程项目，其监理业务：（2013，82）

A. 必须由国外监理单位承担　　　　　B. 必须由中外监理单位合作共同承担

C. 一般由捐赠国制定监理单位承担　　D. 一般由中国监理单位承担

【答案】D

【说明】参见第 18-15 题。

参考法律、规范、规程

[1]《建筑工程建筑面积计算规范》(GB/T 50353—2013)

[2]《砌体工程施工质量验收规范》(GB 50203—2011)

[3]《混凝土结构工程施工质量验收规范》(GB 50204—2015)

[4]《地下防水工程质量验收规范》(GB 50208—2011)

[5]《屋面工程质量验收规范》(GB 50207—2012)

[6]《屋面工程技术规范》(GB 50345—2012)

[7]《建筑装饰装修工程质量验收规范》(GB 50210—2018)

[8]《建筑地面工程施工质量验收规范》(GB 50209—2010)

[9]《建筑安装工程费用项目组成》

[10]《建筑工程设计文件编制深度规定》

[11]《预应力混凝土工程预应力后张法张拉施工工艺标准》

[12]《水磨石地面施工工艺标准》

[13]《地下防水混凝土工程施工工艺标准》

[14]《中华人民共和国建筑法》

[15]《中华人民共和国合同法》

[16]《建设工程勘察设计合同条例》

[17]《建设工程勘察设计管理条例》

[18]《勘察设计职工职业道德准则》

[19]《建设工程质量管理手册》

[20]《建设工程质量管理条例》

[21]《实施工程建设强制性标准监督规定》

[22]《民用建筑设计收费标准说明》

[23]《民用建筑工程设计取费标准》

[24]《建筑工程设计招标投标管理办法》

[25]《工程建设项目勘察设计招标投标办法》

[26]《中华人民共和国招标投标法》

[27]《中华人民共和国注册建筑师条例》

[28]《中华人民共和国注册建筑师条例实施细则》

[29]《建设工程勘察和设计单位资质管理规定》

[30]《中华人民共和国城乡规划法》

[31]《中华人民共和国城市房地产管理法》

[32]《城市地下空间开发利用管理规定》

[33]《建筑工程施工许可证管理办法》

[34]《城市商品房预售管理办法》

[35]《工程建设监理规定》

[36]《工程监理企业资质管理规定》

[37]《建设工程监理范围和规模标准规定》